U0309498

航天科技图书出版基金资助出版

强脉冲 X 光热-力学效应
研究方法概论

王道荣　刘佳琪　汤文辉　等　编著

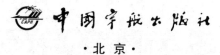

中国宇航出版社

·北京·

图书在版编目（CIP）数据

强脉冲X光热－力学效应研究方法概论/王道荣等编著．--北京:中国宇航出版社,2013.8

ISBN 978 - 7 - 5159 - 0469 - 6

Ⅰ．①强…　Ⅱ．①王…　Ⅲ．①X射线－作用－航空材料－研究　②X射线－作用－航天材料－研究　Ⅳ．①O434.1②V250.3

中国版本图书馆CIP数据核字（2013）第188958号

责任编辑	刘亚静		封面设计	文道思

出版发行 中国宇航出版社

社　址　北京市阜成路8号　　　　邮　编　100830
　　　　（010）68768548
网　址　www.caphbook.com
经　销　新华书店
发行部　（010）68371900　　　　（010）88530478(传真)
　　　　（010）68768541　　　　（010）68767294(传真)
零售店　读者服务部　　　　　　　北京宇航文苑
　　　　（010）68371105　　　　（010）62529336
承　印　北京画中画印刷有限公司
版　次　2013年8月第1版　　　　2013年8月第1次印刷
规　格　880×1230　　　　　　　开　本　1/32
印　张　9　　　　　　　　　　　字　数　247千字
书　号　ISBN 978 - 7 - 5159 - 0469 - 6
定　价　80.00元

航天科技图书出版基金简介

航天科技图书出版基金是由中国航天科技集团公司于2007年设立的，旨在鼓励航天科技人员著书立说，不断积累和传承航天科技知识，为航天事业提供知识储备和技术支持，繁荣航天科技图书出版工作，促进航天事业又好又快地发展。基金资助项目由航天科技图书出版基金评审委员会审定，由中国宇航出版社出版。

申请出版基金资助的项目包括航天基础理论著作，航天工程技术著作，航天科技工具书，航天型号管理经验与管理思想集萃，世界航天各学科前沿技术发展译著以及有代表性的科研生产、经营管理译著，向社会公众普及航天知识、宣传航天文化的优秀读物等。出版基金每年评审1~2次，资助10~20项。

欢迎广大作者积极申请航天科技图书出版基金。可以登录中国宇航出版社网站，点击"出版基金"专栏查询详情并下载基金申请表；也可以通过电话、信函索取申报指南和基金申请表。

网址：http://www.caphbook.com

电话：（010）68767205，68768904

《强脉冲 X 光热-力学效应研究方法概论》
编 写 人 员

王道荣　　刘佳琪　　汤文辉　　林　鹏　　李宏杰
赵巨岩　　周　擎　　毛勇建　　黄　霞

前　言

X 光由于具有很多独特的性质，在工业、农业、医学和物理学上都具有较为普遍的应用，本书所讨论的 X 光主要是针对强脉冲产生的高能流密度强脉冲 X 光。强脉冲 X 光由于具有高能流密度、极短的脉冲宽度等特点，辐照在材料表面会产生一系列热-力学效应，使固体表面材料产生剧烈融化、汽化和喷发，进而形成热击波。热击波在材料内部传播，进一步引起材料层裂破坏和结构塑性变形，甚至导致屈曲破坏，严重影响材料和结构的正常使用。开展强脉冲 X 光热-力学效应研究，可以使我们了解强脉冲 X 光与材料的作用机理，掌握强脉冲 X 光对材料和结构的破坏规律和破坏模式，探索防止强脉冲 X 光对材料和结构毁伤的措施和方法。强脉冲 X 光热-力学效应研究涉及许多学科分支，如流体力学、高压物理、固体力学、材料力学、辐射理论和弹塑性力学等，因此开展强脉冲 X 光热-力学效应研究具有重要的理论和现实意义。

多年来，依靠众多科研院所和高等院校的良好协作和集体智慧，我国科技工作者进行了创造性的科学探索，在强脉冲 X 光热-力学效用的研究上取得了显著成绩。在研究工作的实践活动中，造就了一批有理论、有实践经验和善于攻关的优秀科技人才，同时也积累了宝贵的实践经验。为了本研究工作的不断发展，需要全面系统地归纳以往研究过程中建立和应用的设计理论，总结工作经验，用于指导今后的研究工作，并传授给从事相关工作的一代又一代新生力量，使它们能在较高的起点上开始工作，少走弯路。为此，我们编写了这本《强脉冲 X 光热-力学效应研究方法概论》。它以工程应用为主，力求体现知识的系统性、完整性和实用性，是我国科学工作者多年心血凝聚的成果，是多种专业技术结合的产物。

　　本书以强脉冲 X 光热-力学效应为阐述对象，从 X 光与材料相互作用的机理出发，较为系统地介绍了强脉冲 X 光与材料相互作用的基本理论、基本研究方法以及基本热-力学效应等。全书共分 11 章，第 1 章绪论，介绍了强脉冲 X 光谱基本特征和热-力学效应主要形式，阐述了用于研究强脉冲 X 光辐射热-力学效应的基本理论、主要手段和方法。第 2 章 X 光与物质的相互作用，系统介绍了 X 光与物质相互作用的机理和基本规律，分析了 X 光与材料相互作用的两种主要效应：光电效应和康普顿效应，并对光电效应和康普顿效应在计算能量沉积中的应用进行系统的总结。第 3 章固体材料的力学行为，介绍了固体材料力学行为的基本理论、屈服准则以及本构理论。在物态方程方面，介绍了高压状态下固体常用的物态方程和多孔材料物态方程。

　　第 4 章、第 5 和第 6 章，分别从一维和二维两个不同的角度系统介绍了强脉冲 X 光热-力学效应的数值模拟方法，并对铝锂合金和碳酚醛两种材料在 X 光辐照下的热力学响应进行分析。第 7 章和第 8 章介绍了模拟强脉冲 X 光热-力学效应试验技术，包括用于模拟 X 光辐照引起的冲量和层裂效应的低能强流电子束辐照测试技术，以及用于模拟强脉冲 X 光对结构破坏的片炸药化爆加载试验测试技术。第 9 章强脉冲 X 光辐照下几种常用结构强度的解析分析，针对梁、板以及薄壳等简单和规则形状结构，介绍了将动态载荷转化为静态载荷解析分析方法。第 10 章热-力学效应不确定度分析，对影响强脉冲 X 光热-力学效应数值模拟和试验结果的主要因素进行归纳和总结，介绍了数值模拟和试验结果不确定度的分析和表征。第 11 章量纲分析及其在结构动力学响应中的应用，介绍了量纲分析的基本理论和基本原理以及它在脉冲载荷作用下轴对称结构力学响应研究中的应用。

　　作者编写本书的指导思想是：在取材方面力求经典、实用、准确、科学；在基本规律分析方面力求突出物理本质和物理图像，重视物理和力学概念的交叉融合；在数学推导方面，力求简明扼要，强调基础理论的灵活运用；在写作方面由浅入深、条理清楚，遵循基础、简洁、实用和经典相结合的原则。

在本书编写过程中，感谢总装备部武器装备认证研究中心吕敏院士对本书编写和出版过程的关心和指导，感谢北京航天长征飞行器研究所孟刚副所长和刘得成副总工程师在百忙中审阅了本书的初稿并提出宝贵意见，感谢中国科学技术大学力学系李永池教授在本书相关内容编写中提供的帮助，感谢国防科学技术大学理学院张若棋教授对本书的建议并提出很多宝贵意见，感谢毛嘉成高级工程师和徐素珍高级工程师在本书编写过程中提供的帮助和建议，感谢国家自然科学基金（11072262）提供资助使得在强脉冲 X 光二维分析方法的研究上取得突破，感谢航天科技图书出版基金给予资助。

同时，本书在编写过程中，参考了大量的文献资料，受益匪浅，而且有不少内容的编写参考了相关文献的写法，但绝大多数内容都是成熟的，所以并没有将所有参考文献罗列出来，作者在此向相关文献的作者表示诚挚的感谢。

由于时间仓促和作者水平有限，书中一定存在疏漏和不足之处，恳请各位专家和读者批评指正。

编　者

2013 年 8 月

目　录

第1章 绪 论

X光是波长介于紫外线和 γ 射线间的电磁辐射，是一种波长很短的电磁波，其波长约在 $0.06\sim20$ Å 之间。从能量的角度来说，波长短的 X 光能量大，叫硬 X 光，波长长的 X 光叫软 X 光。一般来说，波长小于 0.1 Å 的称超硬 X 光，在 $0.1\sim1$ Å 的称硬 X 光，在 $1\sim10$ Å 范围内的称软 X 光。

本书讨论强脉冲 X 光热-力学效应，主要针对强脉冲炸产生的高能流密度强脉冲 X 光。高空强脉冲炸大约 $70\%\sim80\%$ 的能量是以 X 光形式释放的，其波长通常在 $0.1\sim100$ Å 的范围内，能谱在 $124\sim0.124$ keV，脉冲宽度约几十纳秒。强脉冲 X 光被物体吸收后产生一系列热-力学效应，是破坏大气层外结构体（如飞行器、卫星）的重要杀手。理论分析可知，一枚百万吨级核武器在 100 km 高空爆炸，距爆心 1 km 处的 X 光能注量达 2.5×10^4 J/cm^2，在距爆心 8 km 处的 X 光能注量达 4.18×10^2 J/cm^2，足以摧毁任何没有防护措施的高空飞行器。

1.1 强脉冲 X 光基本特征[1]

强脉冲炸瞬时释放的能量大部分以 X 光形式向四周辐射，X 光是紧随强脉冲炸 γ 辐射后发射出的，并经过约几十纳秒后出现 X 光脉冲峰值，典型时间谱一般特征如图 1-1 所示，主要特征参数如下。

达到峰值时间 t_p：$10^{-7}\sim10^{-8}$ s；

持续时间 t_w：10^{-7} s。

图 1-1 中标明了几个刻画脉冲特征的时刻。

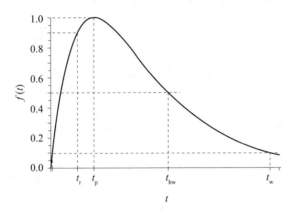

图 1-1　X 光脉冲时间特征

t_r—上升前沿；t_p—峰值出现时间；

t_{hw}—半高宽；t_w—全宽

对于当量 1～10 kt 的强脉冲炸，取值如下。

T_r：20～25 ns；

t_p：20～50 ns；

$t_w = 2t_{hw}$：50～110 ns。

1.2　X 光辐照热-力学效应简介[2-3]

X 光辐照下，材料内部产生能量沉积，能量沉积是 X 光子与物质相互作用的结果，并经过极短的弛豫过程趋于热平衡，表现为材料内能增加、温度上升，同时在材料内部产生热应力。X 光辐照材料，既引起热学响应，又产生力学响应。力学响应伴随着热效应现象而产生，最初的力学响应是在材料表面形成反冲冲量，接着由于材料的响应在材料内部形成热击波，如果热击波足够强，最终会引起材料层裂和结构体的屈曲等破坏现象。热学响应和力学响应具有不同性质，但这两种响应不能完全分开，是耦合在一起的。综合起来，脉冲 X 光辐照材料的基本特征可概括为以下几点。

　　1）过程极其迅速，整个过程持续约 100 ns 量级；

　　2）材料中能量沉积分布非常不均匀，梯度很大，近似呈指数分布；

　　3）产生的载荷强度高，数值模拟表明，对于能通量 200 J/cm² 的软 X 光，金属铝材料表层的压力峰值可达到 3 GPa 左右；

　　4）材料处于高应变率状态，对于金属材料，在能量沉积期间的应变率可达 10^7 s^{-1} 量级；

　　5）材料内部应力梯度很大，具体和能量沉积剖面相关；

　　6）表层材料处于高温、高压状态，物理性质发生较大程度变化，例如表面材料从固态转变为液态、气态等；

　　7）热学响应和力学响应都会对材料造成一定程度的损伤和破坏。

1.2.1　热效应

　　（1）温升

　　X 光在材料内部的能量沉积首先表现为材料的内能增加，温度上升。对软 X 光而言，能量沉积从辐照表面开始，沿厚度方向呈指数衰减，材料内的温升沿厚度也为指数衰减。不过，剧烈的温升主要集中在辐照表面很薄的区域内。温升产生热应力，可能引起材料的屈服，甚至在微观层面引起材料结构的变化。

　　（2）熔融、汽化

　　X 光辐照沉积的能量通常分为两部分，一部分使材料的比内能增加，另一部分转化为材料膨胀做功的动能。当比内能超过材料熔化能 E_m 或汽化能 E_v 时，材料将出现熔化或汽化，即发生相变。X 光辐照条件下的相变过程比较复杂，其理论也有待继续发展。

　　如果 X 光的能量足够高，材料中能量沉积的速率将大于热膨胀速率而产生热压。在热压作用下，熔化或汽化的表层材料发生反冲，即向 X 光入射方向的反向喷射。这一过程可表示为：能量沉积—材料温升和比内能增加—温度达到熔化温度以及比内能达到熔化潜热材料熔化—温度和比内能继续增加—温度达到汽化温度以及比内能达到汽化潜热材料汽化并喷射。

1.2.2　力学效应

由于短时间的能量沉积，引起材料表面迅速汽化进而产生冲击波，冲击波在材料内部传播会引起材料一系列的力学响应。力学响应包括材料响应和结构响应，其中材料响应主要包括热应力、热击波、熔融或汽化喷射产生的反冲冲量等，结构响应主要包括整体变形、屈曲、振动等效应。

（1）热应力

材料在 X 光辐照下的能量沉积具有较大的空间梯度，由于热效应材料中同时产生不均匀的热应力和热膨胀。X 光辐照时间非常短，在材料的惯性约束下，不均匀的热压和热膨胀转化为脉冲应力，即冲击热应力。辐照结束后，材料快速冷却，部分熔融区凝固，也会产生新的不均匀温度场，同样产生热应力。

（2）热击波

所谓热击波是指脉冲 X 光辐照材料所导致的冲击波，由于这种冲击波在形成时与剧烈的热效应耦合在一起，所以通常称为热击波。热击波的形成机制有两种，一种是汽化反冲机制：当熔化、汽化物质离开材料表面反向喷射时，依据动量守恒条件，必然对剩余的固态表面产生反冲，从而在材料中形成脉冲压缩载荷；另一种是冲击热应力机制，是由于 X 射线能量在材料内部沉积引起材料剧烈膨胀而产生的应力。通常情况下，两种机制共存，如果 X 光能谱较软，汽化反冲起主导作用。反之，如果 X 光能谱较硬，冲击热应力起主导作用。

（3）层裂

热击波传播到自由面反射时，会产生拉伸波从而使材料处于拉伸状态，如果拉应力超过材料的拉伸强度，材料将产生断裂破坏，这种破坏形式称为层裂。如果热击波在传播过程中遇到了不同材料的交界面，热击波在交界面的反射还可能引起界面的分离。如果热击波主要由冲击热应力引起，则在热击波的早期阶段就有拉伸波出现（紧跟在压缩波之后），这时可能在材料迎光面附近造成层裂破坏。

（4）反冲冲量

如果 X 光能量足够强，会在物体表层瞬时形成大量的能量沉积，局部产生高温、高压，使材料受辐照部分表层发生熔化、汽化，并出现物质的喷射现象，从而导致反冲冲量的产生。

（5）结构响应

汽化反冲冲量一旦产生，除在材料中形成热击波外，还将引起结构动态响应，如弹性变形、塑性变形、弹性屈曲、塑性屈曲以及结构的振动等。

综上所述，材料与结构对脉冲 X 光辐照的动力学响应大致分为3 个阶段：第 1 阶段是光子与物质相互作用从而产生能量沉积；第 2阶段是物质状态的变化和热击波的传播与反射以及由此导致的材料破坏；第 3 阶段是结构响应。

1.3 X 光热-力学效应研究手段

X 光热-力学效应可通过在地面进行强脉冲炸产生 X 光进行研究，另一种方法就是在不产生强脉冲炸条件下通过模拟强脉冲炸现象以获得相应热-力学效应。这些手段分为试验模拟和数值模拟两大类。

1.3.1 试验模拟

主要有两个基本手段：一个是模拟大体上与高空强脉冲炸 X 光能谱相当的模拟 X 光脉冲辐照源，另一个是模拟强脉冲 X 光对结构体的力学效应。这些试验模拟手段有以下几种。

（1）通过低能强流电子束模拟 X 光热-力学效应

用低能强流电子束模拟强脉冲 X 光，可以模拟由 X 光辐照而产生的喷射冲量、热击波以及材料层裂毁伤的破坏等。但是要产生辐射量高达 100 J/cm² 以上又有较大辐射面积的 X 光模拟源还比较困难。

（2）片炸药爆炸模拟

片炸药加载手段是通过炸药爆炸产生脉冲载荷来模拟 X 光在固体表面产生的冲击波对固体结构的力学毁伤。

（3）其他力学方法（如轻气炮或者平面波发生器）模拟

利用轻气炮或者平面波发生器产生平面波来模拟 X 光在固体表面的冲击波对材料层裂毁伤。

1.3.2　数值模拟和理论分析

（1）普适型商用软件

常用专用软件有 MCNP、SANDYL 等辐射环境数值模拟软件，主要用于分析 X 光辐射环境，ANSYS LS_DYNA 结构响应数值模拟软件，用于对结构在脉冲载荷作用下力学响应的仿真分析。

（2）自编程序

自编程序主要有一维、二维 X 光材料响应数值模拟软件，主要用于模拟 X 光、低能电子束在固体材料表面的能量沉积和喷射冲量，另外还可模拟材料的层裂破坏等现象。

（3）近似解析方法

近似解析方法主要是对简单和规则形状结构通过动态载荷和静态载荷的转化关系，将结构动态响应问题变成静态情况下材料内部的应力和应变的解析分析，另外还有通过一些经验公式等来描述相关的热力学效应和规律等。

参 考 文 献

[1]　乔登江.脉冲 X 射线热-力学效应及加固技术基础.北京：国防工业出版社，2012.

[2]　张若棋，谭菊普.X 射线辐照圆柱壳体产生的汽化反冲.空气动力学学报，1989，7（2）：178－181.

[3]　周南，乔登江.脉冲束辐照材料动力学.北京：国防工业出版社，2002.

第 2 章　X 光与物质的相互作用

2.1　引言

X 光与物质发生相互作用的机理主要有 4 种：1）与原子中电子的相互作用；2）与原子核的相互作用；3）与原子核或电子周围电场的相互作用；4）与原子核周围介子场的相互作用。这些相互作用的效应又可分为以下 3 类：1）X 光被完全吸收；2）发生相干的弹性散射；3）发生非相干的非弹性散射。

在描述光子与物质相互作用时，通常引入光子作用截面的概念，用来定量相互作用的强度。所谓光子相互作用截面即为一个入射光子与单位面积上一个物质原子相互作用的几率。因此截面具有面积的单位，国际单位制中以靶恩（$10^{-24}\,\mathrm{cm}^2$）为单位。靶恩相当于一个原子截面的面积量级，在描述光子与物质原子相互作用时通常采用靶恩单位。

理论上，X 光与物质的相互作用存在多种类型，但许多作用类型在研究 X 光辐照热-力学效应中可以忽略。X 光与物质的一些主要相互作用与物质原子的电子以及核周围的电场有关，这些作用包括：1）X 光的低能光子占主导地位的光电效应；2）X 光中间能量光子占主导地位的康普顿散射效应；3）X 光高能光子占主导地位的电子对效应。对于一般的强脉冲炸 X 光，主要机制是光电效应和康普顿散射效应。

2.2　光电效应

2.2.1　光电效应截面

在光电效应中，光子与原子发生整体作用，导致光电子的发射，通常是束缚最紧的内层（K 壳层）电子的发射。入射光子能量 E 与电子结合能 E_b 的差值分别为光电子和反冲原子所分配，但由于电子的质量远小于原子的质量，根据散射体系的能量守恒与动量守恒，该能量差近似为出射光电子的能量 T，即

$$T = E - E_b \qquad (2-1)$$

K 壳层束缚能 E_K 对于氢为 13.6 eV，铁为 7.11 keV、铅为 88 keV、铀为 116 keV。当光子的能量低于 E_K 时，光电效应截面突然下降。而光子的能量进一步下降时，光电效应截面逐渐增大直到第一个 L 限，此时光电效应截面再次突然下降，如此反复。光电效应截面随光子能量的下降的变化曲线成锯齿状，每个截面突变出对应一个能量限。

光电截面大小与入射光子能量和靶材料原子序数有关。在非相对论情况下，光子的能量远小于电子的静止能量的时候，即当

$$h\nu << m_e c^2 \qquad (2-2)$$

K 壳层的光电截面 σ_K 为

$$\sigma_K = \sqrt{32} \alpha^4 \left(\frac{m_e c^2}{h\nu} \right)^{7/2} Z^5 \sigma_{th} \qquad (2-3)$$

式中　$m_e c^2$——电子的静止能量；

　　　$\alpha = 1/137$，为精细结构常数；

　　　σ_{th}——Thomson 截面；

　　　Z——靶材料的原子序数。

$$\sigma_{th} = \frac{8\pi}{3} \left(\frac{e}{m_e c^2} \right)^2 \qquad (2-4)$$

在相对论的情况下，即 $h\nu >> m_e c^2$ 时

$$\sigma_K = 1.5\alpha^4 \frac{m_e c^2}{h\nu} Z^5 \sigma_{th} \qquad (2-5)$$

所以在两种情况下，K 壳层的光电截面 σ_K 都有正比于 Z^5 的关系。随着 Z 的增大，光电截面迅速增大。这是因为光电效应是 X 光和原子中的束缚电子相互作用，Z 越大，则电子在原子中束缚的越紧，就越容易使原子核参与光电过程来满足能量和动量守恒的要求，因此产生光电效应的概率就越大。

在光电效应为主的光子能量区域，作为一个粗略的形式，光电截面与入射光子能量和靶原子序数的关系为

$$\sigma_{ph}(E) \propto \frac{Z^4}{E^3} \qquad (2-6)$$

对于重原子，K 壳层的光电效应占光电效应的主要部分，通常 K 壳层的光电效应截面约占总光电效应截面的 80%。因此经常作为一种近似，光电效应总截面为 K 壳层的光电效应截面的 1.25 倍。

2.2.2　光电吸收系数

X 光与物质相互作用的光电效应可通过光电吸收系数来描述，光电吸收系数又可通过两种方法进行计算。

方法一：经验法。

光电效应的质量吸收系数 $(\mu/\rho)_{ep}$ 通常采用由实验数据拟合的半经验公式来计算

$$\ln\left[\left(\frac{\mu}{\rho}\right)_{ep}/\sigma_0\right] = a_1 + a_2 x + a_3 x^2 + a_4 x^3 \qquad (2-7)$$

其中

$$x = \ln(511\alpha)$$

$$\alpha = \frac{h}{m_0 c\lambda}$$

$$\sigma_0 = (0.602252/A)(\mathrm{cm}^2/\mathrm{g})$$

式中　h——普朗克常数，$h = 6.62 \times 10^{-34}$ J · s；

　　　c——光速；

λ——X 光波长；

$m_0 = 9.11 \times 10^{-28}$ g，为电子静止质量；

A——原子量；

$a_i(i = 1,2,3,4)$——某吸收限内的拟合系数。

不同的元素具有不同的 a_i 值；即使是同一元素，不同吸收限之间的 a_i 值也是不同的。

采用这种方法计算光电吸收系数时，关键是要取得各元素的拟合系数 a_i，它们可从参考文献 [1] 中取得。为方便读者查阅使用，本书将各元素的 a_i 值列在书后附录中。

方法二：直线法。

光电吸收系数与光子能量的关系在双对数坐标图中表现为一组直线，这些直线在元素的吸收限能量上有突跃，突跃值与从相应壳层中轰出电子的最低光子能量相对应。研究表明，各吸收限的光电截面的上限值和下限值与原子序数 Z、原子量 A 和吸收限能量 $E_i(i = \mathrm{K,L,M,N})$ 的函数关系可表示为

$$\left(\frac{\mu}{\rho}\right)_{\mathrm{ep},i} = \frac{0.6028a}{A}\left(\frac{510.8Z}{E_i}\right)^{b}(\mathrm{cm}^2/\mathrm{g}) \qquad (2-8)$$

式中 a 和 b 是第 i 吸收限的常数。从 K 吸收限到 N1 吸收限的常数值 a 和 b 如表 2-1 所示。用下标箭头 ↑ 和 ↓ 分别表示吸收限上光电截面的上值和下值。

表 2-1　从 K 吸收限到 N1 吸收限的常数值 a 和 b

i	a	b
K	0.008 65	2.04
K	0.022 00	1.63
L1	0.017 50	1.90
L2	0.006 70	2.00
L3	0.005 25	2.00

续表

i	a	b
L3	0.115 00	1.50
M1	0.029 00	1.80
M2	0.069 00	1.70
M3	0.065 00	1.70
M4	0.068 00	1.70
M5	0.061 00	1.70
N1	0.033 00	1.70

利用点斜式关系，对应于某原子序数 Z 和入射光子能量 E（$E=hc/\lambda$）的光电吸收系数可表示为

$$\lg\left[\left(\frac{\mu}{\rho}\right)_{ep}\right] = \lg\left[\left(\frac{\mu}{\rho}\right)_{ep,i\uparrow}\right] + S(\lg E - \lg E_i)$$

或

$$\left(\frac{\mu}{\rho}\right)_{ep} = \left(\frac{\mu}{\rho}\right)_{ep,i\uparrow}\left(\frac{E}{E_i}\right)^S \qquad (2-9)$$

其中 S 是双对数坐标图中通过点 $\left(\left(\frac{\mu}{\rho}\right)_{ep,i\uparrow}, E_i\right)$ 的直线的斜率，而且，在 [L3，L2]，[L2，L1]，[L1，K] 吸收限之间和超过 K 吸收限的截面直线的斜率等于 L1 和 K 吸收限之间截面直线的斜率，能量小于 L3 吸收限时的斜率等于 M1 和 L3 吸收限之间的斜率，即

$$S = \begin{cases} \dfrac{\lg\left[\left(\dfrac{\mu}{\rho}\right)_{epK\downarrow} \Big/ \left(\dfrac{\mu}{\rho}\right)_{epL1\uparrow}\right]}{\lg(E_K/E_{L1})}, & E \geqslant E_{L3} \\[6mm] \dfrac{\lg\left[\left(\dfrac{\mu}{\rho}\right)_{epL3\downarrow} \Big/ \left(\dfrac{\mu}{\rho}\right)_{epM1\uparrow}\right]}{\lg(E_{L3}/E_{M1})}, & E < E_{L3} \end{cases} \qquad (2-10)$$

　　用这种方法计算光电吸收系数的优点是所涉及的参数少，除了表 2 - 1 中的常数外，只需原子量、原子序数和吸收限能量值，其中原子量和原子序数可从元素周期表查得，各种元素的吸收限能量（参见参考文献 [1 - 2]）如表 2 - 2 所示。

　　图 2 - 1 给出了铝、镍、金和铀 4 种金属的光电吸收系数两种方法分析结果的比较。可以看出，两种方法的计算结果基本一致，并且与实验结果相符。

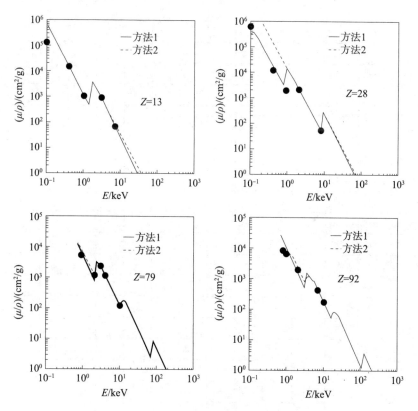

图 2 - 1　铝、镍、金和铀 4 种物质的光电吸收系数

两种方法分析结果的比较

表 2-2　94 种元素的吸收限能量（1.60219×10^{-16} J）

Z	K	L1	L2	L3	M1	M2	M3	M4	M5	N1	N2	N3	N4
1	0.014												
2	0.025												
3	0.055												
4	0.111												
5	0.188												
6	0.284												
7	0.402												
8	0.532												
9	0.683												
10	0.867												
11	1.072	0.063											
12	1.305	0.089											
13	1.560	0.118											
14	1.839	0.149											
15	2.146	0.189											
16	2.472	0.229											
17	2.822	0.270											
18	3.203	0.320											
19	3.607	0.377											
20	4.038	0.438											
21	4.493	0.500											
22	4.966	0.564											
23	5.465	0.628											
24	5.989	0.695											
25	6.539	0.769											
26	7.112	0.846											
27	7.709	0.926											
28	8.333	1.008	0.872										

续表

Z	K	L1	L2	L3	M1	M2	M3	M4	M5	N1	N2	N3	N4
29	8.979	1.097	0.951										
30	9.659	1.194	1.043	1.020	0.136								
31	10.370	1.298	1.142	1.115	0.158								
32	11.100	1.414	1.248	1.217	0.180								
33	11.870	1.527	1.359	1.323	0.204								
34	12.660	1.654	1.476	1.436	0.231								
35	13.470	1.782	1.596	1.550	0.257								
36	14.330	1.921	1.727	1.675	0.289								
37	15.200	2.065	1.864	1.804	0.322								
38	16.100	2.216	2.007	1.940	0.357								
39	17.040	2.373	2.156	2.080	0.394								
40	18.000	2.532	2.307	2.222	0.430								
41	18.990	2.698	2.465	2.371	0.468								
42	20.000	2.866	2.625	2.520	0.505								
43	21.040	3.043	2.793	2.677	0.544								
44	22.120	3.224	2.987	2.838	0.585								
45	23.220	3.412	3.146	3.004	0.627								
46	24.350	3.604	3.330	3.173	0.670								
47	25.510	3.806	3.524	3.351	0.717								
48	26.710	4.018	3.727	3.538	0.770								
49	27.940	4.238	3.938	3.730	0.826								
50	29.200	4.465	4.156	3.929	0.864								
51	30.490	4.698	4.380	4.132	0.944								
52	31.810	4.939	4.612	4.341	1.006	0.870							
53	33.170	5.188	4.852	4.557	1.072	0.930							
54	34.560	5.453	5.104	4.782	1.145	0.999							
55	35.980	5.714	5.359	5.012	1.217	1.065	0.998						
56	37.440	5.989	5.624	5.247	1.293	1.137	1.062	0.796					

续表

Z	K	L1	L2	L3	M1	M2	M3	M4	M5	N1	N2	N3	N4
57	38.920	6.266	5.891	5.483	1.361	1.204	1.123	0.849					
58	40.440	6.549	6.164	5.723	1.435	1.273	1.185	0.901					
59	41.990	6.835	6.440	5.964	1.511	1.337	1.242	0.951					
60	43.570	7.126	6.722	6.208	1.575	1.403	1.297	1.000					
61	45.180	7.428	7.013	6.459	1.650	1.471	1.357	1.052	1.027	0.331			
62	46.830	7.737	7.312	6.716	1.723	1.541	1.420	1.106	1.080	0.346			
63	48.520	8.052	7.617	6.977	1.800	1.614	1.481	1.161	1.131	0.360			
64	50.240	8.376	7.930	7.243	1.881	1.688	1.544	1.217	1.185	0.376			
65	52.000	8.708	8.252	7.514	1.968	1.768	1.611	1.275	1.241	0.398			
66	53.790	9.046	8.581	7.790	2.047	1.842	1.676	1.333	1.295	0.416			
67	55.620	9.394	8.918	8.071	2.128	1.923	1.741	1.392	1.351	0.436			
68	57.490	9.751	9.264	8.358	2.207	2.006	1.812	1.453	1.409	0.449			
69	59.390	10.120	9.617	8.648	2.307	2.090	1.885	1.515	1.468	0.472			
70	61.330	10.490	9.978	8.944	2.398	2.173	1.950	1.576	1.528	0.487			
71	63.310	10.870	10.350	9.244	2.491	2.264	2.024	1.639	1.589	0.506			
72	65.350	11.270	10.740	9.561	2.601	2.365	2.108	1.716	1.662	0.538			
73	67.420	11.680	11.140	9.881	2.708	2.469	2.194	1.793	1.735	0.566			
74	69.530	12.100	11.540	10.210	2.820	2.575	2.281	1.872	1.809	0.595			
75	71.680	12.530	11.960	10.540	2.932	2.682	2.367	1.949	1.883	0.625			
76	73.870	12.970	12.390	10.870	3.049	2.792	2.457	2.031	1.960	0.654			
77	76.110	13.420	12.820	11.220	3.174	2.909	2.551	2.116	2.040	0.690			
78	78.390	13.880	13.270	11.560	3.296	3.027	2.645	2.202	2.122	0.722			
79	80.720	14.350	13.730	11.920	3.425	3.148	2.743	2.291	2.206	0.759			
80	83.100	14.840	14.210	12.280	3.562	3.279	2.847	2.385	2.295	0.800			
81	85.530	15.350	14.700	12.660	3.704	3.416	2.957	2.485	2.759	0.845			
82	88.000	15.860	15.200	13.040	3.851	3.554	3.066	2.586	2.484	0.894			
83	90.530	16.390	15.710	13.420	3.999	3.696	3.177	2.688	2.550	0.935			
84	93.110	16.940	16.240	13.810	4.149	3.854	3.302	2.798	2.683	0.995			

续表

Z	K	L1	L2	L3	M1	M2	M3	M4	M5	N1	N2	N3	N4
85	95.730	17.490	16.780	14.210	4.317	4.008	3.426	2.909	2.787	1.042	0.886		
86	98.400	18.050	17.340	14.620	4.482	4.159	3.538	3.022	2.892	1.097	0.929		
87	101.100	18.640	17.910	15.030	4.652	4.327	3.663	3.136	3.000	1.153	0.980		
88	103.900	19.240	18.480	15.440	4.822	4.490	3.792	3.248	3.105	1.208	1.058	0.879	
89	106.800	19.840	19.080	15.870	5.002	4.656	3.909	3.370	3.219	1.269	1.080	0.890	
90	109.700	20.470	19.690	16.300	5.182	4.830	4.046	3.491	3.332	1.330	1.168	0.967	
91	112.600	21.100	20.310	16.730	5.367	5.001	4.174	3.611	3.442	1.387	1.224	1.007	0.743
92	115.600	21.760	20.950	17.170	5.548	5.182	4.303	3.728	3.552	1.441	1.273	1.045	0.780
93	118.700	22.430	21.600	17.610	5.723	5.366	4.435	3.850	3.866	1.501	1.328	1.087	0.816
94	121.800	23.100	22.270	18.060	5.933	5.541	4.557	3.973	3.778	1.559	1.372	1.115	0.849

2.3　康普顿散射效应

2.3.1　散射运动学

按经典理论，电磁辐射通过物质时，被散射的辐射应当与入射辐射具有相同的波长。因为入射的电磁辐射（如 X 射线等）使物质中原子中的电子受到一个周期变化的作用力，迫使电子以入射波的频率振荡，振荡着的电子必然要在四面八方发射出电磁波，其频率与振荡频率相同。

但是康普顿在研究 X 射线与物质散射的实验中发现，在被散射的 X 射线中除了与入射 X 射线具有相同波长的成分外，还有波长增长的部分出现，而且增长的数量随散射角 θ 的不同而有所不同，这是经典电磁理论无法理解的。而康普顿用量子理论给予了圆满的解释，通常把这种被物质散射的电磁波波长变长的现象叫做康普顿散射。

为了解释这种现象，康普顿把观察到的现象理解为光子与自由电子碰撞的结果，他假定 X 射线是由光子组成，X 射线的波长 λ（或频率 ν）与光子的能量满足爱因斯坦关系 $E_\lambda = h\nu$，而光子动量为 $P_\lambda = h/\lambda$。

当波长为 λ 的光子与质量为 m_e 的静止电子碰撞后，在与入射方向成 θ 角的方向出射波长为 λ 的散射波，电子在碰撞中受到反冲，它以能量 E 在与入射波的方向成 φ 角的方向上射出（如图 2-2 所示），根据体系的能量和动能守恒，有如下关系式

$$h\nu + E_0 = h\nu' + E \qquad (2-11)$$

$$P_\lambda^2 + P_\lambda^2 - 2P_\lambda P'_\lambda \cos\theta = P^2 \qquad (2-12)$$

式中　E，P——分别是反冲电子的能量和动量；

　　　E_0——电子的静止能量；

　　　P_λ，P'_λ——分别是光子碰撞前后的动量。

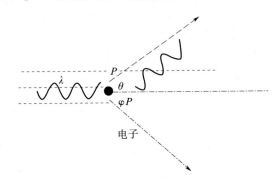

图 2-2　康普顿散射示意图

由相对论的关系式

$$m = \frac{m_0}{\sqrt{1 - v^2/c^2}} \qquad (2-13)$$

$$E = mc^2 \qquad (2-14)$$

$$E^2 - p^2 c^2 = E_0^2 \qquad (2-15)$$

代入能量和动能守恒关系式，整理后即可得到

$$\lambda' - \lambda = \Delta\lambda = \frac{h}{m_0 c}(1 - \cos\theta) \qquad (2-16)$$

这就是著名的康普顿散射公式，将上式改写成

$$\frac{1}{h\nu'} - \frac{1}{h\nu} = \frac{1}{m_0 c^2}(1 - \cos\theta) \qquad (2-17)$$

则可得散射光子的能量表达式

$$h\nu' = \frac{h\nu}{1 + \alpha(1 - \cos\theta)} \qquad (2-18)$$

$$\alpha \equiv \frac{h\nu}{m_0 c^2} \qquad (2-19)$$

即散射光子的能量是入射光子能量的函数。而反冲电子的动能

$$E_k = h\nu - h\nu' = h\nu\,\frac{\alpha(1 - \cos\theta)}{1 + \alpha(1 - \cos\theta)} \qquad (2-20)$$

由此可知，反冲电子能够得到的最大能量是（相应的 $\theta = \pi$，即入射的光子被反弹的情况）

$$E_{k,\max} = h\nu\,\frac{2\alpha}{1 + 2\alpha} \qquad (2-21)$$

相应的光子的最小能量是

$$(h\nu')_{\min} = \frac{h\nu}{1 + 2\alpha} \qquad (2-22)$$

而光子的散射角与电子的出射角之间的关系为

$$\cot\varphi = (1 + \alpha)\tan(\theta/2) \qquad (2-23)$$

2.3.2　康普顿散射系数

一个电子的总康普顿散射截面 σ_e 可用著名的 Klein – Nishna 公式计算

$$\sigma_e = 2\pi r_0^2 \left\{ \frac{1+\alpha}{\alpha^2}\left[\frac{2(1+\alpha)}{1+2\alpha} - \frac{1}{\alpha}\ln(1+2\alpha)\right] + \right.$$

$$\left. \frac{1}{2\alpha}\ln(1+2\alpha) - \frac{1+3\alpha}{(1+2\alpha)^2} \right\} \qquad (2-24)$$

其中 $r_0 = 2.817\,938 \times 10^{-13}$ cm 为电子的经典半径，σ_e 的单位为（cm^2/电子）。

总散射包括散射吸收和纯散射两部分，其中一个电子的纯散射

截面 σ_e^s 为

$$\sigma_e^s = 2\pi r_0^2 \left[\frac{1}{2\alpha^3}\ln(1+2\alpha) + \frac{(1+\alpha)(2\alpha^2-2\alpha-1)}{\alpha^2(1+2\alpha)^2} + \frac{4\alpha^2}{3(1+2\alpha)^3} \right]$$

$$(2-25)$$

所以一个电子的散射吸收截面 σ_e^a 为

$$\sigma_e^a = \sigma_e - \sigma_e^s \qquad (2-26)$$

一个原子的截面 σ_a 与一个电子的截面 σ_e 有关系

$$\sigma_a = Z\sigma_e \qquad (2-27)$$

因此，康普顿散射的质量吸收系数和质量纯散射系数分别为

$$\left(\frac{\mu}{\rho}\right)_c^a = \sigma_c^a \frac{n_0}{\rho} = N_A \frac{Z}{A}\sigma_c^e \qquad (2-28)$$

$$\left(\frac{\mu}{\rho}\right)_c^s = \sigma_e^s \frac{n_0}{\rho} = N_A \frac{Z}{A}\sigma_e^s \qquad (2-29)$$

式中　N_A——阿伏加德罗常数；

　　　n_0——单位质量的电子数。

2.4　总吸收系数与总衰减系数

若不考虑次级效应，强脉冲 X 射线与物质作用主要方式为光电效应和康普顿散射效应，因此，对于单原子物质，总质量衰减系数为两种相互作用的质量衰减系数之和，有

$$\left(\frac{\mu}{\rho}\right)_{总衰减} = \left(\frac{\mu}{\rho}\right)_{ep} + \left(\frac{\mu}{\rho}\right)_c = \left(\frac{\mu}{\rho}\right)_{ep} + \left(\frac{\mu}{\rho}\right)_c^a + \left(\frac{\mu}{\rho}\right)_c^s$$

$$(2-30)$$

而总质量吸收系数则为光电质量吸收系数与康普顿质量散射吸收系数之和，即

$$\left(\frac{\mu}{\rho}\right)_{总吸收} = \left(\frac{\mu}{\rho}\right)_{ep} + \left(\frac{\mu}{\rho}\right)_c^a \qquad (2-31)$$

但是，绝大多数物质都是由多种元素组成的，这时物质的总衰减系数或总吸收系数需要采用叠加原理将各元素的质量衰减系数或

吸收系数加权求和。假设物质中共有 n 种元素，第 $i(i = 1, \cdots, n)$ 种元素的质量百分比为 β_i，则有

$$
\begin{cases}
\left(\dfrac{\mu}{\rho}\right)_{\text{ep}} = \displaystyle\sum_{i=1}^{n} \beta_i \left(\dfrac{\mu}{\rho}\right)_{\text{ep},i} \\[2mm]
\left(\dfrac{\mu}{\rho}\right)_{\text{c}}^{\text{a}} = \displaystyle\sum_{i=1}^{n} \beta_i \left(\dfrac{\mu}{\rho}\right)_{\text{c},i}^{\text{a}} \\[2mm]
\left(\dfrac{\mu}{\rho}\right)_{\text{c}}^{\text{s}} = \displaystyle\sum_{i=1}^{n} \beta_i \left(\dfrac{\mu}{\rho}\right)_{\text{c},i}^{\text{s}}
\end{cases}
\tag{2-32}
$$

$$
\left(\frac{\mu}{\rho}\right)_{\text{总吸收}} = \sum_{i=1}^{n} \beta_i \left(\frac{\mu}{\rho}\right)_{\text{总吸收},i}
\tag{2-33}
$$

$$
\left(\frac{\mu}{\rho}\right)_{\text{总散射}} = \sum_{i=1}^{n} \beta_i \left(\frac{\mu}{\rho}\right)_{\text{总散射},i}
\tag{2-34}
$$

2.5　X 光时间谱和能谱

2.5.1　X 光时间谱

X 光辐射源能量是在一定时间内释放的，设单位面积上的总入射能量为 Φ_0（通常称为初始能通量或能注量），可表示为

$$
\Phi_0 = \int_0^{\tau_0} J(t)\,\mathrm{d}t
\tag{2-35}
$$

其中，τ_0 为 X 光辐射源释放能量的时间，称为脉宽；$J(t)$ 表示 X 光辐射源所释放的能量随时间的变化率，称为时间谱。实际的时间谱往往是非常复杂的，其基本特征在第 1 章图 1-1 中已经描述，但在实际数值模拟中通常简化为 5 种形式谱，即矩形谱、等腰三角形谱、直角三角形谱（2 种）和正弦谱，如图 2-3 所示。

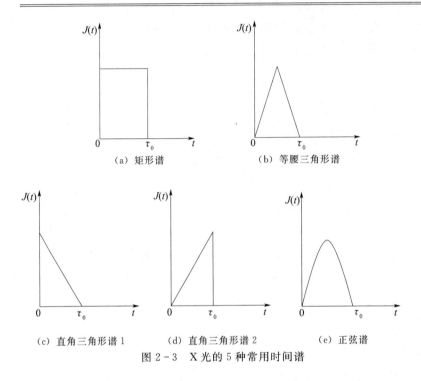

(a) 矩形谱　　　　　　　　(b) 等腰三角形谱

(c) 直角三角形谱 1　　　(d) 直角三角形谱 2　　　(e) 正弦谱

图 2-3　X 光的 5 种常用时间谱

2.5.2　X 光能谱

高温物体将通过其表面以光的形式向周围辐射能量，但这种光辐射的光子能量不是单能的，而是存在一个能量分布，通常表示为波长（或频率）的函数，称为能谱。当物体表面温度为 keV 量级时，辐射光子的能量主要分布在 X 光波段范围，通常用黑体谱来描述。如果高温物体的表面温度不均匀，可以用复合黑体谱（两个或两个以上的黑体谱）来描述。

（1）单一黑体谱及其离散

黑体是指吸收本领为 1 的理想吸收体，根据普朗克的量子假设，温度为 T 的黑体，以波长 λ 表示的黑体单色面辐射强度或亮度为

$$f(\lambda, T) = \frac{c_1}{\lambda^5} \frac{1}{\exp\left(\dfrac{c_2}{\lambda T}\right) - 1} \qquad (2-36)$$

式中，c_1，c_2 分别为第 1 和第 2 辐射常数，由下式给出

$$\begin{cases} c_1 = 2\pi hc^2 = 3.7435 \times 10^{-12}\ \text{J} \cdot \text{cm}^2/\text{s} \\ c_2 = hc/k = 1.439\ \text{cm} \cdot \text{K} \end{cases} \tag{2-37}$$

式中 $k = 1.38 \times 10^{-23}$ J/K 为波尔兹曼常数，T 为黑体温度，但习惯上通常用 kT 来表示黑体温度，其单位为 keV。

在黑体近似下，单位面积的发射功率或面辐射度为

$$J = \int_0^\infty f \mathrm{d}\lambda = \sigma T^4 \tag{2-38}$$

式中　σ——斯忒藩－波尔兹曼常数，$\sigma = 5.67 \times 10^{-12}$ J/（$\text{cm}^2 \cdot \text{s} \cdot$ K^4）。

在数值分析中，为了便于数值计算，连续波长的能谱通常要分解为若干组单色光，波长的上、下限也要作合理截断，在截断波长之间的光子对能量的贡献起主要作用，截断波长的上限值和下限值依赖于黑体谱温度。图 2-4 给出了 1 keV 黑体谱的分布和截断波长示意图，下限值 λ_a 取为 0.025 nm，上限值 λ_b 取为 1.85 nm，通过计算得知，截断波长之间的光子辐射能量占总能量的 99% 以上。

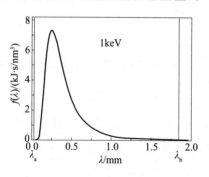

图 2-4　黑体谱的截断波长

对波长进行截断以后，式（2-38）可改写为

$$J = \int_0^\infty f \mathrm{d}\lambda \approx \int_{\lambda_a}^{\lambda_b} f \mathrm{d}\lambda \approx \sum_{i=1}^M f(\lambda_i) \Delta\lambda_i \tag{2-39}$$

式中　M——将连续波长的 X 光离散成 M 组不同波长段的光子；

　　　λ_a，λ_b——分别为下限截断波长和上限截断波长；

$\Delta\lambda_i$ ——离散波长的间隔（可以不等）。

因此，波长在 λ_i 至 $\lambda_i + \Delta\lambda_i$ 间隔内的 X 光光子所占 X 光总发射功率的份额为

$$w_i = \frac{f(\lambda_i)\Delta\lambda_i}{\sum_{i=1}^{M} f(\lambda_i)\Delta\lambda_i}, \quad (i = 1, 2, \cdots, M) \qquad (2-40)$$

（2）复合谱及其离散

通常按照能量份额给出不同黑体谱的百分比。假设复合谱由 N 个不同温度的黑体谱组成，其温度分别为 T_j（$j=1$，2，$\cdots$，N），能量百分比依次为 b_j（$j=1$，2，$\cdots$，N），并且 $\sum_{j=1}^{N} b_j = 1$。

假设复合谱的强度为 f，各黑体谱辐射强度的比例系数为 a_j，则有

$$f = \sum_{j=1}^{N} a_j f_j \qquad (2-41)$$

其中 f_j 为各黑体谱的强度，具有如下形式

$$f_j = \frac{c_1}{\lambda^5} \frac{1}{\exp\left(\dfrac{c_2}{\lambda T_j}\right) - 1}, \quad (j = 1, 2, \cdots, N) \qquad (2-42)$$

根据式（2-38）和式（2-41），复合谱的总功率密度为

$$J = \int_0^\infty f \mathrm{d}\lambda = \int_0^\infty \left(\sum_{j=1}^{N} a_j f_j\right) \mathrm{d}\lambda = \sigma \sum_{j=1}^{N} a_j T_j^4 \qquad (2-43)$$

在一定时间间隔 Δt 内，总辐射能量密度为 $E = J\Delta t$，于是各黑体谱能量百分比满足关系式

$$\frac{a_j \sigma T_j^4}{E} = b_j, \quad (j = 1, 2, \cdots, N) \qquad (2-44)$$

应该注意到，在确定不同波长的辐射功率密度占总功率密度百分比时，式（2-41）中的系数 a_j 为相对值，因此可取 $a_1 = 1$，于是其他系数可相应求出为

$$a_j = \frac{b_j T_1^4}{b_1 T_j^4}, \quad (j = 1, 2, \cdots, N) \qquad (2-45)$$

最后，根据式（2-41）和式（2-45），得到复合谱的强度 f 为

$$f = \frac{T_1^4}{b_1} \sum_{j=1}^{N} \frac{b_j}{T_j^4} f_j \qquad (2-46)$$

同样将具有连续波长的复合 X 光谱离散成 M 组不同波长段的光子，并对波长合理截断后，波长在 λ_i 至 $\lambda_i + \Delta\lambda_i$ 间隔内的 X 光光子所占 X 光总发射功率的份额为

$$w_i = \frac{f(\lambda_i)\Delta\lambda_i}{\sum_{i=1}^{M} f(\lambda_i)\Delta\lambda_i}, \quad (i = 1, 2, \cdots, M) \qquad (2-47)$$

假设复合谱由两个黑体谱构成，其黑体温度分别为 1 keV 和 10 keV，能量百分比分别为 70% 和 30%，即 $T_1 = 1 \times e \times 10^3 / (1.38 \times 10^{-23})$，$T_2 = 10 \times e \times 10^3 / (1.38 \times 10^{-23})$（单位为 K），$b_1 = 0.7$，$b_2 = 0.3$，其中电子电量 $e = 1.602\,177\,33 \times 10^{-19}$ C。

根据式（2-45）得到 $a_1 = 1$，$a_2 = 4.285\,7 \times 10^{-5}$。设置截断波长下限为 $\lambda_a = 0.01$ nm，截断波长上限为 $\lambda_b = 6$ nm，将连续波长离散成 $M = 5000$ 组间断波长，波长间隔统一设为 $\Delta\lambda_i = (\lambda_b - \lambda_a)/M$，波长在 λ_i 至 $\lambda_i + \Delta\lambda_i$ 间隔内的 X 光光子所占 X 光总发射功率的份额随波长的分布如图 2-5 所示。

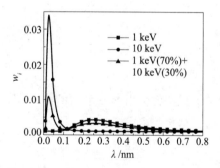

图 2-5　波长在 λ_i 至 $\lambda_i + \Delta\lambda_i$ 间隔内的 X 光光子占总发射功率的份额随波长的分布

2.6　X 光能量沉积

获得 X 光能谱后可利用 2.2 节所述方法求出 X 光在材料中的衰减系数，再结合时间谱，即可求得 X 光在材料中的能量沉积。

假设脉冲 X 光沿 x 方向入射，初始能通量为 Φ_0，Φ_0 包含 M 组不同波长区间的光子，第 i 组光子能量占总入射能量的百分比为 w_i，则第 i 组光子入射到物体表面的能通量为

$$\Phi_{0i} = w_i \Phi_0 \qquad (2-48)$$

第 i 组光子到达物体内 x 处的能通量由于能量沉积而衰减为

$$\Phi_i(x) = \Phi_{0i} \exp\left(-\frac{\mu_i}{\rho}\rho x\right) \qquad (2-49)$$

其中 μ_i/ρ 是 i 组光子的质量衰减系数，对于同一种材料，可以认为 μ_i/ρ 是常数，不随密度 ρ 的变化而变化，因而取初始密度对应的值 $(\mu_i/\rho)_0$。

在 $x \sim x + \Delta x$ 单元内，单位质量材料中沉积的 X 光能量 e_R 为

$$
\begin{aligned}
e_R &= \frac{\sum\limits_{i=1}^{M}\left[\Phi_i(x) - \Phi_i(x + \Delta x)\right]}{\rho_0 \Delta x} \\
&= \frac{\Phi_0}{\rho_0 \Delta x} \sum_{i=1}^{M} w_i \exp\left[-\left(\frac{\mu_i}{\rho}\right)_0 \rho x\right] \cdot \left\{1 - \exp\left[-\left(\frac{\mu_i}{\rho}\right)_0 \rho \Delta x\right]\right\}
\end{aligned}
$$

$$(2-50)$$

由于有了能量沉积，就会引起一系列的热-力学效应，具体描述请参阅第 4 章和第 5 章相关内容。

参 考 文 献

[1] VEIGELE W J, BRIGGS E, BATES L, et al. X‑ray cross section com-
plilation from 0.1keV to 1MeV [R]. Vol 2, Colorado: Kaman Sciences
Corporation, KN‑71‑431 (R), 1971.

[2] LEIGHTON R B. Principles of modern physics. New York: McGraw‑
Hill Press, 1959.

第3章　固体材料的力学行为

由第 2 章可知，强脉冲 X 光辐照下，大量 X 光能量会沉积在固体材料表面，引起表层材料的液化和汽化并产生反冲冲量。反冲冲量作用于固体材料表面并进一步在材料内部形成应力波，应力波在材料内部传播，进而引起材料和结构的力学响应。由于反冲冲量是和高温高压气态或者液态物质相联系，因此强脉冲 X 光作用下固体的力学响应实际上是和大温度跨度引起的热-力耦合效应相关联，所以就要开展材料的热力耦合本构关系的研究；其次，高压问题涉及材料高压物态方程的研究以及材料在不同压力范围内不同形式本构关系的研究；再者，与脉冲载荷作用相关联的还有时间因素和时率效应问题。所谓时间因素就是指与时间相关的动力学问题，这些问题又可大致上分为材料和结构的前期响应和局部响应的波的传播问题以及结构后期响应和总体响应的振动问题；所谓时率效应是指材料和结构的响应依赖与其本身的变形速率或外载的加载速率，这也就是材料的应变率效应。因此，强脉冲 X 光将引起材料呈现复杂的热-力学效应，本章将从理论上对固体材料在复杂热-力学环境下的力学行为进行介绍。

3.1　应力及其描述

为分析固体的弹塑性情况，可任取物体的一部分，它是一个封闭系统，记为 Ω，系统 Ω 的表面是它与周围物质的分界面，通常为曲面，记为 s，如图 3-1 所示。在表面 s 上任取一块小面元 ΔA，若该面元上受到的力为 ΔF，则该面元上的平均应力为 $\Delta F/\Delta A$。如果让面元 ΔA 收缩为一点 P，即 $\Delta A \to 0$，这时的比值 $\Delta F/\Delta A$ 趋于一个

确定的值 f，即

$$f = \lim_{\Delta A \to 0} \frac{\Delta \boldsymbol{F}}{\Delta A} = \frac{\mathrm{d} \boldsymbol{F}}{\mathrm{d} A} \qquad (3-1)$$

称 f 为 s 面上 P 点处的应力矢量。

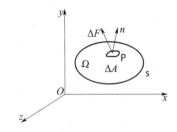

图 3 - 1　作用在物质表面上的应力

　　现在讨论物体内任意一点 $P\,(x，y，z)$ 的受力状态。因为经过一点可作出任意不同方向的面元，所以会有无穷多个应力矢量。但分析表明，对于同一点，各种面元的应力矢量之间是有关联的。这一事实表明，可采用一个简单的体单元来描写任意一点的应力状态。在三维正交坐标系中，以 P 点为中心作一小立方体，每一个面上有 3 个应力矢量。立方体单元有 6 个表面，其中 3 个表面定义为"正面"，另外 3 个表面称为"负面"，必须把应力理解为正面部分对负面部分的作用。作用在负面上的应力，与正面上应力的大小相同，但方向相反。因此，一共需要 9 个应力来描写空间一点的应力状态，如图 3 - 2 所示。

　　描述一点的 9 个应力可以排成一个矩阵，它们构成一个 2 阶应力张量，可以表示为

$$\widetilde{\boldsymbol{\sigma}} = \begin{bmatrix} \sigma_{xx} & \sigma_{xy} & \sigma_{xz} \\ \sigma_{yx} & \sigma_{yy} & \sigma_{yz} \\ \sigma_{zx} & \sigma_{zy} & \sigma_{zz} \end{bmatrix} \qquad (3-2)$$

　　每一个应力有两个下标，第 1 个下标表示应力作用的面元的法线方向，第 2 个下标表示作用在面元上的应力的方向。

　　在应力张量中，下标相同的 3 个分量 σ_{xx}，σ_{yy}，σ_{zz} 称为法向应

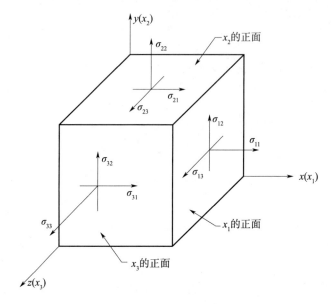

图 3-2　空间一点的应力

力，下标不同的 6 个分量 σ_{xy}，σ_{xz}，σ_{yx}，σ_{yz}，σ_{zx}，σ_{zy} 称为剪应力。应力张量一定是对称的，即下标顺序不同的各对应力大小相等，即

$$\begin{cases} \sigma_{xy} = \sigma_{yx} \\ \sigma_{yz} = \sigma_{zy} \\ \sigma_{zx} = \sigma_{xz} \end{cases} \qquad (3-3)$$

否则，当体积元收缩为无穷小的一点时，必将以无穷大的角速度旋转，因此应力张量只有 6 个独立分量。

在一般正交坐标系中，为了表示的方便，通常采用指标符号将应力张量简写为

$$\widetilde{\boldsymbol{\sigma}} = \sigma_{ij}\, \boldsymbol{e}_i \boldsymbol{e}_j \qquad (3-4)$$

其中，i，$j = x$，y，z；$\boldsymbol{e}_i$ 和 $\boldsymbol{e}_j$ 为沿相应坐标轴的单位矢量；σ_{ij} 的第 1 个下标与面元法向对应，第 2 个下标表示作用在该面元上的力在 $\boldsymbol{e}_j$ 方向的投影。由于对称性，所以有

$$\sigma_{ij} = \sigma_{ji}$$

　　在一般情况下，应力矢量与面元法向并不共线，应力矢量在法向的投影就是法应力，而应力矢量在面元切平面上的投影就是剪应力。可以证明，在每一点都存在 3 个互相正交的方向，当面元法向与这些方向重合时，应力矢量与面元法向共线，而面元上的切应力为零。这 3 个互相正交的方向称为该点的应力主轴，与应力主轴正交的平面称为主平面，主平面上的应力称为主应力。

　　如果把某点的应力主轴方向取为坐标轴的方向，由此建立的几何空间称为主应力空间，此时该点的应力张量化为一个对角矩阵

$$\tilde{\boldsymbol{\sigma}} = \begin{bmatrix} \sigma_x & 0 & 0 \\ 0 & \sigma_y & 0 \\ 0 & 0 & \sigma_z \end{bmatrix} \tag{3-5}$$

其中，σ_x，σ_y，σ_z 称为主应力。

　　对于确定的应力状态，它们并不会因为坐标系的变换而改变，由此可得到应力张量的 3 个不变量分别为

$$I_1 = \sigma_{xx} + \sigma_{yy} + \sigma_{zz} = \sigma_x + \sigma_y + \sigma_z \tag{3-6}$$

$$I_2 = -\begin{vmatrix} \sigma_{xx} & \sigma_{xy} \\ \sigma_{yx} & \sigma_{yy} \end{vmatrix} - \begin{vmatrix} \sigma_{yy} & \sigma_{yz} \\ \sigma_{zy} & \sigma_{zz} \end{vmatrix} - \begin{vmatrix} \sigma_{zz} & \sigma_{zx} \\ \sigma_{xz} & \sigma_{xx} \end{vmatrix}$$

$$= -(\sigma_{xx}\sigma_{yy} + \sigma_{yy}\sigma_{zz} + \sigma_{zz}\sigma_{xx}) + (\sigma_{xy}^2 + \sigma_{yz}^2 + \sigma_{zx}^2)$$

$$= -(\sigma_x\sigma_y + \sigma_y\sigma_z + \sigma_z\sigma_x) \tag{3-7}$$

$$I_3 = \begin{vmatrix} \sigma_{xx} & \sigma_{xy} & \sigma_{xz} \\ \sigma_{yx} & \sigma_{yy} & \sigma_{yz} \\ \sigma_{zx} & \sigma_{zy} & \sigma_{zz} \end{vmatrix} = \sigma_{xx}\sigma_{yy}\sigma_{zz} + 2\sigma_{xy}\sigma_{yz}\sigma_{zx} - (\sigma_{xx}\sigma_{yz}^2 + \sigma_{yy}\sigma_{zx}^2 + \sigma_{zz}\sigma_{xy}^2)$$

$$= \sigma_x\sigma_y\sigma_z \tag{3-8}$$

其中，I_1、I_2、I_3 分别称为第 1、第 2、第 3 不变量。

　　平均主应力 σ_m 称为流体静力学压强或静水压强，因此

$$p = \sigma_m = \frac{1}{3}(\sigma_{xx} + \sigma_{yy} + \sigma_{zz}) = \frac{1}{3}(\sigma_x + \sigma_y + \sigma_z) \tag{3-9}$$

　　在主应力空间，如果某一点的 3 个主应力均相等，即 $\sigma_x = \sigma_y = \sigma_z = p$，则该点的应力张量称为球形应力张量或应力球张量，记为

$$\tilde{\boldsymbol{p}} = \begin{bmatrix} p & 0 & 0 \\ 0 & p & 0 \\ 0 & 0 & p \end{bmatrix} \tag{3-10}$$

如果一点处于球形应力状态，则该点在各个方向具有相等的法向应力，因此这时只会产生体积变化，而不会产生形变，这样的状态称为均匀应力状态。

一般情况下，固体内的任意一点并不会处于均匀应力状态，即 3 个主应力并不相等，但应力张量可以分解为如下两个部分

$$\tilde{\boldsymbol{\sigma}} = \begin{bmatrix} \sigma_{xx} & \sigma_{xy} & \sigma_{xz} \\ \sigma_{yx} & \sigma_{yy} & \sigma_{yz} \\ \sigma_{zx} & \sigma_{zy} & \sigma_{zz} \end{bmatrix} = \begin{bmatrix} p & 0 & 0 \\ 0 & p & 0 \\ 0 & 0 & p \end{bmatrix} + \begin{bmatrix} \sigma_{xx} - p & \sigma_{xy} & \sigma_{xz} \\ \sigma_{yx} & \sigma_{yy} - p & \sigma_{yz} \\ \sigma_{zx} & \sigma_{zy} & \sigma_{zz} - p \end{bmatrix} \tag{3-11}$$

等式右边第 2 个张量是从原来的应力张量扣除球形应力张量后的剩余部分，显然，其分量的大小反映了一个实际的应力状态偏离均匀应力状态的程度，因而称为偏应力张量或应力偏量，记为 $\tilde{s}$，则

$$\tilde{s} = \begin{bmatrix} \sigma_{xx} - p & \sigma_{xy} & \sigma_{xz} \\ \sigma_{yx} & \sigma_{yy} - p & \sigma_{yz} \\ \sigma_{zx} & \sigma_{zy} & \sigma_{zz} - p \end{bmatrix} = \begin{bmatrix} s_{xx} & s_{xy} & s_{xz} \\ s_{yx} & s_{yy} & s_{yz} \\ s_{zx} & s_{zy} & s_{zz} \end{bmatrix} \tag{3-12}$$

因此应力张量可简写为

$$\sigma_{ij} = p \delta_{ij} + s_{ij} \tag{3-13}$$

其中，δ_{ij} 为克罗克记号（$i, j = x, y, z$）。当 $i = j$ 时，$\delta_{ij} = 1$；当 $i \neq j$ 时，$\delta_{ij} = 0$。

与应力张量一样，偏应力具有与应力相同的主应力空间，而且也有下面 3 个不变量

$$J_1 = s_{xx} + s_{yy} + s_{zz} = s_x + s_y + s_z = 0 \tag{3-14}$$

$$J_2 = -(s_{xx}s_{yy} + s_{yy}s_{zz} + s_{zz}s_{xx}) + (s_{xy}^2 + s_{yz}^2 + s_{zx}^2)$$

$$= \frac{1}{2}(s_{xx}^2 + s_{yy}^2 + s_{zz}^2 + 2s_{xy}^2 + 2s_{yz}^2 + 2s_{zx}^2)$$

$$= \frac{1}{2}(s_x^2 + s_y^2 + s_z^2) \tag{3-15}$$

$$J_3 = \begin{vmatrix} s_{xx} & s_{xy} & s_{xz} \\ s_{yx} & s_{yy} & s_{yz} \\ s_{zx} & s_{zy} & s_{zz} \end{vmatrix} = s_{xx}s_{yy}s_{zz} + 2s_{xy}s_{yz}s_{zx} - (s_{xx}s_{yz}^2 + s_{yy}s_{zx}^2 + s_{zz}s_{xy}^2)$$

$$= s_x s_y s_z \tag{3-16}$$

式中　s_x，s_y，s_z——应力偏量的 3 个主值。

在应力偏量的 3 个不变量中，第 2 不变量使用最多，它还可以通过一般应力分量或主应力来表示为

$$J_2 = \frac{1}{6}\left[(\sigma_{xx} - \sigma_{yy})^2 + (\sigma_{yy} - \sigma_{zz})^2 + (\sigma_{zz} - \sigma_{xx})^2\right] + (\sigma_{xy}^2 + \sigma_{yz}^2 + \sigma_{zx}^2)$$

$$= \frac{1}{6}\left[(\sigma_x - \sigma_y)^2 + (\sigma_y - \sigma_z)^2 + (\sigma_z - \sigma_x)^2\right] \tag{3-17}$$

对应力张量进行分解的目的是为了便于描述塑性变形。对于金属类材料，球形应力张量即静水压不会引起塑性变形，或者说与塑性变形无关，也就是说，塑性变形仅由偏应力引起。

3.2　应变及其描述

固体在应力的作用下将发生变形，变形的大小用应变描述。与应力一样，固体的应变可以用法向应变分量和切向应变分量来表示。形状的要素是长度和角度，因此应变与长度变化率和角度变化率相关。如图 3 - 3 所示，设 $OABC$ 为未变形固体在 xy 平面内的面积元。若该固体受外力作用，则面积元 $OABC$ 变形为 $O'A'B'C'$。在三维空间中，应将面元看成是如图 3 - 3 所示体元的一个面。变形前 O 点的坐标为 (x, y, z)，变形后变为 $(x + \xi, y + \eta, z + \zeta)$，即质点发生了位移。点 A，B，C 的坐标在变形后同样要发生变化。设边长 OC 的长度为 x，在小变形条件下，$O'C'$ 在 x 方向的长度 $O'C'_x$ 为

$$O'C'_x = \Delta x + \frac{\partial \xi}{\partial x}\Delta x$$

按定义，面积元在 x 方向的法向应变 ε_{xx} 为

$$\varepsilon_{xx} = \lim_{\Delta x \to 0} \frac{O'C'_x - OC}{OC}$$

$$= \lim_{\Delta x \to 0} \frac{[\Delta x + (\partial \xi / \partial x) \Delta x] - \Delta x}{\Delta x} = \frac{\partial \xi}{\partial x}$$

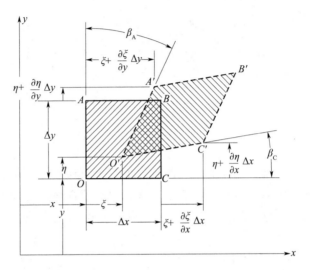

图 3-3　x-y 平面内的变形与应变

采用同样的方法可得到另外两个面元在相应方向的法向应变，因此

$$\begin{cases} \varepsilon_{xx} = \dfrac{\partial \xi}{\partial x} \\[2mm] \varepsilon_{yy} = \dfrac{\partial \eta}{\partial y} \\[2mm] \varepsilon_{zz} = \dfrac{\partial \zeta}{\partial z} \end{cases} \qquad (3-18)$$

剪应变（也称切应变）定义为原来正交的两边在变形时夹角的变化的一半，因此图 3-3 中的单元产生的剪应变为

$$\varepsilon_{xy} = \frac{1}{2} \lim_{\substack{\Delta x \to 0 \\ \Delta y \to 0}} (\beta_C + \beta_A)$$

$$= \frac{1}{2} \lim_{\substack{\Delta x \to 0 \\ \Delta y \to 0}} \left[\frac{(\partial \eta / \partial x) \Delta x}{\Delta x} + \frac{(\partial \xi / \partial y) \Delta y}{\Delta y} \right]$$

$$= \frac{1}{2} \left(\frac{\partial \eta}{\partial x} + \frac{\partial \xi}{\partial y} \right) = \frac{1}{2} \gamma_{xy}$$

其中

$$\gamma_{xy} = \frac{\partial \eta}{\partial x} + \frac{\partial \xi}{\partial y} \qquad (3-19)$$

称为工程剪应变。其他两个方向的切应变可采用同样的方法得到，因此

$$\begin{cases} \varepsilon_{xy} = \frac{1}{2} \left(\frac{\partial \eta}{\partial x} + \frac{\partial \xi}{\partial y} \right) = \frac{1}{2} \gamma_{xy} \\[2mm] \varepsilon_{yz} = \frac{1}{2} \left(\frac{\partial \zeta}{\partial y} + \frac{\partial \eta}{\partial z} \right) = \frac{1}{2} \gamma_{yz} \\[2mm] \varepsilon_{zx} = \frac{1}{2} \left(\frac{\partial \xi}{\partial z} + \frac{\partial \zeta}{\partial x} \right) = \frac{1}{2} \gamma_{zx} \end{cases} \qquad (3-20)$$

方程组（3 - 18）和方程组（3 - 20）称为几何方程，也称为柯西（Cauchy）方程，它们给出了 6 个应变分量与 3 个位移分量之间的关系。

与应力类似，应变也是一个 2 阶对称张量，即

$$\tilde{\boldsymbol{\varepsilon}} = \begin{bmatrix} \varepsilon_{xx} & \varepsilon_{xy} & \varepsilon_{xz} \\ \varepsilon_{yx} & \varepsilon_{yy} & \varepsilon_{yz} \\ \varepsilon_{zx} & \varepsilon_{zy} & \varepsilon_{zz} \end{bmatrix} \qquad (3-21)$$

$$\varepsilon_{xy} = \varepsilon_{yx}, \quad \varepsilon_{xz} = \varepsilon_{zx}, \quad \varepsilon_{yz} = \varepsilon_{zy} \qquad (3-22)$$

或采用指标符号表示为

$$\tilde{\boldsymbol{\varepsilon}} = \varepsilon_{ij} \boldsymbol{e}_i \boldsymbol{e}_j \qquad (3-23)$$

且

$$\varepsilon_{ij} = \varepsilon_{ji}$$

其中，$i, j = x, y, z$；$\boldsymbol{e}_i$ 和 $\boldsymbol{e}_j$ 为沿相应坐标轴的单位矢量。

应变与应力有类似的特点：通过坐标变换可以得到一个特殊的坐标系，在此坐标系中，只在 3 个相互垂直的方向存在法向应变，而所有的剪应变分量为零。这个特殊的空间称为主应变空间，坐标轴的方向称为主应变方向，沿主应变方向的法向应变称为主应变。

因此在主应变空间的应变张量为

$$\tilde{\boldsymbol{\varepsilon}} = \begin{bmatrix} \varepsilon_x & 0 & 0 \\ 0 & \varepsilon_y & 0 \\ 0 & 0 & \varepsilon_z \end{bmatrix} \qquad (3-24)$$

式中　ε_x，ε_y，ε_z——主应变。

应变张量也存在 3 个不变量，分别为

$$I'_1 = \varepsilon_{xx} + \varepsilon_{yy} + \varepsilon_{zz} = \varepsilon_x + \varepsilon_y + \varepsilon_z \qquad (3-25)$$

$$I'_2 = -\begin{vmatrix} \varepsilon_{xx} & \varepsilon_{xy} \\ \varepsilon_{yx} & \varepsilon_{yy} \end{vmatrix} - \begin{vmatrix} \varepsilon_{yy} & \varepsilon_{yz} \\ \varepsilon_{zy} & \varepsilon_{zz} \end{vmatrix} - \begin{vmatrix} \varepsilon_{zz} & \varepsilon_{zx} \\ \varepsilon_{xz} & \varepsilon_{xx} \end{vmatrix}$$

$$= -(\varepsilon_{xx}\varepsilon_{yy} + \varepsilon_{yy}\varepsilon_{zz} + \varepsilon_{zz}\varepsilon_{xx}) + (\varepsilon_{xy}^2 + \varepsilon_{yz}^2 + \varepsilon_{zx}^2)$$

$$= -(\varepsilon_x\varepsilon_y + \varepsilon_y\varepsilon_z + \varepsilon_z\varepsilon_x) \qquad (3-26)$$

$$I'_3 = \begin{vmatrix} \varepsilon_{xx} & \varepsilon_{xy} & \varepsilon_{xz} \\ \varepsilon_{yx} & \varepsilon_{yy} & \varepsilon_{yz} \\ \varepsilon_{zx} & \varepsilon_{zy} & \varepsilon_{zz} \end{vmatrix} = \varepsilon_{xx}\varepsilon_{yy}\varepsilon_{zz} + 2\varepsilon_{xy}\varepsilon_{yz}\varepsilon_{zx} - (\varepsilon_{xx}\varepsilon_{yz}^2 + \varepsilon_{yy}\varepsilon_{zx}^2 + \varepsilon_{zz}\varepsilon_{xy}^2)$$

$$= \varepsilon_x\varepsilon_y\varepsilon_z \qquad (3-27)$$

应变张量同样可以分解为球形应变张量和偏应变张量

$$\tilde{\boldsymbol{\varepsilon}} = \tilde{\boldsymbol{\varepsilon}}_m + \tilde{\boldsymbol{w}} \qquad (3-28)$$

即

$$\begin{bmatrix} \varepsilon_{xx} & \varepsilon_{xy} & \varepsilon_{xz} \\ \varepsilon_{yx} & \varepsilon_{yy} & \varepsilon_{yz} \\ \varepsilon_{zx} & \varepsilon_{zy} & \varepsilon_{zz} \end{bmatrix} = \begin{bmatrix} \varepsilon_m & 0 & 0 \\ 0 & \varepsilon_m & 0 \\ 0 & 0 & \varepsilon_m \end{bmatrix} + \begin{bmatrix} \varepsilon_{xx} - \varepsilon_m & \varepsilon_{xy} & \varepsilon_{xz} \\ \varepsilon_{yx} & \varepsilon_{yy} - \varepsilon_m & \varepsilon_{yz} \\ \varepsilon_{zx} & \varepsilon_{zy} & \varepsilon_{zz} - \varepsilon_m \end{bmatrix}$$

$$(3-29)$$

其中

$$\varepsilon_m = \frac{1}{3}(\varepsilon_{xx} + \varepsilon_{yy} + \varepsilon_{zz}) = \frac{1}{3}(\varepsilon_x + \varepsilon_y + \varepsilon_z) \qquad (3-30)$$

$$\tilde{\boldsymbol{\varepsilon}}_m = \begin{bmatrix} \varepsilon_m & 0 & 0 \\ 0 & \varepsilon_m & 0 \\ 0 & 0 & \varepsilon_m \end{bmatrix} \qquad (3-31)$$

$$
\widetilde{\boldsymbol{w}} = \begin{bmatrix} w_{xx} & w_{xy} & w_{xz} \\ w_{yx} & w_{yy} & w_{yz} \\ w_{zx} & w_{zy} & w_{zz} \end{bmatrix} = \begin{bmatrix} \varepsilon_{xx} - \varepsilon_{\mathrm{m}} & \varepsilon_{xy} & \varepsilon_{xz} \\ \varepsilon_{yx} & \varepsilon_{yy} - \varepsilon_{\mathrm{m}} & \varepsilon_{yz} \\ \varepsilon_{zx} & \varepsilon_{zy} & \varepsilon_{zz} - \varepsilon_{\mathrm{m}} \end{bmatrix}
$$

$$(3-32)$$

$\widetilde{\boldsymbol{\varepsilon}}$ 称为平均法向应变，$\widetilde{\boldsymbol{\varepsilon}}_{\mathrm{m}}$ 称为球形应变张量，$\widetilde{\boldsymbol{w}}$ 称为偏应变张量。

采用指标符号，式（3-28）可以简写为

$$
\varepsilon_{ij} = \varepsilon_{\mathrm{m}}\delta_{ij} + w_{ij} \tag{3-33}
$$

偏应变张量的 3 个不变量分别为

$$
J'_1 = w_{xx} + w_{yy} + w_{zz} = 0 \tag{3-34}
$$

$$
J'_2 = \frac{1}{6}\big[(\varepsilon_{xx} - \varepsilon_{yy})^2 + (\varepsilon_{yy} - \varepsilon_{zz})^2 + (\varepsilon_{zz} - \varepsilon_{xx})^2\big] + (\varepsilon_{xy}^2 + \varepsilon_{yz}^2 + \varepsilon_{zx}^2)
$$

$$
= \frac{1}{6}\big[(\varepsilon_x - \varepsilon_y)^2 + (\varepsilon_y - \varepsilon_z)^2 + (\varepsilon_z - \varepsilon_x)^2\big] \tag{3-35}
$$

$$
J'_3 = \begin{vmatrix} w_{xx} & w_{xy} & w_{xz} \\ w_{yx} & w_{yy} & w_{yz} \\ w_{zx} & w_{zy} & w_{zz} \end{vmatrix}
$$

$$
= w_{xx}w_{yy}w_{zz} + 2w_{xy}w_{yz}w_{zx} - (w_{xx}w_{yz}^2 + w_{yy}w_{zx}^2 + w_{zz}w_{xy}^2)
$$

$$
= (\varepsilon_x - m)(\varepsilon_y - m)(\varepsilon_z - m) \tag{3-36}
$$

体应变 θ 为 3 个法向应变之和，因此

$$
\theta = \frac{\Delta V}{V_0} = \varepsilon_{xx} + \varepsilon_{yy} + \varepsilon_{zz} = 3\varepsilon_{\mathrm{m}} \tag{3-37}
$$

3.3 固体的压剪特性

3.3.1 单向压缩

假设有一个长度为 L_0、直径为 φ_0 的圆柱形棒材，其一端与刚性壁接触，在另一端施加均匀外力 p（$-z$ 方向），如图 3-4 所示。进一步假定圆柱体的侧面是自由的，在外载荷的作用下，圆柱体的长度减小 $\Delta L = L - L_0$，同时直径增大 $\Delta\varphi = \varphi - \varphi_0$。

在这种情况下，圆柱体只在轴线（z 方向）上的应力 σ_{zz} 不为 0（σ_{zz} 在这里取负值，表示压应力，拉应力则定义为正[①]），且等于外载荷 p，即

$$\sigma_{zz} = p，\ \sigma_{xx} = \sigma_{yy} = 0$$

在小变形情况下（弹性阶段），按照胡克定律，应力与形变成正比，因此有

$$\sigma_{zz} = E \frac{\Delta L}{L_0} \tag{3-38}$$

式中　E——杨氏模量。

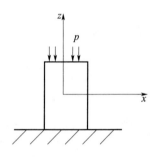

图 3-4　圆柱体的压缩

由于圆柱体的侧面是自由的，所以必然发生径向膨胀，其相对变化与长度的相对变化成正比

$$\frac{\Delta \varphi}{\varphi_0} = -\nu \frac{\Delta L}{L} \tag{3-39}$$

其中，ν 为泊松比。泊松比总是大于 0 的，且不超过 1/2。例如，对于圆柱体的压缩，其体积只能减小，不能增加，其极限是体积维持不变，即

$$\varphi^2 L = 常数$$

令其体积发生微小变形，则有

[①]　在一般力学分析中通常定义压应力为负，拉应力为正，但在冲击压缩分析中通常定义压应力为正，拉应力为负。

$$\frac{\Delta \varphi}{\varphi} = -\frac{1}{2} \frac{\Delta L}{L}$$

由此得到泊松比的最大值为 1/2。

现在假定圆柱体的侧面受到刚性壁的约束，即不可能产生横向变形，这时必然出现横向应力，且 $\sigma_{xx} = \sigma_{yy}$。轴线上的应力和原来一样，这时的轴向应力与单一轴向变形的关系为

$$\sigma_{zz} = E_{L} \frac{\Delta L}{L_0} = \frac{E(1-\nu)}{(1+\nu)(1-2\nu)} \frac{\Delta L}{L_0} \qquad (3-40)$$

其中

$$E_{L} = \frac{(1-\nu)}{(1+\nu)(1-2\nu)} E \qquad (3-41)$$

E_L 称为侧限弹性模量，且总是大于杨氏模量 E，这说明为了使侧面被约束了的圆柱体和侧面自由的圆体在轴向产生相同的形变，需要施加更大的外载荷。

横向法应力与轴向应力之间的关系为

$$\sigma_{xx} = \sigma_{yy} = \frac{\nu}{1-\nu} \sigma_{zz} \qquad (3-42)$$

应该说明，对于上述压缩实例，在所选择的坐标系中，切向应力是不存在的，而且各关系式对于拉伸时的情况同样成立。

3.3.2　球形均匀压缩

所谓球形均匀压缩（或拉伸），是指对固体的表面施加不变的应力，这时在任意坐标系中都有：应力张量是对角的（$\sigma_{xy} = \sigma_{xz} = \sigma_{yz} = 0$），3 个法向分量相同（$\sigma_{xx} = \sigma_{yy} = \sigma_{zz} = p$）。在这种情况下，固体中的应力是各向同性的，具有流体静力学特点。如果对固体进行均匀的球形压缩（或拉伸），固体虽然会改变体积，但形状不会变化。体积的相对变化 θ（称为体应变）与压强成正比

$$\theta = \frac{\Delta V}{V_0} = -\frac{p}{B} \qquad (3-43)$$

式中　B——体积模量。

3.3.3　剪切变形

仍以圆柱体为例，假设其外载荷仅为一个端面上的切向应力 τ，则圆柱体只改变形状，而不改变体积，如图 3-5 所示。这种现象称为剪切变形。这时，在圆柱体内部只有一个切向应力不等于 0，应力张量的其余分量都为 0。在小变形情况下，按照胡克定律，表征其形状变化的切变角 β 与剪应力 τ 的关系为

$$\gamma = \tan\beta(\approx \beta) = \frac{\tau}{G} = \frac{\sigma_{xz}}{G} \qquad (3-44)$$

式中　　γ——剪应变；

　　　　G——材料的剪切模量。

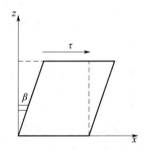

图 3-5　剪切变形

固体在球形压缩或拉伸时，其应力张量在任何坐标系中都是对角的，且 3 个分量相同。但对于其他形变，只有在特殊选择的坐标系中，才能使应力张量是对角的，即剪切力为零，且这时的 3 个分量并不会都相等。应力张量的对角元素不相等与非球形压缩相关，也就是说，非球形压缩导致非球形变形，因而内部存在剪应力和剪应变。

仍以侧面被约束的圆柱体为例（仅有单向变形），在如图 3-5 所示的坐标系中，应力张量是对角的，且 $\sigma_{xx} = \sigma_{yy} \neq \sigma_{zz}$。如果将坐标系进行变换，应力张量中就会出现剪应力。或者说，如果考察一个与 z 轴不相垂直的平面，这个平面上必然存在剪应力。

现在将坐标系 xyz 变换为 $x'y'z'$，原点保持不变，其中 x 轴与

x'轴的夹角和 z 轴与 z' 轴的夹角均为 $45°$，而 y 轴与 y'轴重合，如图 $3-6$ 所示。根据坐标系旋转时张量的变换法则，可以求出

$$\sigma_{x'z'} = \sigma_{zz}\cos^2 45° - \sigma_{xx}\cos^2 45° = \frac{1}{2}(\sigma_{zz} - \sigma_{xx}) \qquad (3-45)$$

这就是沿 x'轴法向作用于平面 AB 上的剪应力。可以证明，在 $45°$角的平面上的剪应力就是固体内部的最大剪应力。

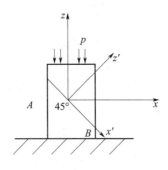

图 $3-6$　最大剪应力

固体的任何形变都可以通过体积变化和剪切变形来表示。由于单向变形、体积变化和剪切变形之间具有内在联系，所以固体的 4 个材料常数 E、ν、B、G 并不都是独立的，实际上其中只有两个是独立的，它们之间存在下面关系

$$E = \frac{9BG}{3B+G} \qquad (3-46)$$

$$\nu = \frac{1}{2}\frac{3B-2G}{3B+G} \qquad (3-47)$$

$$G = \frac{E}{2(1+\nu)} \qquad (3-48)$$

$$B = \frac{E}{3(1-2\nu)} \qquad (3-49)$$

利用以上关系，对于侧面被约束的圆柱体的单向变形，胡克定律可表示为

$$\sigma_{zz} = E_{\mathrm{L}}\frac{\Delta L}{L_0} = \left(B + \frac{4}{3}G\right)\frac{\Delta L}{L_0} \qquad (3-50)$$

3.3.4　广义胡克定律——弹性本构关系

固体在外载荷作用下将发生变形，因此，在固体内部，应力和应变之间必然存在一定的内在联系，这就是本构关系。如果固体的变形很小，且处于弹性阶段，则应力与应变之间的关系由广义胡克定律描述

$$\sigma_{xx} = \lambda\theta + 2\mu\varepsilon_{xx} \tag{3-51}$$

$$\sigma_{yy} = \lambda\theta + 2\mu\varepsilon_{yy} \tag{3-52}$$

$$\sigma_{zz} = \lambda\theta + 2\mu\varepsilon_{zz} \tag{3-53}$$

其中，λ 和 μ 称为拉梅常数，它们与其他常用弹性模量之间的关系为

$$G = \mu \tag{3-54}$$

$$B = \lambda + \frac{2}{3}\mu \tag{3-55}$$

$$E = \frac{3\lambda + 2\mu}{\lambda + \mu}\mu \tag{3-56}$$

$$\nu = \frac{\lambda}{2(\lambda + \mu)} \tag{3-57}$$

或者写成

$$\lambda = \frac{E\nu}{(1+\nu)(1-2\nu)} \tag{3-58}$$

$$\mu = \frac{E}{2(1+\nu)} \tag{3-59}$$

切应力与切应变的关系为

$$\sigma_{yx} = \sigma_{xy} = 2\mu\varepsilon_{xy} = \mu\left(\frac{\partial \eta}{\partial x} + \frac{\partial \xi}{\partial y}\right) \tag{3-60}$$

$$\sigma_{zy} = \sigma_{yz} = 2\mu\varepsilon_{yz} = \mu\left(\frac{\partial \zeta}{\partial y} + \frac{\partial \eta}{\partial z}\right) \tag{3-61}$$

$$\sigma_{xz} = \sigma_{zx} = 2\mu\varepsilon_{zx} = \mu\left(\frac{\partial \xi}{\partial z} + \frac{\partial \zeta}{\partial x}\right) \tag{3-62}$$

利用式（3-51）～式（3-53）及式（3-59）有

$$p = \left(\lambda + \frac{2}{3}\mu\right)\theta \tag{3-63}$$

3.4　固体的屈服条件

3.4.1　单轴拉伸的应力-应变关系

如果对一个等截面的圆柱体金属试件沿长度方向进行均匀拉伸（单向应力问题），则可得到如图 3-7 所示的典型应力应变曲线。从这条典型的应力应变曲线可以得到以下现象。

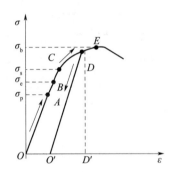

图 3-7　单轴拉伸的典型应力-应变关系

1）在变形的初始阶段（即直线 OA），其应力应变关系为直线，由胡克定律描述，即

$$\sigma = E\varepsilon \qquad (3-64)$$

其中

$$\varepsilon = \frac{l - l_0}{l_0} \qquad (3-65)$$

式中　ε——工程应变；

l_0，l——分别为试件的初始长度和变形后的长度。

随着载荷的增加，当变形超过 A 点以后，应力与应变不再是线性关系，与 A 点对应的应力 σ_p 称为比例极限。

2）过 A 点以后，当载荷继续增加，变形的增加比 A 点之前稍大，但在没有超过 B 点之前，如果撤除载荷，变形是可以完全恢复的,因此 OB 段为弹性阶段。与 B 点对应应力 σ_e 称为弹性极限。

3)如果继续加载,到达 C 点以后,变形的增加开始变快。对于软金属,甚至会出现应力不变,而应变可以持续增加的现象,这种现象称为屈服,相应的临界应力 σ_s 称为屈服极限或屈服强度。对于很多实际的固体材料,其比例极限、弹性极限和屈服极限相差不大,在实验测量过程中甚至难以分辨,因而在工程上一般不加区分,而是将这 3 个特征点简化为一个点,统称为屈服强度。

4)随着载荷的不断增加,应力应变曲线中将存在一与最大应力相对应的 E 点,该点的应力 σ_b 称为强度极限。在 E 点以后,试件中的应力载荷下降,直到试件发生断裂破坏。这种现象称为应变软化。

5)在应力超过屈服强度 σ_s 后,如果在曲线上任意一点 D 处卸载,应力应变之间将不会按原来加载时的路径变化,而是沿一条近似平行于 OA 的直线 DO' 变化,直到应力下降为零,但这时的应变并不为零,这个不可恢复的应变值就是加载超过屈服强度后所产生的塑性变形。如果用线段 OD' 表示加载时产生的总应变 ε,$O'D'$ 表示可以恢复的弹性应变 ε^e,则 OO' 表示不能恢复的塑性应变 ε^p,因此有

$$\varepsilon = \varepsilon^e + \varepsilon^p \qquad\qquad (3-66)$$

即总应变等于弹性应变与塑性应变之和。

从卸载路径可以看出,应力应变之间呈线性关系,因而仍然服从胡克定律。

6)如果在 D 点卸载后再进行加载,则应力应变曲线基本上仍沿直线 $O'D$ 变化,但应力要在超过 D 点的应力值后才会出现屈服和塑性变形。也就是说,经过前次塑性变形后,屈服强度将有所提高,这种现象称为应变硬化或应变强化。在卸载后再加载而产生的屈服点称为后继屈服点。

从图 3-7 所示的典型应力应变曲线可知,塑性变形规律呈现出非线性、与变形历史或加载历史相关的特点,因而比弹性变形规律要复杂得多。

3.4.2　常用屈服准则

固体在加载条件下，最初总是处于弹性状态，但随着载荷的不断增加，固体可能出现屈服从而发生塑性变形。由于固体在弹性阶段与塑性阶段具有完全不同的力学特点，因此需要有一个判据来确定固体中某一点的应力在发展到什么程度的时候开始屈服，这个判据就称为屈服准则，或称为屈服条件。

对于简单应力状态，屈服准则很容易确定。例如，对于单向拉伸（或压缩），屈服准则就是

$$|\sigma| = \sigma_s \qquad (3-67)$$

即单向拉伸（或压缩）的应力达到屈服强度 σ_s 时，材料开始屈服。

对于纯剪切情况，屈服准则为

$$\tau = \tau_s \qquad (3-68)$$

即固体在纯剪切作用下，若剪切载荷达到剪切屈服强度 τ_s 时，材料便开始屈服，这就是图 3-6 所示情况。

在复杂应力状态下，最一般的屈服准则表示为

$$f(\sigma_{ij}) = 0 \qquad (3-69)$$

在数学上式（3-69）表示应力空间（σ_{ij}）中的一个超曲面，它将应力空间分为二部分，其内部 $f<0$ 表示弹性状态，外部 $f>0$ 代表塑性硬化后的可能应力状态。由于应力张量可以分解为静水压力和应力偏量之和，所以对静水压力 p 不影响屈服的材料而言（如十几万标准大气压以下的金属材料等），屈服准则式（3-69）可以写为

$$f(s_{ij}) = 0 \qquad (3-70)$$

最常用的 Tresca 屈服准则和 Mises 屈服准则就是其具体实例，这里 $i, j = x, y, z$。

（1）Tresca 屈服准则

1864 年，法国人 Tresca 根据大量金属的挤压实验结果提出如下假设：当最大剪应力达到某一极限时，材料发生屈服。这就是特雷斯卡屈服准则，也称为最大剪应力条件。该准则可以表示为

$$\tau_{\max} = \tau_s \qquad\qquad (3-71)$$

其中，τ_s 是和材料性质相关的常数，在纯剪切加载条件下就是剪切屈服强度。如果已知主应力的大小，并规定 $\sigma_x \geqslant \sigma_y \geqslant \sigma_z$，则式（3-71）可写为

$$\frac{\sigma_x - \sigma_z}{2} = \tau_s \qquad\qquad (3-72)$$

在一般情况下，往往无法事先确定固体内各点的 3 个主应力的大小，因此特雷斯卡条件以可写成

$$\max[\,|\sigma_x - \sigma_y|\,,\,|\sigma_y - \sigma_z|\,,\,|\sigma_z - \sigma_x|\,] = 2\tau_s \qquad (3-73)$$

对于单向拉伸实验，材料屈服时有

$$\sigma_x = \sigma_s,\quad \sigma_y = \sigma_z = 0,\quad \sigma_s = 2\tau_s$$

于是

$$\tau_s = \frac{\sigma_s}{2} \qquad\qquad (3-74)$$

可见，拉伸屈服强度是剪切屈服强度的 2 倍。这个结果表明，利用单向拉伸实验可以确定常数 τ_s。需要注意的是，这个关系对大多数材料只是近似成立。

（2）Mises 屈服准则

Mises 屈服准则于 1913 年提出，它也就是在材料的工程强度理论中人们常说的弹性畸变能准则，其物理意义是：当单位体积介质的弹性畸变能 E_Q 达到某一常数时材料即进入屈服。如果以 G 表示材料的弹性剪切模量，$\varepsilon_{ij}{}'$ 表示应变偏量，则材料的弹性畸变定律可写为

$$\varepsilon_{ij}{}' = \frac{1}{2G}\sigma_{ij}{}'$$

于是有

$$E_Q = \int \sigma_{ij}{}'\mathrm{d}\varepsilon_{ij}{}' = \frac{1}{4G}\sigma_{ij}{}'\sigma_{ij}{}' = \frac{1}{2G}J_2 = \frac{1}{6G}\overset{-2}{\sigma}$$

即 E_Q 与 J_2 或与 $\overset{-2}{\sigma}$ 成正比，所以 Mises 准则可写为

$$\overset{-2}{\sigma} = 3J_2 = \frac{3}{2}\rho^2 = \frac{1}{2}\left[(\sigma_1 - \sigma_2)^2 + (\sigma_2 - \sigma_3)^2 + (\sigma_3 - \sigma_1)^2\right]k_1^2$$

$$(3-75)$$

式中的 $\bar{\sigma}$ 称之为应力强度或 Mises 等效应力，而 k_1 为材料常数，可以由例如简单拉伸实验或者纯剪切实验来确定。如以 Y 和 τ 分别表示材料的简单拉伸屈服应力和纯剪切屈服应力，则当以简拉实验定常数时（例如对其中一个简单拉伸屈服状态 $\sigma_1 = \sigma_s$，$\sigma_2 = \sigma_3 = 0$），由式（3 - 75）可得 $k_1 = \sigma_s$；当以纯剪切实验定常数时（例如对其中一个纯剪切屈服状态 $\sigma_1 = \tau_s$，$\sigma_2 = 0$，$\sigma_3 = -\tau_s$），由式（3 - 75）可得 $k_1 = \sqrt{3}\tau_s$。故，对于能够精确满足 Mises 屈服准则的所谓 Mises材料，必有

$$\sigma_s = \sqrt{3}\tau_s \qquad (3 - 76)$$

（3）Drucker - Prager 屈服准则和广义的 Mises 屈服准则

以上两个常用的屈服准则都是与静水压力 p 无关的（而且是拉压对称的），这对大多数的金属材料在其承受的压力不太高时（如十几万标准大气压以下）是比较符合实际的。但是在金属承受很高的压力时，我们则必须考虑静水压力 p 对屈服准则的影响；另外对岩石、混凝土以及陶瓷等一类的脆性材料，即使压力不太高时其静水压力对屈服准则的影响一般也是不可忽略的。这时我们就需要考虑静水压力 p 对屈服准则的影响，即需要考虑所谓的压力相关的屈服准则。其中比较常用的就是 Drucker - Prager 屈服准则，该准则认为材料的 Mises 等效屈服应力 $\bar{\sigma}$ 随着其静水压力 p 线性增加，故在数学上该准则写为

$$f = \bar{\sigma} - ap = k_3 \qquad (3 - 77)$$

式中的材料常数 a 可以通过一系列不同围压条件下的材料屈服实验结果而拟合回归得出。Drucker - Prager 屈服准则不但引入了材料 Mises 等效屈服应力的线性压力硬化效应，而且也在某种程度上引入了材料的拉压屈服的不对称性质。

对岩石和土壤一类材料还有所谓的 Coulomb 剪破准则、各种不同形式的 Mohr 包络准则、盖帽准则以及由材料的整个弹性变形能（包括弹性畸变能和弹性体变能）所控制的所谓 Lemeitre 准则等。这些准则多半都是在 Mises 准则的基础上引入压力的塑性屈服效应，

可以统一地写为

$$\bar{\sigma} = f(p) \tag{3-78}$$

我们可将屈服准则（3-78）称为广义的 Mises 屈服准则。

此外对这类脆性材料还有同时计及 J_1、J_2、J_3 影响的各种形式的屈服准则，这里不再赘述，读者可参阅有关文献。

3.4.3　后继屈服条件

以上都只讲到了材料的初始屈服准则，如果要考虑材料屈服强度的应变硬化或应变软化性质，则需要研究材料的所谓后继屈服准则（也有的研究者将之称为加载准则），它指的是材料进入塑性屈服以后，后继屈服面（即有的研究者所说的加载面）的形状和尺寸随塑性变形发展而发展和变化的规律。如在应力空间中研究后继屈服面，则材料的硬化效应表现为后继屈服面随着塑性变形的发展而增大，理想塑性表现为后继屈服面就是其初始屈服面，而软化效应则表现为后继屈服面随着塑性变形的发展而缩小；材料的 Baushinger 效应则表现为在应力空间中某一方向上后继屈服面的扩大将伴随着相反方向附近各方向上后继屈服面的缩小。但是，在数学上要精确地表述材料的这些性质则是很复杂的，故人们常常需要抓住材料在塑性变形方面的某些主要特征而提出各种简化模型。这些简化模型从其基本特点方面来讲，主要包括理想塑性模型、各向同性硬化模型（或称等向硬化模型）和随动硬化模型等。

（1）理想塑性模型

理想塑性模型完全忽略材料的硬化效应，认为材料的初始屈服面也就是其后继屈服面，而且只要表达材料应力状态的应力点达到并且保持在此屈服面之上移动则材料的塑性变形便可以任意发展（如果材料单元不受到某种周围的约束时）。因此理想塑性材料的后继屈服准则在形式上非常简单，也就是其初始屈服准则

$$f(\sigma_{ij}) = 0 \tag{3-79}$$

（2）各向同性硬化模型（或称等向硬化模型）

各向同性硬化模型认为后继屈服面的扩大在应力空间中是各向同性的（注意这里的各向同性并非指在反应材料性质的几何空间中的各向同性），用一句更精确的力学语言讲，就是在应力空间中各不同方向上的应力变化过程对后继屈服面扩大的贡献是可以在量的方面进行等量转换的，因此各向同性硬化模型所确定的后继屈服面必然是其初始屈服面在应力空间中的相似扩大，同时我们可以通过各向同性硬化内变量的某个函数来反应后继屈服面的这一相似扩大特征和规律。在理论上和实践上人们最常用的各向同性硬化内变量有累积塑性功 W^p 和累积塑性应变强度 $\bar{\varepsilon}^p$，它们分别由以下公式定义

$$W^p = \int \sigma_{ij} \, \mathrm{d}\varepsilon_{ij}^p \tag{3-80}$$

$$\bar{\varepsilon}^p = \int \mathrm{d}\bar{\varepsilon}^p = \int \sqrt{\frac{2}{3} \mathrm{d}\varepsilon_{ij}^p \, \mathrm{d}\varepsilon_{ij}^p} \tag{3-81}$$

式（3-80）表示单位体积介质的应力塑性功的累积量，而式（3-81）所定义的量 $\bar{\varepsilon}^p$ 称之为累积等效塑性应变，这是因为，在一维应力条件和塑性变形不可压假定下，有 $\bar{\varepsilon}^p = \varepsilon_1^p$（轴向塑性应变）。

设材料的初始屈服面为 $f_1(\sigma) = K_0$，则各向同性硬化模型的后继屈服准则可写为以下二式中的任何一个

$$f_1(\sigma) = K(W^p) \tag{3-82}$$

$$f_1(\sigma) = K(\bar{\varepsilon}^p) \tag{3-83}$$

习惯上常将式（3-82）和式（3-83）分别称之为功硬化材料和应变硬化材料，其右端的函数 $K(W^p)$ 和 $K(\bar{\varepsilon}^p)$ 满足 $K(0) = K_0$，与初始屈服面重合。而这两个函数 $K(W^p)$ 和 $K(\bar{\varepsilon}^p)$ 的具体形式可由材料塑性变形的一维应力实验或纯剪切实验等的实验数据而得出。

（3）随动硬化模型

各向同性硬化模型完全没有顾及所谓的 Baushinger 效应的存在，随动硬化模型则将之夸大，认为塑性变形发展时，后继屈服面的形状和大小并不改变，只是在应力空间中作刚性平移，其移动的距离则与塑性变形历史有关，数学上可写为

$$f(\sigma_{ij} - \alpha_{ij}) = 0 \tag{3-84}$$

其中 α_{ij} 是塑性变形历史的某种函数，表示后继屈服面的中心。特别地，当我们假设后继屈服面中心的移动速度正比于塑性应变率时，即设

$$\dot{\alpha}_{ij} = C\dot{\varepsilon}^{\mathrm{p}}_{ij} \tag{3-85}$$

其中 C 为常数，则以初始条件 $\varepsilon^{\mathrm{p}}_{ij} = 0$ 时 $\alpha_{ij} = 0$ 对式（3-85）进行积分可得 $\alpha_{ij} = C\varepsilon^{\mathrm{p}}_{ij}$，于是式（3-84）成为

$$f(\sigma_{ij} - C\varepsilon^{\mathrm{p}}_{ij}) = 0 \tag{3-86}$$

由式（3-86）表达的模型称为线性随动硬化模型，其中的常数 C 可以通过一维应力条件下线性随动硬化的应力应变实验曲线来求出。

（4）联合的塑性硬化模型

各向同性硬化模型完全没有考虑到材料的 Baushinger 效应的存在，而随动硬化模型则夸大了材料的 Baushinger 效应，真实材料的塑性硬化规律一般是介于二者之间的，所以可以采用对两种模型的线性内插的方法，例如

$$f_1(\sigma - C\beta\varepsilon^{\mathrm{p}}) = K[W^{\mathrm{p}}(1-\beta)] \tag{3-87}$$

就是对线性随动硬化和各向同性硬化模型的线性内插硬化模型，其中 $0 \leqslant \beta \leqslant 1$，而 $\beta = 0$ 和 $\beta = 1$ 则分别代表各向同性硬化模型和线性随动硬化模型。

但是，从理论上讲更一般的时率无关塑性理论的硬化模型则是所谓的 Prager 硬化模型，它可以表达为

$$f(\sigma, \varepsilon^{\mathrm{p}}, K) = 0 \tag{3-88}$$

其中后继屈服面同时与硬化参数 K（或其他标量型硬化参数）和塑性应变 ε^{p} 有关，它们都可视为塑性变形中的内变量，前者作为随塑性变形发展而单调增加的某一标量型累积量的函数，可刻画材料的各向同性硬化效应，后者则可刻画材料的随动硬化效应。式（3-82）、式（3-83）、式（3-84）和式（3-87）都可视为式（3-88）的特例。

3.5　应力空间中表述的塑性本构关系

参照图 3-7，可以发现，材料在塑性阶段的应力应变关系和其

在弹性阶段的应力应变关系之间的最重要的区别就是：在塑性阶段材料的应力和应变之间并不存在一一对应的关系，即，对于一个给定的应变状态，材料的应力状态还与其达到这一应变状态的变形历史有关，反之亦然。因此严格而言，材料在塑性阶段的应力应变关系或本构关系只能是增量型的本构关系：即由材料在变形历史中某一个微过程的增量应变确定其增量应力，或者由其增量应力确定其增量应变；以这种增量型的塑性本构关系为基础，材料在某一个具体变形历史中的应力应变关系可由材料在各个微过程中的增量本构关系进行积分而得出。

下面将以张量的直接记法 σ 和 ε 来分别表达应力 σ_{ij} 和应变 ε_{ij}，在复杂应力状态之下可以写为[1]

$$\varepsilon = \varepsilon^e + \varepsilon^p \qquad (3-89)$$

而在每一微过程当中的增量应变 $d\varepsilon$ 也可以分解为弹性增量应变 $d\varepsilon^e$ 和塑性增量应变 $d\varepsilon^p$ 之和

$$d\varepsilon = d\varepsilon^e + d\varepsilon^p, \qquad \dot{\varepsilon} = \dot{\varepsilon}^e + \dot{\varepsilon}^p \qquad (3-90)$$

式（3-90）的第 2 式表示任意时刻的总应变率 $\dot{\varepsilon}$ 等于其弹性应变率 $\dot{\varepsilon}^e$ 和塑性应变率 $\dot{\varepsilon}^p$ 之和。增量型塑性本构关系的任务就是，寻求每一微过程中增量应变 $d\varepsilon$ 和增量应力 $d\sigma$ 之间的关系，或者说寻求每一时刻应变率 $\dot{\varepsilon}$ 和应力率 $\dot{\sigma}$ 之间的关系。

如同在前面所指出的，为了同时计及材料的各向同性硬化效应和随动硬化效应，可假设材料在应力空间中满足一般形式的 Prager 屈服准则

$$f(\sigma, \varepsilon^p, K) = 0 \qquad (3-91)$$

其中屈服函数 $f(\sigma, \varepsilon^p, K)$ 对 σ 的显式依赖表示它是应力空间中的屈服函数，其对塑性应变 ε^p 的显式依赖表示 ε^p 是作为内变量参数而引入的，这可以使我们以某种方式计入材料的随动硬化效应，标量型参数 K 是塑性应变的某个函数，屈服函数 $f(\sigma, \varepsilon^p, K)$ 对它的依赖可以使我们以某种方式计入材料的各向同性硬化效应，一般而言人们所取的各向同性硬化参数 K 的演化率是塑性应变率 $\dot{\varepsilon}^p$ 的一次齐次函

数，即

$$\dot{K} = g(\dot{\varepsilon}^p) , \qquad g(\alpha \dot{\varepsilon}^p) = \alpha g(\dot{\varepsilon}^p) \tag{3-92}$$

例如，当 K 取为塑性功 W^p 的某种函数 $K(W^p)$ 或取为累积等效塑性应变 $\bar{\varepsilon}^p$ 的某种函数 $K(\bar{\varepsilon}^p)$ 时，可分别有

$$\dot{K} = \frac{dK}{dW^p} \dot{W}^p = \frac{dK}{dW^p} \sigma : \dot{\varepsilon}^p , \qquad \dot{K} = \frac{dK}{d\bar{\varepsilon}^p} \dot{\bar{\varepsilon}}^p = \frac{dK}{d\bar{\varepsilon}^p} \sqrt{\frac{2}{3} \dot{\varepsilon}^p : \dot{\varepsilon}^p}$$

$$\tag{3-93}$$

它们都具有一次齐次性质式（3-92）。这既保持了内变量 K 的简洁性，也可满足当塑性应变 ε^p 停止发展时（$\dot{\varepsilon}^p = 0$）内变量 K 也停止发展（$\dot{K} = 0$）的条件。

根据 Drucker 公设所导出的正交法则、塑性变形发展的一致性法则可以得出如下形式的增量型塑性本构关系

$$h \equiv -\frac{\partial f}{\partial \varepsilon^p} : \frac{\partial f}{\partial \sigma} - \frac{\partial f}{\partial K} g\left(\frac{\partial f}{\partial \sigma}\right) \tag{3-94}$$

$$d\varepsilon^p = \frac{1}{h} \frac{\partial f}{\partial \sigma}\left(\frac{\partial f}{\partial \sigma} : d\sigma\right) = \frac{1}{h}\left(\frac{\partial f}{\partial \sigma} \frac{\partial f}{\partial \sigma}\right) : d\sigma \tag{3-95}$$

$$d\varepsilon = d\varepsilon^e + d\varepsilon^p = \left(\boldsymbol{C} + \frac{1}{h} \frac{\partial f}{\partial \sigma} \frac{\partial f}{\partial \sigma}\right) : d\sigma \tag{3-96}$$

$$h_2 = h + \frac{\partial f}{\partial \sigma} : \boldsymbol{M} : \frac{\partial f}{\partial \sigma} \tag{3-97}$$

$$d\varepsilon^p = d\lambda \frac{\partial f}{\partial \sigma} = \frac{\partial f}{\partial \sigma} \frac{1}{h_2}\left(\frac{\partial f}{\partial \sigma} : \boldsymbol{M} : d\varepsilon\right) \tag{3-98}$$

$$d\sigma = \boldsymbol{M} : \left[d\varepsilon - \frac{1}{h_2} \frac{\partial f}{\partial \sigma}\left(\frac{\partial f}{\partial \sigma} : \boldsymbol{M} : d\varepsilon\right)\right]$$

$$= \left[\boldsymbol{M} - \frac{1}{h_2}\left(\boldsymbol{M} : \frac{\partial f}{\partial \sigma}\right)\left(\frac{\partial f}{\partial \sigma} : \boldsymbol{M}\right)\right] : d\varepsilon \tag{3-99}$$

其中，$\boldsymbol{M}$ 和 $\boldsymbol{C} = \boldsymbol{M}^{-1}$ 分别表示材料的弹性模量张量和柔度张量，它们是完全对称的 4 阶张量，对各向同性材料而言，它们是所谓的 4 阶各向同性张量，只依赖于两个弹性常数，例如

$$M_{ijkl} = \lambda\delta_{ij}\delta_{kl} + G(\delta_{ik}\delta_{jl} + \delta_{il}\delta_{jk}) + \nu(\delta_{ik}\delta_{jl} - \delta_{il}\delta_{jk})$$

$$\tag{3-100}$$

其中 λ、G、ν 分别是弹性拉梅系数、剪切模量和泊松比

$$\lambda = B - \frac{2}{3}G , \qquad \nu = \frac{1}{2}\frac{3B - 2G}{3B + G} \qquad (3-101)$$

式（3-95）、式（3-96）给出了由微过程的增量应力 $d\sigma$ 计算其增量应变 $d\varepsilon$ 的公式，式（3-98）、式（3-99）给出了由微过程的增量应变 $d\varepsilon$ 计算其增量应力 $d\sigma$ 的公式。这几个公式中的"："表示张量的2次点积，在实际计算中为了利用矩阵运算的规则，人们常常采用所谓的 Voigt 记法，即将3维空间中的4阶完全对称张量写为6维空间中的2阶对称张量，将3维空间中的2阶对称张量写为6维空间中的矢量。

需要指出的是，式（3-95）、式（3-96）对理想塑性材料或软化材料是不适用的，而式（3-98）、式（3-99）则是对任何材料都适用的公式，而且对于涉及波传播一类的动力学问题应用起来特别方便，所以在实践上人们广泛采用式（3-98）和式（3-99）。

对于满足 Mises 屈服准则的理想塑性材料，可以由式（3-98）和式（3-99）得出对压力 p 的增量及偏应力 s 的增量分别进行计算的如下公式

$$\begin{cases} \dfrac{1}{2G}ds = de - \dfrac{3}{2}\dfrac{s \colon de}{\sigma_s^2}s \\ dp = -Bd\varepsilon_{ii} \end{cases} \qquad (3-102)$$

式中　G，B——分别为弹性剪切模量和体积压缩模量；

　　　σ_s——一维应力下的屈服应力。

3.6　热黏塑性材料的屈服准则和本构关系

如果材料具有明显的应变率效应，则我们就必须研究黏塑性材料的屈服准则和本构关系，如果问题中热效应也很重要，则我们就必须考虑热黏塑性材料的屈服准则和本构关系。大多数材料的屈服强度随着应变率的提高而提高，即表现出应变率硬化效应；只有少数材料（例如铝锂合金等）的屈服强度随着应变率的提高而降低，

即表现出应变率软化效应。几乎所有的材料都具有温度软化的特征，即其屈服应力随着温度的提高而降低。

3.6.1　不考虑应变硬化效应时的一维应力黏塑性本构关系

不考虑应变硬化效应时，材料的一维应力黏塑性本构关系的最常用形式为

$$\frac{\sigma}{\sigma_0} = 1 + \left(\frac{\dot{\varepsilon}}{\dot{\varepsilon}_0}\right)^{\gamma} = 1 + \left(\frac{\dot{\varepsilon}}{\dot{\varepsilon}_0}\right)^{1/n} \tag{3-103}$$

$$\frac{\sigma}{\sigma_0} = 1 + \lambda \ln\left(\frac{\dot{\varepsilon}}{\dot{\varepsilon}_0}\right) \tag{3-104}$$

其中 $\gamma = 1/n$，λ 为无量纲常数，具有应力量纲的常数 σ_0 表示准静态常应变率条件 $\dot{\varepsilon} = \dot{\varepsilon}_0$（例如 $10^{-3}\,\text{s}^{-1}$）之下材料的屈服应力。由于 γ 和 λ 分别表示双对数平面 $\ln\sigma/\sigma_0 \sim \ln\dot{\varepsilon}/\dot{\varepsilon}_0$ 和单对数平面 $\sigma/\sigma_0 \sim \ln\dot{\varepsilon}/\dot{\varepsilon}_0$ 上的斜率，即

$$\gamma = \frac{\mathrm{d}\ln(\sigma/\sigma_0 - 1)}{\mathrm{d}(\ln\dot{\varepsilon}/\dot{\varepsilon}_0)} \tag{3-105}$$

$$\lambda = \frac{\mathrm{d}(\sigma/\sigma_0)}{\mathrm{d}(\ln\dot{\varepsilon}/\dot{\varepsilon}_0)} \tag{3-106}$$

所以 γ 和 λ 是表明材料屈服应力随应变率提高而如何提高的特性参数，可称之为在各自意义下的材料屈服应力的应变率敏感因子。由此二式可见，对一定的 γ 和 λ 而言只有当应变率有量级上的改变时屈服应力才会有较明显的改变。从式（3-103）和式（3-104）本身看，它们都是表明了材料在动态高应变率 $\dot{\varepsilon}$ 之下的屈服应力 σ 与准静态加载 $\dot{\varepsilon}_0$ 时屈服应力 σ_0 之间的关系；但是另一方面，式（3-103）和式（3-104）可分别写为

$$\frac{\dot{\varepsilon}}{\dot{\varepsilon}_0} = \left(\frac{\sigma - \sigma_0}{\sigma_0}\right)^{1/\gamma} = \left(\frac{\sigma - \sigma_0}{\sigma_0}\right)^{n} \tag{3-107}$$

$$\frac{\dot{\varepsilon}}{\dot{\varepsilon}_0} = \exp\left[\frac{1}{\lambda}\left(\frac{\sigma - \sigma_0}{\sigma_0}\right)\right] \tag{3-108}$$

故式（3 - 107）表明，应变率是相对超屈服应力 $\dfrac{\sigma - \sigma_0}{\sigma_0}$ 的幂函数，

而式（3 - 108）则表明应变率是相对超屈服应力 $\dfrac{\sigma - \sigma_0}{\sigma_0}$ 的指数函数，

故它们都简称为超应力（over stress）型的黏塑性本构关系。这就给出了式（3 - 103）和式（3 - 104）的另一种解释，即黏塑性材料的应变率是超应力的某种函数。显然，我们可以将式（3 - 107）和式（3 - 108）加以推广而写出更一般形式的超应力型的黏塑性本构关系如下

$$\frac{\dot{\varepsilon}}{\dot{\varepsilon}_0} = g\left(\frac{\sigma - \sigma_0}{\sigma_0}\right) \qquad (3 - 109)$$

超应力的函数 g 的不同具体形式即反映了不同的材料黏塑性特性。

如果考虑到材料的弹性应变是可逆的和瞬态发生的，即弹性变形不存在应变率效应的话，则可以认为材料的应变率效应主要是由不可逆的塑性变形引起的，则可以将式（3 - 109）改写为

$$\frac{\dot{\varepsilon}^{\mathrm{p}}}{\dot{\varepsilon}_0} = g\left(\frac{\sigma - \sigma_0}{\sigma_0}\right) \qquad (3 - 110)$$

式（3 - 110）就是人们在理论上所常用的超应力型黏塑性本构关系。由于

$$\varepsilon = \varepsilon^{\mathrm{e}} + \varepsilon^{\mathrm{p}}, \quad \dot{\varepsilon} = \dot{\varepsilon}^{\mathrm{e}} + \dot{\varepsilon}^{\mathrm{p}}, \quad \varepsilon^{\mathrm{e}} = \frac{\sigma}{E}, \quad \dot{\varepsilon}^{\mathrm{e}} = \frac{\dot{\sigma}}{E}$$

$$(3 - 111)$$

由式（3 - 109）和式（3 - 110）可得

$$\dot{\varepsilon} = \dot{\varepsilon}^{\mathrm{e}} + \dot{\varepsilon}^{\mathrm{p}} = \frac{\dot{\sigma}}{E} + \dot{\varepsilon}_0 g\left(\frac{\sigma - \sigma_0}{\sigma_0}\right) \qquad (3 - 112)$$

式（3 - 112）就是人们所常用的一维应力条件下的黏塑性本构关系的一般形式，称之为 Соколовский 黏塑性本构模型。一个重要的特例是，表征材料黏塑性流动特征的函数 g 是超应力的线性函数，即

$$\dot{\varepsilon}^{\mathrm{p}} = \gamma^* \left(\frac{\sigma - \sigma_0}{\sigma_0}\right) = \frac{\sigma - \sigma_0}{\eta} \qquad (3 - 113)$$

$$\dot{\varepsilon} = \frac{\dot{\sigma}}{E} + \gamma^* \left(\frac{\sigma - \sigma_0}{\sigma_0} \right) = \frac{\dot{\sigma}}{E} + \frac{\sigma - \sigma_0}{\eta} \qquad (3-114)$$

其中具有应变率量纲的材料常数 γ^* 可称之为运动学黏性系数，而具有应力冲量量纲的材料常数 $\eta = \sigma_0 / \gamma^*$ 称为动力学黏性系数。本构关系式（3-114）与人们通常所讲的 Malvern 黏弹性本构关系是类似的，但是它是一个由阈值开关 σ_0 控制黏塑性流动起始、并且其黏塑性应变率 $\dot{\varepsilon}^{\mathrm{p}}$ 与超应力 $\dfrac{\sigma - \sigma_0}{\sigma_0}$ 成比例的特殊 Malvern 模型，我们将之称为超应力型 Malvern 模型。

3.6.2　考虑应变硬化效应时的一维应力黏塑性本构关系

以上所讲的黏塑性本构模型都没有考虑材料的应变硬化效应，可简称为理想黏塑性本构模型。为了计入材料的应变硬化效应，代替式（3-113）可以引入如下形式的黏塑性本构关系

$$\dot{\varepsilon}^{\mathrm{p}} = \dot{\varepsilon}_0 \, g \left[\frac{\sigma}{\sigma_0 (\varepsilon)} - 1 \right] \qquad (3-115)$$

$$\dot{\varepsilon} = \frac{\dot{\sigma}}{E} + \dot{\varepsilon}_0 \, g \left[\frac{\sigma}{\sigma_0 (\varepsilon)} - 1 \right] \qquad (3-116)$$

从本构关系的内变量理论考虑，更科学的形式应该是将准静态应力应变曲线 $\sigma_0(\varepsilon)$ 转化为以黏塑性应变 ε^{p} 为自变量的函数形式 $\sigma_0(\varepsilon^{\mathrm{p}})$。于是代替式（3-115）和式（3-116）可写出如下形式的黏塑性本构关系

$$\dot{\varepsilon}^{\mathrm{p}} = \dot{\varepsilon}_0 \, g \left[\frac{\sigma}{\sigma_0 (\varepsilon^{\mathrm{p}})} - 1 \right] \qquad (3-117)$$

$$\dot{\varepsilon} = \frac{\dot{\sigma}}{E} + \dot{\varepsilon}_0 \, g \left[\frac{\sigma}{\sigma_0 (\varepsilon^{\mathrm{p}})} - 1 \right] \qquad (3-118)$$

3.6.3　复杂应力状态下的无屈服面的黏塑性本构关系和超应力型黏塑性本构关系

一维应力状态下的 Bodner - Parton 无屈服面黏塑性本构关系的

常用形式为如下两种

$$\dot{\sigma} = E(\dot{\varepsilon} - \dot{\varepsilon}^{\mathrm{p}}) = E\left[\dot{\varepsilon} - C\left(\frac{\sigma}{\sigma_0}\right)^n\right] \tag{3-119}$$

$$\dot{\sigma} = E(\dot{\varepsilon} - \dot{\varepsilon}^{\mathrm{p}}) = E\left[\dot{\varepsilon} - A\exp\left(-\frac{B}{\sigma}\right)\right] \tag{3-120}$$

无屈服面黏塑性本构关系与超应力型黏塑性本构关系的主要区别就是，黏塑性变形连同弹性变形发生在材料的任何一种状态之下，即使材料有接近于零的很小应力它们也将会发展。

为了将式（3-119）和式（3-120）推广到复杂应力状态之下，Bodner-Parton 提出了如下两个假定为基础

$$\dot{\varepsilon}^{\mathrm{p}} = \dot{\lambda}S \tag{3-121}$$

$$\overline{\dot{\varepsilon}^{\mathrm{p}}} = C\left(\frac{\overline{\sigma}}{\sigma_0}\right)^n \tag{3-122}$$

式中　$\overline{\dot{\varepsilon}^{\mathrm{p}}}$——Mises 等效塑性应变率。

由此可以得到如下的黏塑性本构关系

$$\dot{\varepsilon}^{\mathrm{p}} = \frac{3}{2}\frac{C\left(\dfrac{\overline{\sigma}}{\sigma_0}\right)^n}{\overline{\sigma}}S \tag{3-123}$$

$$\dot{\sigma} = \boldsymbol{M} : (\dot{\varepsilon} - \dot{\varepsilon}^{\mathrm{p}}) = \boldsymbol{M} : \dot{\varepsilon} - \boldsymbol{M} : \frac{3}{2}\frac{C\left(\dfrac{\overline{\sigma}}{\sigma_0}\right)^n}{\overline{\sigma}}S \tag{3-124}$$

式（3-123）和式（3-124）即是复杂应力状态之下 Bodner-Parton 无屈服面的黏塑性本构关系。

如果我们对式（3-122）中右端的应力状态的函数加上某种临界条件的限制，则我们便可以得到相应的超应力黏塑性本构模型。所以所谓的无屈服面的黏塑性本构关系应该更确切地称之为随遇屈服面的黏塑性本构关系，它在冲击动力学的计算中应用起来其实是更为方便的，以此为基础，我们可以得出如下的所谓自恰随遇黏塑性本构关系。设材料的含损伤热黏塑性屈服准则为

$$f(\sigma, \xi, D, T) - \dot{\zeta} = 0 \tag{3-125}$$

其中 ξ 为应变硬化因子，通常取其为等效塑性应变累积量 $\bar{\varepsilon}^p = \int d\bar{\varepsilon}^p$

$= \int \sqrt{\frac{2}{3} d\varepsilon_{ij}^p d\varepsilon_{ij}^p}$；$D$ 为损伤；T 为温度；ζ 为应变率因子，通常取其为

等效塑性应变率 $\dot{\bar{\varepsilon}}^p \equiv \sqrt{\frac{2}{3} \dot{\varepsilon}_{ij}^p \dot{\varepsilon}_{ij}^p} \equiv Y(\dot{\varepsilon}^p)$，它是塑性应变率的一次齐

次函数，即

$$\zeta = Y(\dot{\varepsilon}^p), \quad Y(b\dot{\varepsilon}^p) = bY(\dot{\varepsilon}^p) \tag{3-126}$$

将应变率因子 ζ 的定义和塑性流动的正交法则

$$\dot{\varepsilon}^p = \dot{\lambda} \frac{\partial f}{\partial \sigma} \tag{3-127}$$

代入屈服准则式（3-125），并利用应变率因子的一次齐次性质式

（3-126），可得

$$\dot{\lambda} = f(\sigma, \xi_\alpha, D, T)/Y\left(\frac{\partial f}{\partial \sigma}\right) \equiv \dot{\lambda}(\sigma, \xi_\alpha, D, T) \tag{3-128}$$

$$\dot{\varepsilon}^p = \dot{\lambda} \frac{\partial f}{\partial \sigma}, \quad \dot{\sigma} = \boldsymbol{M} : \varepsilon^e = \boldsymbol{M} : (\dot{\varepsilon} - \dot{\varepsilon}^p) = \boldsymbol{M} : \left(\dot{\varepsilon} - \dot{\lambda} \frac{\partial f}{\partial \sigma}\right)$$

$$\tag{3-129}$$

式中　$\boldsymbol{M}$——瞬态弹性模量。

相应量的增量型黏塑性本构关系为

$$d\lambda = f(\sigma, \xi_\alpha, D, T)dt/Y\left(\frac{\partial f}{\partial \sigma}\right), \quad d\varepsilon^p = d\lambda \frac{\partial f}{\partial \sigma}, \quad d\sigma = \boldsymbol{M} : (d\varepsilon - d\varepsilon^p)$$

$$\tag{3-130}$$

这就解决了由微过程 dt 中的 $d\varepsilon$ 求解 $d\sigma$ 的问题，即本构计算的核心
问题。损伤的增量 dD 和温度增量 dT 可由损伤演化方程和能量守恒
所给出的温升方程而进行计算，而应变硬化因子的增量 $d\xi$ 可由其定
义方程进行计算。

3.6.4　几种常用的本构关系和计算公式

当将应变率因子 ζ 取为最常用的等效塑性应变率 $\dot{\varepsilon}$，而且当式（3

-125）中的屈服函数 f 只是通过等效应力 $\bar{\sigma}$ 而依赖于 σ 时，我们有

$$f(\sigma,\xi,D,T) = g(\bar{\sigma},\xi,D,T), \quad \dot{\zeta} = Y(\dot{\varepsilon}^{p}) = \sqrt{\frac{2}{3}\,\dot{\varepsilon}^{p} : \dot{\varepsilon}^{p}}$$

$$(3-131)$$

则式（3-128）给出

$$\dot{\lambda} = g / \sqrt{\frac{2}{3}\,\frac{\partial g}{\partial \sigma} : \frac{\partial g}{\partial \sigma}} = g / \sqrt{\frac{2}{3}\,g' \frac{\partial \bar{\sigma}}{\partial \sigma} : g' \frac{\partial \bar{\sigma}}{\partial \sigma}} \quad (3-132)$$

由于

$$\bar{\sigma}^{2} = \frac{3}{2}s : s, \quad \frac{\partial \bar{\sigma}}{\partial \sigma} = \frac{3}{2}\,\frac{s}{\bar{\sigma}} \quad\quad (3-133)$$

故代入式（3-132）得到

$$\dot{\lambda} = g / g', \quad \dot{\varepsilon}^{p} = \frac{3}{2}g(\bar{\sigma},\xi_{\alpha},D,T)\frac{s}{\bar{\sigma}} \quad\quad (3-134)$$

其中 $g' = \dfrac{\partial g}{\partial \bar{\sigma}}$。

　　特别地，对 Bodner-Partom 模型，屈服准则可表达为

$$\bar{\sigma} = Y^{*}(\bar{\varepsilon},D,T)\exp\left(\frac{1}{n}\ln\frac{\dot{\bar{\varepsilon}}}{\dot{\varepsilon}_{0}}\right), \quad \dot{\bar{\varepsilon}} = \dot{\varepsilon}_{0}\left[\frac{\bar{\sigma}}{Y^{*}(\bar{\varepsilon},D,T)}\right]^{n} \equiv g(\bar{\sigma},\bar{\varepsilon},D,T)$$

$$(3-135)$$

其物理意义是：等效塑性应变率是相对等效应力 $\bar{\sigma}/Y^{*}$ 的幂函数，Y^{*} 表示参考应变率 $\dot{\varepsilon}_{0}$ 下的屈服应力。而式（3-135）给出

$$\dot{\lambda} = \frac{\bar{\sigma}}{n}, \quad \dot{\varepsilon}^{p} = \frac{3}{2}\dot{\varepsilon}_{0}\left[\frac{\bar{\sigma}}{Y^{*}}\right]^{n}\frac{s}{\bar{\sigma}} \quad\quad (3-136)$$

　　对 Johnson-Cook 模型，屈服准则为

$$\bar{\sigma} = Y^{*}(\bar{\varepsilon},D,T)\left(1 + \beta\ln\frac{\dot{\bar{\varepsilon}}}{\dot{\varepsilon}_{0}}\right),$$

$$\dot{\bar{\varepsilon}} = \dot{\varepsilon}_{0}\exp\left[\frac{1}{\beta}\left(\frac{\bar{\sigma}}{Y^{*}} - 1\right)\right] \equiv g(\bar{\sigma},\bar{\varepsilon},D,T) \quad (3-137)$$

其物理意义是：等效塑性应变率是相对超应力 $\left(\dfrac{\bar{\sigma}}{Y^{*}} - 1\right)$ 的指数函

数。而式（3-134）给出

$$\dot{\lambda} = \beta Y^*(\bar{\varepsilon}, D, T), \quad \dot{\varepsilon}^P = \frac{3}{2}\dot{\varepsilon}_0 \exp\left[\frac{1}{\beta}\left(\frac{\bar{\sigma}}{Y^*} - 1\right)\right]\frac{s}{\bar{\sigma}}$$

$$(3-138)$$

对 Hill - Tsai 模型，其屈服准则形式为

$$F_1 \equiv \frac{1}{R(\dot{\zeta})^2}\left\{\frac{\sigma_{11}^2}{Y_{11}^2} + \frac{\sigma_{22}^2}{Y_{22}^2} + \frac{\sigma_{33}^2}{Y_{33}^2} + \frac{\sigma_{12}^2}{Y_{12}^2} + \frac{\sigma_{23}^2}{Y_{23}^2} + \frac{\sigma_{31}^2}{Y_{31}^2} + \right.$$

$$\left. \bar{Y}_{11}\sigma_{22}\sigma_{33} + \bar{Y}_{22}\sigma_{33}\sigma_{11} + \bar{Y}_{33}\sigma_{11}\sigma_{22}\right\} - 1 = 0 \qquad (3-139)$$

其中

$$\bar{Y}_{11} = \frac{1}{Y_{11}^2} - \frac{1}{Y_{22}^2} - \frac{1}{Y_{33}^2},\ \bar{Y}_{22} = \frac{1}{Y_{22}^2} - \frac{1}{Y_{33}^2} - \frac{1}{Y_{11}^2},\ \bar{Y}_{33} = \frac{1}{Y_{33}^2} - \frac{1}{Y_{11}^2} - \frac{1}{Y_{22}^2},$$

$$R(\dot{\zeta}) = 1 + \beta\ln\frac{\dot{\zeta}}{\zeta_0} \qquad (3-140)$$

而

$$Y_{ij}^* = Y_{ij}(\varepsilon^{\mathrm{p}}, D, T)R(\dot{\zeta}) \qquad (3-141)$$

表示相应简单应力状态下的屈服应力。写为式（3-135）的形式，即

$$\Phi(\sigma, \dot{\zeta}, \varepsilon^{\mathrm{p}}, D, T) = f(\sigma, \varepsilon^{\mathrm{p}}, D, T) - \dot{\zeta} = \dot{\zeta}_0 e^{\frac{1}{\beta}\left[\sqrt{F+1}-1\right]} - \dot{\zeta} \equiv 0$$

$$(3-142)$$

其中

$$F \equiv \frac{\sigma_{11}^2}{Y_{11}^2} + \frac{\sigma_{22}^2}{Y_{22}^2} + \frac{\sigma_{33}^2}{Y_{33}^2} + \frac{\sigma_{12}^2}{Y_{12}^2} + \frac{\sigma_{23}^2}{Y_{23}^2} + \frac{\sigma_{31}^2}{Y_{31}^2} + $$

$$\bar{Y}_{11}\sigma_{22}\sigma_{33} + \bar{Y}_{22}\sigma_{33}\sigma_{11} + \bar{Y}_{33}\sigma_{11}\sigma_{22} - 1 \qquad (3-143)$$

当取 $\dot{\zeta}$ 为等效塑性应变率时，则式（3-128）给出

$$\dot{\lambda} = 1\Big/\sqrt{\frac{2}{3}D : D}\eta \qquad (3-144)$$

其中

$$D_{11} = \frac{2\sigma_{11}}{Y_{11}^2} + \bar{Y}_{22}\sigma_{33} + \bar{Y}_{33}\sigma_{22},\quad D_{22} = \frac{2\sigma_{22}}{Y_{22}^2} + \bar{Y}_{33}\sigma_{11} + \bar{Y}_{11}\sigma_{33},$$

$$D_{33} = \frac{2\sigma_{33}}{Y_{33}^2} + \bar{Y}_{11}\sigma_{22} + \bar{Y}_{22}\sigma_{11}, \quad D_{12} = D_{21} = \frac{\sigma_{12}}{Y_{12}^2},$$

$$D_{23} = D_{32} = \frac{\sigma_{32}}{Y_{32}^2}, \quad D_{31} = D_{13} = \frac{\sigma_{13}}{Y_{13}^2} \qquad (3-145)$$

而

$$\eta = \frac{1}{2\beta\sqrt{F+1}} \qquad (3-146)$$

3.7 固体高压物态方程

物态方程中的物态是指热力学意义下的物态。热力学与统计物理学所研究的对象是由大量微观粒子组成的系统，称为热力学系统，简称为系统。热力学系统的宏观性质是大量微观粒子运动的统计表现。系统的一切宏观性质的总和称为这个系统的宏观状态。宏观性质包括力学性质、电学性质、磁学性质，也包括热学性质、化学性质及其他物理性质。

为了对热力学系统的宏观性质进行描述，热力学中的物态是一种特殊的宏观状态，即均匀系统的热力学平衡态，简称为平衡态。当一个系统处于平衡态时，其宏观性质不随时间变化，所以可引进一组描述宏观性质的热力学参量来描写系统的状态。描写系统宏观性质的常用参量有压强、温度、体积等。描写系统宏观性质的独立参量的数目称为系统的自由度。当然，独立参量的选取是任意的。因此，热力学中的物态是由压强、温度、体积等参量所决定的热力学平衡态，与前面提到的广义物态是有所不同的。

简单地说，物态方程是描写均匀物质系统平衡态宏观性质的状态参量之间的关系式。在一般情况下，物态方程就是指压强 P，温度 T（或内能 E）和体积 V（在物态方程的实际计算中常用比容或密度）之间的函数关系。由于系统处于平衡态时具有确定的状态参量，或者说，其状态可由一组独立的状态参量来描述。因此，更加严格地说，物态方程是指描述均匀系统平衡态宏观性质的独立参量与其他状态参量之间的函数关系。

对于强脉冲 X 光辐照来说，由于热力学效应，将会在材料表明产生冲击波，冲击波在材料内部传播时，将会引起材料大变形，这时就要用描述材料响应的高压物态方程描述它的力学行为。

3.7.1　Bridgman 方程

人们对固体高压物态方程的研究，首先是在静高压下对材料体积模量随静水压力的变化规律进行试验研究而开始的，Bridgman 曾对数十种元素和化合物在高达 $10^4 \sim 10^5$ bar（1 bar＝10^5 Pa）的静高压条件下研究了它们的体积压缩随静压力变化情况[3]。根据试验测定结果，提出经验公式

$$\begin{cases} -\Delta = ap - bp^2 \\ \Delta = \dfrac{V_0 - V}{V_0} \end{cases} \qquad (3-147)$$

式中　$V_0 = \dfrac{1}{\rho_0}$，材料初始比容；

　　　V——材料瞬时比容；

　　　Δ——体应变；

　　　a，b——材料常数。

此式通常称为 Bridgman 方程，或固体等温物态方程。

3.7.2　Murnagham 方程

Murnagham 方程又称固体等熵方程，可表示为

$$P_S(\rho) = A_S \left[\left(\frac{\rho}{\rho_0} \right)^n - 1 \right] \qquad (3-148)$$

其中 A_S 和 n 为材料常数，它们可根据等熵线与冲击绝热线在起始点 2 阶相切的条件求出。因为

$$\begin{cases} \left(\dfrac{\mathrm{d}P_H}{\mathrm{d}V} \right)_{V_0} = \left(\dfrac{\mathrm{d}P_S}{\mathrm{d}V} \right)_{V_0} \\ \left(\dfrac{\mathrm{d}^2 P_H}{\mathrm{d}V^2} \right)_{V_0} = \left(\dfrac{\mathrm{d}^2 P_S}{\mathrm{d}V^2} \right)_{V_0} \end{cases} \qquad (3-149)$$

由式 (3-147) 有

$$\left(\frac{\mathrm{d}P_\mathrm{S}}{\mathrm{d}V}\right)_{V_0} = -\frac{nA_\mathrm{S}}{V_0} \qquad (3-150)$$

$$\left(\frac{\mathrm{d}^2 P_\mathrm{S}}{\mathrm{d}V^2}\right)_{V_0} = \frac{n(n+1)A_\mathrm{S}}{V_0^2} \qquad (3-151)$$

而从式 (3-149) 可得

$$\begin{cases} \left(\dfrac{\mathrm{d}P_\mathrm{H}}{\mathrm{d}V}\right)_{V_0} = -\dfrac{c_0^2}{V_0^2} \\[3mm] \left(\dfrac{\mathrm{d}^2 P_\mathrm{H}}{\mathrm{d}V^2}\right)_{V_0} = \dfrac{4c_0^2 s}{V_0^3} \end{cases} \qquad (3-152)$$

将式 (3-150)、式 (3-152) 代入式 (3-151) 有

$$n = 4s - 1 \qquad (3-153)$$

$$A_\mathrm{S} = \frac{\rho_0 c_0^2}{4s - 1} \qquad (3-154)$$

3.7.3 固体 Grüneisen 物态方程

Bridgman 方程和 Murnagham 方程分别描述了等温过程和等熵过程的 $p \sim V$ 关系,因而它们都是特定的热力学条件下的固体的物态方程,不足以描述当温度和熵由变化时的更一般条件下材料各状态参量间的相互关系。下面将介绍固体中常用的 Grüneisen 方程。

一般情况下的 Grüneisen 方程

$$P - P_\mathrm{c}(V) = \frac{\gamma}{V}[E - E_\mathrm{c}(V)] \qquad (3-155)$$

$$\gamma = 2K - \left[\frac{s}{2} + \frac{2}{3}\right] \qquad (3-156)$$

在冲击状态下也应满足上式,故

$$P_\mathrm{H} - P_\mathrm{c}(V) = \frac{\gamma}{V}[E_\mathrm{H} - E_\mathrm{c}(V)] \qquad (3-157)$$

将式 (3-155) 减去式 (3-157) 得

$$P = P_\mathrm{H} + \frac{\gamma}{V}(E - E_\mathrm{H}) \qquad (3-158)$$

上式即为以冲击绝热线为参考线的 $P(V, E)$ 形式的物态方程。

高压状态下的冲击波又称激波，是在介质中以高于声速传播的并起压缩作用的强间断波，压强、密度、质点速度和比内能等参量在跨越这个间断面时都是不连续的。在一维应变下产生的冲击波称为平面冲击波。根据质量、动量和能量的 3 个守恒定律，可得到平面冲击波的 3 个基本关系为

$$\rho_0(D - u_0) = \rho(D - u) \tag{3-159}$$

$$P - P_0 = \rho_0(D - u_0)(u - u_0) \tag{3-160}$$

$$Pu - P_0 u_0 = \rho_0(D - u_0)\left[\left(E + \frac{1}{2}u^2\right) - \left(E_0 + \frac{1}{2}u_0^2\right)\right] \tag{3-161}$$

其中 ρ, u, D, P, E 分别为密度、波后质点速度、冲击波速度、冲击波压强和波后比内能，下标 0 表示波前状态。从以上关系还可导出下面 3 个常用关系

$$D - u_0 = V_0 \sqrt{\frac{P - P_0}{V_0 - V}} \tag{3-162}$$

$$u - u_0 = (V_0 - V)\sqrt{\frac{P - P_0}{V_0 - V}} \tag{3-163}$$

$$E - E_0 = \frac{1}{2}(P + P_0)(V_0 - V) \tag{3-164}$$

其中 $V \equiv 1/\rho$ 为比容，方程（3-164）称为雨果纽方程。

对于冲击波来说，实验研究表明，大多数材料的冲击波速度 D 与波后质点速度 u 存在线性关系，即

$$D = c_0 + su \tag{3-165}$$

其中 c_0 为零压下的体声速，它和 s 均为材料常数。将式（3-165）与式（3-159）和式（3-160）联立起来，并假定波前为静止状态（$P_0 = u_0 = 0$），可得

$$P_H(V) = P = \frac{\rho_0 c_0^2 \left(1 - \dfrac{V}{V_0}\right)}{\left[1 - s\left(1 - \dfrac{V}{V_0}\right)\right]^2} \tag{3-166}$$

上式即为冲击绝热线，也称雨果纽线。应该注意的是，它是一条由实验数据确定的状态线，而不是过程线。也就是说，它不代表某一冲击过程中压强随比容的变化，而是代表在同一初态对材料进行一系列不同强度的冲击压缩所达到的不同末态。因此，冲击绝热线上的每一个点代表一个冲击压缩状态。

从式（3-166）不难看出，当

$$1 - s\left(1 - \frac{V}{V_0}\right) = 0 \text{ ，即 } V = \frac{V_0(s-1)}{s}$$

时，$P_H \to \infty$。对于一般材料，$s \approx 1.5$，因此极限压缩比 σ_∞ 为

$$\sigma_\infty = \frac{\rho_\infty}{\rho_0} = \frac{s}{s-1} \approx 3$$

这说明，无论冲击波压强有多高，只能把材料的密度压缩 3 倍左右，这显然是不符合实验事实的。由于式（3-166）是从式（3-159）、式（3-160）和式（3-165）3 个表达式导出的，而式（3-159）和式（3-160）是物质运动所必须遵守的普遍原理，因而上述荒谬结论必定来自方程式（3-165）。事实上，在几百 GPa 以上的高压下，D-u 线性关系已不再成立，取而代之的是二次关系或更高次的函数关系，即

$$D = c_0 + su + s'u^2 + \cdots \tag{3-167}$$

这时的冲击绝热线可得到为

$$P_H = \frac{\rho_0 c_0^2 \eta}{(1-s\eta)^2 - 2c_0 s' \eta^2} \times \left\{ 1 + \frac{c_0^2 s'^2 \eta}{\left[(1-s\eta)^2 - 2c_0 s' \eta^2\right]^2} + \cdots \right\} \tag{3-168}$$

其中

$$\eta = 1 - \frac{V}{V_0} \tag{3-169}$$

不难看出，在引入式（3-167）的 D-u 关系后，材料的压缩度可以大大超过 3。

为了方便，方程式（3-166）或式（3-167）有时也表示成下面的多项式形式

$$P_H = \sum_{j=1}^{m} A_j \mu^j \qquad (3-170)$$

$$\mu = \frac{V_0}{V} - 1 \qquad (3-171)$$

其中 A_j 为由实验数据确定的材料常数，m 的取值一般不超过 3。下面利用式（3-168）来确定 A_1, A_2, A_3。

从式（3-170）可得到 $P_H(V)$ 的 1 阶、2 阶和 3 阶导数在初态点的表达式

$$P'_H(\rho_0) = -\rho_0 A_1 \qquad (3-172)$$

$$P''_H(\rho_0) = 2\rho_0^2(A_1 + A_2) \qquad (3-173)$$

$$P'''_H(\rho_0) = -6\rho_0^3(A_1 + 2A_2 + A_3) \qquad (3-174)$$

而式（3-166）给出

$$P'_H(\rho_0) = -\rho_0^2 c_0^2 \qquad (3-175)$$

$$P''_H(\rho_0) = 4\rho_0^3 c_0^2 s \qquad (3-176)$$

$$P'''_H(\rho_0) = -6\rho_0^4 c_0^2(3s^2 - 2c_0 s') \qquad (3-177)$$

比较式（3-172）～式（3-174）和式（3-175）～式（3-176），得到 A_1, A_2, A_3 的值分别为

$$A_1 = \rho_0 c_0^2 \qquad (3-178)$$

$$A_2 = \rho_0 c_0^2(2s - 1) \qquad (3-179)$$

$$A_3 = \rho_0 c_0^2(3s^2 - 2s - 2c_0 s') \qquad (3-180)$$

若引入对比变量

$$\begin{cases} \bar{P}_H = \dfrac{P_H}{\rho_0 c_0^2 / s} \\[2mm] \bar{\eta} = s\eta = s\left(1 - \dfrac{V}{V_0}\right) \end{cases} \qquad (3-181)$$

则式（3-166）可无量纲化为

$$\bar{P}_H = \frac{\bar{\eta}}{(1 - \bar{\eta})^2} \qquad (3-182)$$

上式即为冲击绝热线 $P_H(V)$ 的对比方程。由于该方程中没有涉及具体材料的参数，所以适合于所有满足式（3-165）的材料。表 3-1

给出常见材料物态方程参数。

表 3 - 1　一些常见材料的物态方程参数[①]

材料	$\rho_0 /$ (g/cm^3)	$c_0 /$ (mm/μs)	s	γ_0	$C_p /$ [J/ (g · K)]
Ag	10.49	3.23	1.60	2.5	0.24
Au	19.24	3.06	1.57	3.1	0.13
Be	1.85	8.00	1.12	1.2	0.18
Bi	9.84	1.83	1.47	1.1	0.12
Ca	1.55	3.60	0.95	1.1	0.66
Cr	7.12	5.17	1.47	1.5	0.45
Cu	8.93	3.94	1.49	2.0	0.40
Fe[②]	7.85	3.57	1.92	1.8	0.45
Hg	13.54	1.49	2.05	3.0	0.14
K	0.86	1.97	1.18	1.4	0.76
Li	0.53	4.65	1.13	0.9	3.41
Mg	1.74	4.49	1.24	1.6	1.02
Mo	10.21	5.12	1.23	1.7	0.25
Na	0.97	2.58	1.24	1.3	1.23
Ni	8.87	4.60	1.44	2.0	0.44
Pb	11.35	2.05	1.46	2.8	0.13
Pd	11.99	3.95	1.59	2.5	0.24
Pt	21.42	3.60	1.54	2.9	0.13
Rb	1.53	1.13	1.27	1.9	0.36
Sn	7.29	2.61	1.49	2.3	0.22
Ta	16.65	3.41	1.20	1.8	0.14
U	18.95	2.49	2.20	2.1	0.12
W	19.22	4.03	1.24	1.8	0.13
NaCl	2.16	3.53	1.34	1.6	0.87
LiF	2.64	5.15	1.35	2.0	1.50
Al - 2024	2.78	5.35	1.35	2.0	0.89
304 钢	7.90	4.57	1.49	2.2	0.44
水	1.00	1.65	1.92	0.1	4.19
PMMA[③]	1.19	2.60	1.52	1.0	1.2
PG[④]	1.18	2.43	1.58	1.0	1.1

①　Meyers M A，Dynamic Behavior of Materials，New York：John Wiley & Sons Press，1994；

②　适用范围为 $p > 13$ GPa，即相变压强以上；

③　PMMA 是一种有机玻璃；

④　PG 为 plexiglass，一种耐热有机玻璃。

3.7.4　固体膨胀时的物态方程

在流体动力学计算中，常用的物态方程是式（3 - 166）形式。由于参考线是冲击绝热线，所以该方程原则上只适合于压缩态。当固体处于膨胀态时，物态方程应改用其他形式。

固体的膨胀大致可分为两类，一类是温度不高，比容变化较小时的卸载膨胀，另一类是温度较高，比容变化很大时的汽化膨胀。

以零压线为参考线，Grüneisen 方程为

$$P = \frac{\gamma}{V}[E - E_0(V)] \tag{3-183}$$

设压强 P 是比容 V 和熵 S 的函数，即 $P = P(V,S)$ ，于是有

$$dP = \left(\frac{\partial P}{\partial V}\right)_S dV + \left(\frac{\partial P}{\partial S}\right)_V dS \tag{3-184}$$

将

$$TdS = dE + PdV$$

代入式（3 - 184）得

$$
\begin{aligned}
dP &= \frac{1}{T}\left(\frac{\partial P}{\partial S}\right)_V (dE + PdV) + \left(\frac{\partial P}{\partial V}\right)_S dV \\
&= \left(\frac{\partial P}{\partial E}\right)_V (dE + PdV) - \frac{B_S}{V} dV \\
&= \frac{\gamma}{V} dE + \frac{P\gamma - B_S}{V} dV
\end{aligned} \tag{3-185}
$$

式中　B_S——等熵体积模量。

固体的 B_S 一般为 $10^2 \sim 10^3$ GPa 量级，因此在零压线附近有

$$P\gamma << B_S$$

故

$$dP = \frac{\gamma}{V} dE - \frac{B_S}{V} dV$$

积分上式得

$$\int_{P_0}^{P} dP = \int_{E_{00}}^{E} \frac{\gamma}{V} dE - \int_{V_0}^{V} \frac{B_S}{V} dV$$

其中 $E_{00} = E(P_0 = 0, V_0) = 0$，若取近似关系 $\gamma/V = \gamma_0/V_0$ 有

$$P = \frac{\gamma}{V}E - \int_{V_0}^{V} \frac{\gamma}{V} \frac{B_S}{\gamma} \mathrm{d}V = \frac{\gamma_0}{V_0}\left(E - \int_{V_0}^{V} \frac{B_S}{\gamma} \mathrm{d}V\right) = \frac{\gamma_0}{V_0}(E - E_0)$$

$$(3-186)$$

其中

$$E_0 = \int_{V_0}^{V} \frac{B_S}{\gamma} \mathrm{d}V$$

是零压线上的比内能。式（3-186）即为固体膨胀时物态方程的基本形式。利用热力学关系

$$\frac{B_S}{\gamma} = \frac{C_P}{\alpha V}$$

有

$$E_0(V) = \int_{V_0}^{V} \frac{C_P}{\alpha V} \mathrm{d}V \qquad (3-187)$$

式中　α——体膨胀系数。

若固体的膨胀属于温度不高、比内能不大的情况，则 C_P 和 α 均可认为是常数，且 V 的变化也不太大。于是式（3-187）可近似为

$$E_0 = \frac{C_P}{\alpha}\ln\frac{V}{V_0} \approx \frac{C_V}{\alpha}\left(\frac{V - V_0}{V_0}\right) \qquad (3-188)$$

因此物态方程式（3-186）化为

$$P = \frac{\gamma_0}{V_0}\left[E - \frac{C_V}{\alpha}\left(\frac{V}{V_0} - 1\right)\right] \qquad (3-189)$$

由于式（3-189）中忽略了 $\left(\dfrac{V - V_0}{V_0}\right)^2$ 及其以上的高次项，因此上式只适用于比容变化不大的膨胀态，例如固体从高压卸载到常压后的膨胀。

对于高温下的汽化膨胀，情况要复杂一些，但这种情况下的膨胀物态方程应满足以下 3 个基本条件。

1）当固体膨胀到 $\rho/\rho_0 \to 0$ 时，可视为理想气体，因而这时的物态方程应趋于理想气体的物态方程。这时可取式（3-186）中的 γ 为 $\gamma = \bar{\gamma} - 1$，$\bar{\gamma}$ 为理想气体绝热指数，$E_0(V)$ 取为 E_s，E_s 是固体在零

压下的升华能。

2）固体刚开始膨胀时，即 $\rho/\rho_0 \to 1$，物态方程应和压缩态的物态方程光滑连接。

3）当 ρ/ρ_0 在 1 和 0 之间变化时，物态方程能正确描述实际的状态。

满足上述 3 个基本条件的 γ 和 $E_0(V)$ 可以取多种形式，但实际计算（特别是流体动力学数值计算）中常用的方程为 PUFF 方程，即

$$P = \rho\left[H + (\gamma_0 - H)\left(\frac{\rho}{\rho_0}\right)^{1/2}\right]\left(E - E_s\left\{1 - \exp\left[\frac{N\rho_0}{\rho}\left(1 - \frac{\rho_0}{\rho}\right)\right]\right\}\right)$$

$$(3-190)$$

其中

$$H = \bar{\gamma} - 1, \quad N = \frac{c_0^2}{\gamma_0 E_s} \qquad (3-191)$$

3.8　多孔材料的物态方程

常见的固体材料为密实材料，密实材料是指常态下具有晶体密度 ρ_0 的材料，多孔材料是相对密实材料而言的。顾名思义，多孔材料是指存在一定孔隙度，从而初始密度 ρ_{00} 小于密实材料密度 ρ_0 的材料。多孔材料也叫疏松材料或松装材料。

为表征多孔材料的疏松程度，定义初始多孔度 α_0 为

$$\alpha_0 \equiv \frac{\rho_0}{\rho_{00}} \equiv \frac{V_{00}}{V_0} \qquad (3-192)$$

因此 $\alpha_0 \geqslant 1$。

3.8.1　多孔材料在冲击压缩下的特点

在冲击压缩下，多孔材料的状态变化在 $P-V$ 平面上如图 3-8 所示。当 $P < P_e$ 时，多孔材料表现为各向同性弹性固体的性质，P_e 相当于多孔材料的弹性极限。在 $P > P_e$ 时，材料中的孔隙发生"塌

缩",并迅速达到近似于密实材料的状态点 $S(P_s, V_s)$。需要注意的是,多孔材料中的状态不是平衡态,因为材料中的密度和压强都是不均匀的,所以,从初始比容 V_{00} 压缩到 V_s 的过程是一个非平衡过程。这是因为有孔隙存在时,孔隙及孔隙周围的刚性不一样。

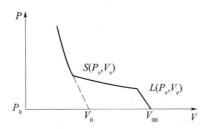

图 3-8　多孔材料在低压下的冲击压缩线

实验研究表明,对于多孔度不大的材料($\alpha_0 < 2 \sim 3$),P_e 值约 0.1 GPa 量级,而 P_s 值也只有 1 GPa 左右。于是,在研究多孔材料在较高压强下的物态方程时,可以忽略 $P < P_s$ 段的细节,冲击压缩曲线简化成图 3-9 中的曲线 P_{H0},其中 $P_H(V)$ 为密实材料的雨果纽线,$P_{H0}(V)$ 为多孔材料的雨果纽线。从图 3-9 可以看出,无论是把多孔材料和密实材料压缩到同一压强(例如 P_A)还是同一比容(例如 V_A),多孔材料中内能的增加总是比密实材料多得多,而多出的这部分能量主要表现为热能。这是多孔材料的不均匀性导致的必然结果。因为在冲击压缩过程中,孔穴边缘及离开孔穴处的质点速度不一样,结果是不同位置处的质点发生摩擦,从而消耗冲击波能量。材料对这种能量的吸收最终以热的形式表现出来。这种效应一方面使原子的非谐振效应增强,另一方面使电子热运动加剧。由于多孔材料具有良好的吸收冲击波能量的性质,因此人们常用它作为冲击防护材料。

当初始多孔度 α_0 大到一定程度时,即使在非常高的冲击压强下,多孔材料的密度也可能达不到密实密度 ρ_0,这是因为在强冲击压缩下,多孔材料热效应太剧烈,材料温度升高很大,从而使材料所发生的膨胀效应超过了压缩效应。

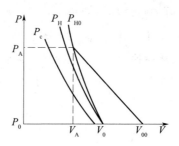

图 3-9　多孔材料在高压下的冲击压缩线

　　下面对多孔材料冲击绝热线的特点作一些具体讨论。以密实材料的冲击绝热线 P_H 为参考线，多孔材料的冲击绝热线 P_{H0} 可通过 Grüneisen 方程表示为

$$P_{H0} - P_H = \frac{\gamma}{V}(E_{H0} - E_H) \qquad (3-193)$$

将常态下的能量及压强视为 0，多孔材料和密实材料的雨果纽方程分别为

$$E_{H0} = \frac{1}{2} P_{H0}(V_{00} - V)$$

$$E_0 = \frac{1}{2} P_H(V_0 - V)$$

代入式（3-193），得到 P_H 和 P_{H0} 这两条冲击绝热线之间的关系为

$$P_{H0} = \frac{P_H\left[1 - \dfrac{1}{2}\dfrac{\gamma}{V}(V_0 - V)\right]}{1 - \dfrac{1}{2}\dfrac{\gamma}{V}(V_{00} - V)} \qquad (3-194)$$

设多孔材料在常态下的 Grüneisen 系数为 γ_{00}，并假定

$$\frac{\gamma}{V} = \frac{\gamma_{00}}{V_{00}}$$

则有

$$P_{H0} = \frac{P_H\left[1 - \dfrac{1}{2}\dfrac{\gamma_{00}}{\alpha_0}\left(1 - \dfrac{V}{V_0}\right)\right]}{1 - \dfrac{\gamma_{00}}{2}\left(1 - \dfrac{V}{\alpha_0 V_0}\right)} \qquad (3-195)$$

对上式进行分析，可得到关于多孔材料冲击绝热线的以下几点认识。

1) 当 $V = V_0$ 时，$P_{H0}(V_0) = P_H(V_0) = 0$。因此，对于同种基体但不同初始多孔度的疏松材料，其冲击绝热线均起始于同一点（$P = 0, V = V_0$）。

2) 当 $\dfrac{V}{V_{00}} = 1 - \dfrac{2}{\gamma_{00}}$ 且 $\alpha_0 \neq 1$ 时，P_{H0} 趋于无穷大，因此多孔材料的极限压缩比容为

$$V_L = \alpha_0 \left(1 - \frac{2}{\gamma_{00}}\right) V_0 \qquad (3-196)$$

可见极限压缩比容依赖于初始多孔度。当 $\alpha_0 = 1$ 时，$P_{H0}(V) = P_H(V)$，这时的极限压缩比容由 P_H 的表达式确定。若冲击波速度 D 与质点速度 u 的关系取 $D = c_0 + su$（c_0 和 s 为材料常数），则密实材料的极限压缩比容为

$$V'_L = \frac{s-1}{s} V_0 \qquad (3-197)$$

3) 当 $\dfrac{V}{V_{00}} > 1 - \dfrac{2}{\gamma_{00}}$ 时，$\dfrac{\mathrm{d}P_{H0}(V)}{\mathrm{d}V} > 0$，这说明随冲击压强的增大，比容是增大的。因此，极限比容大于密实材料的比容，这时有 $\alpha_0 > \left(1 - \dfrac{2}{\gamma_{00}}\right)^{-1}$。

4) 当 $\dfrac{V}{V_{00}} < 1 - \dfrac{2}{\gamma_{00}}$ 时，$\dfrac{\mathrm{d}P_{H0}(V)}{\mathrm{d}V} < 0$，这说明随冲击压强的增大，比容减小。因此，极限比容小于密实材料的比容，这时有 $\alpha_0 < \left(1 - \dfrac{2}{\gamma_{00}}\right)^{-1}$。

3.8.2　物态方程的表述

多孔材料的物态方程仍可用 3 项式物态方程形式。对于金属，冷的部分可采用玻恩－迈耶势，电子热运动部分仍可用自由电子模型，但晶格部分，最好采用液体的自由体积理论，于是多孔金属材料的物态方程可表示为

$$P = Q\delta^{2/3} \{ \exp[q(1-\delta^{-1/3})] - \delta^{2/3} \} +$$

$$\frac{RT}{MV}\bar{\gamma}(V,T)\xi(V,T) + \frac{1}{4}\beta_{0K}\rho_{0K}\delta^{1/2}T^2 \qquad (3-198)$$

$$E = \frac{3Q}{\rho_{0K}} \left\{ \frac{1}{q}\exp[q(1-\delta^{-1/3})] - \delta^{1/3} - \left(\frac{1}{q}-1\right) \right\} +$$

$$\frac{RT}{M}\xi(V,T) + \frac{1}{2}\beta_{0K}\delta^{-1/2}T^2 \qquad (3-199)$$

由于多孔材料中非谐振效应比较明显，因此晶格部分还可采用内插形式，这时物态方程为

$$P = Q\delta^{2/3} \{ \exp[q(1-\delta^{-1/3})] - \delta^{2/3} \} + \frac{RT}{MV}\frac{3\gamma+\zeta}{1+\zeta} + \frac{1}{4}\beta_{0K}\rho_{0K}\delta^{1/2}T^2$$
$$(3-200)$$

$$E = \frac{3Q}{\rho_{0K}} \left\{ \frac{1}{q}\exp[q(1-\delta^{-1/3})] - \delta^{1/3} - \left(\frac{1}{q}-1\right) \right\} +$$

$$\frac{3RT}{2M}\frac{2+\zeta}{1+\zeta} + \frac{1}{2}\beta_{0K}\delta^{-1/2}T^2 \qquad (3-201)$$

对于半导体或绝缘体多孔材料，物态方程中冷的部分和晶格部分可采用与金属相同的形式，但电子项一般不能用自由电子模型。对于离子晶体，可采用参考文献［3］中给出的方法处理。

在实际使用（例如流体动力学计算）中，常用的物态方程形式是 $P = f(\rho, E)$。对于多孔材料，一个适用于较低压强的物态方程是所谓的"$P-\alpha$ 模型"，即

$$P = \frac{1}{\alpha}f(\alpha\rho, E) \qquad (3-202)$$

这是科洛等在赫尔曼的工作基础上提出来的，其中函数 f 与密实材料的物态方程具有相同的形式，多孔度 α 是一个依赖于压强 P 的量，可近似表示为

$$\alpha = \begin{cases} \alpha_0, & 0 < P < P_{\text{crit}} \\ \dfrac{1}{1-\exp[-3P/(2Y)]}, & P > P_{\text{crit}} \end{cases} \qquad (3-203)$$

其中，Y 为密实材料的雨果纽弹性限，P_{crit} 为多孔材料弹性限，可取

$$P_{crit} = \frac{2}{3} Y \ln \frac{\alpha_0}{\alpha_0 - 1} \tag{3-204}$$

多孔度 α 与压强的关系也可近似表示为[4]

$$\alpha = \begin{cases} \alpha_0, & 0 < P \leqslant P_{crit} \\ 1 + (\alpha_0 - 1)\exp[-b(P - P_{crit})], & P > P_{crit} \end{cases} \tag{3-205}$$

其中 b 为材料常数，作为一种近似，可取 $b = 1/P_{crit}$。

吴强和经福谦[5]对多孔材料的物态方程进行了较深入的讨论，他们给出，在某雨果纽压强 P 下，多孔材料比容 V'_H 与密实材料比容 V_H 有关系

$$V'_H = \frac{1 - R/2}{1 - (R/2)(1 - P_1/P)} V_H + \frac{R/2}{1 - (R/2)(1 - P_1/P)} \times$$

$$\left[(V_1 - V_0) + \frac{P_1}{P}V_{00} + \frac{1-R}{R/2}(V'_c - V_c) \right] \tag{3-206}$$

其中

$$R = \frac{P\gamma}{K_S} = \frac{P\gamma}{\rho c^2} \tag{3-207}$$

式中下标 1 表示多孔材料的雨果纽弹性限状态；V_c 和 V'_c 分别为密实和多孔材料在压强为 P、温度为 0K 时的比容；R 为类似于 Grüneisen 系数 γ 的材料参数，是与压强相关的。

最后指出，多孔材料的物态方程是非常复杂的，特别是在较低的压强下，迄今为止，还没有令人满意的理论描述。

参 考 文 献

[1] 李永池. 张量初步和近代连续介质力学概论. 合肥：中国科学技术大学出版社，2012.

[2] 张若棋，谭菊普. X射线辐照圆柱壳体产生的汽化反冲. 空气动力学学报，1989，7（2）：172-177.

[3] 徐锡申，张万箱，等. 实用物态方程理论导引. 北京：科学出版社，1986.

[4] CORROLL M M，HOLT A C. Static and Dynamic Pore-Collapse Relations for Ductile Porous Materials. J Appl Phys，1972，43：1626-1636.

[5] 吴强，经福谦. 用于预测疏松材料冲击压缩特性的热力学模型. 高压物理学报，1996，10（1）：1-5.

第 4 章　强脉冲 X 光热-力学效应
一维分析方法

数值模拟方法是研究强脉冲 X 光热-力学效应的基本手段之一。通过数值模拟可以分析强脉冲 X 光辐照材料时基本热-力学行为，其中包括强脉冲 X 光在材料表面的能量沉积、强脉冲 X 光与材料冲量耦合行为、强脉冲 X 光在材料内部产生热击波及其在材料内部传播规律以及材料对强脉冲 X 光的屏蔽和吸收等。另外，通过对材料断裂行为判据的引入，还可以模拟强 X 光辐照引起材料层裂破坏现象。因此，数值模拟手段在强脉冲 X 光热-力学效应的研究中具有重要地位。不过，数值模拟毕竟是理论分析结果，其可信度通常与材料本构模型的描述、数值分析方法选择以及材料基本参数的选取等因素有关，正确的构建材料力学行为的本构模型、选择恰当的数值分析方法至关重要。

一维数值模拟分析方法是目前强脉冲 X 光热-力学效应研究最常用的方法，大部分的金属材料等各向同性材料，一般用一维方法进行分析。对于大多数复合材料等非各向同性材料则要采用二维或者三维的方法进行分析，本章介绍一维分析方法。

4.1　基本方程组

X 光辐照产生的热击波在固体材料中的传播速度一般约为 $3\sim 5$ km/s，也就是说，热击波的传播比热传导要快得多，而且辐照脉宽为 10^{-1} μs 量级，因此，在辐照动力学响应中，热传导效应是可以忽略的，因而可采用流体弹塑性体模型来模拟脉冲 X 光诱导的平面热击波[1]。

对于平面应变问题，采用拉格朗日方法进行数值模拟的基本方

程组为

$$\frac{\partial x}{\partial t} = u \tag{4-1}$$

$$\frac{\partial \rho}{\partial t} + \frac{\rho^2}{\rho_0} \frac{\partial u}{\partial r} = 0 \tag{4-2}$$

$$\frac{\partial u}{\partial t} + \frac{1}{\rho_0} \frac{\partial (\sigma + q)}{\partial r} = 0 \tag{4-3}$$

$$\frac{\partial e}{\partial t} - \frac{(\sigma + q)}{\rho^2} \frac{\partial \rho}{\partial t} = e_R \tag{4-4}$$

$$\sigma = p + S \tag{4-5}$$

$$p = p(\rho, e) \tag{4-6}$$

$$q = \begin{cases} a_1^2 \rho (\Delta u)^2 + a_2 \rho c \mid \Delta u \mid, & \Delta u < 0 \\ 0, & \Delta u \geqslant 0 \end{cases} \tag{4-7}$$

式中　x——欧拉坐标；

　　　r——拉格朗日坐标；

　　　u——质点速度；

　　　t——时间；

　　　ρ——密度；

　　　σ——应力；

　　　p——静水压；

　　　e——比内能；

　　　e_R——单位时间沉积到单位质量中的能量；

　　　S——偏应力；

　　　q——人工黏性力；

　　　a_1，a_2——人工黏性系数；

　　　c——声速。

式（4-5）为本构方程，式（4-6）为物态方程，针对不同的材料特性和状态，本构方程和物态方程可选取不同形式或模型。

在物态方程的引用上，对于固体材料，常用物态方程为以冲击压缩线为参考线的 Grüneisen 方程

$$p = p_H + \Gamma_0 \rho_0 (e - e_H), \quad \rho \geqslant \rho_0 \qquad (4-8)$$

$$p_H = \frac{\rho_0 c_0^2 (1 - v/v_0)}{[1 - s(1 - v/v_0)]^2} \qquad (4-9)$$

$$e_H = \frac{1}{2} p_H (v_0 - v) \qquad (4-10)$$

式中 Γ_0 为常态 Grüneisen 系数；c_0 和 s 为雨果纽参数，即冲击波速度 D 与波后质点速度 u 之间的线性关系式 $D = c_0 + su$ 中的材料常数，它们可通过拟合冲击实验数据 (D, u) 而得到。

在强脉冲 X 光辐照表面，由于能量沉积，材料将汽化并发生剧烈膨胀。对于膨胀物质，Grüneisen 物态方程式（4-8）是不适用的，通常采用下面形式的 PUFF 物态方程

$$p = \rho\left[H + (\Gamma_0 - H)\sqrt{\frac{\rho}{\rho_0}} \right]\left(e - e_s\left\{ 1 - \exp\left[\frac{N\rho_0}{\rho}\left(1 - \frac{\rho_0}{\rho} \right) \right] \right\} \right), \quad \rho < \rho_0$$
$$(4-11)$$

式中 e_s 为升华能；H 和 N 为材料常数，$H = \gamma - 1$，$\gamma = C_p/C_V$ 为气态物质的比热容，$N = c_0^2/(\Gamma_0 e_s)$。

对于固体的拉伸膨胀，虽然密度会有所减小，但变化并不大，此时 $\dfrac{\rho_0}{\rho} \approx 1$，PUFF 方程近似为

$$p = \rho[\gamma - 1 + (\Gamma_0 - \gamma + 1)(\rho/\rho_0)^{1/2}][e - e_0(v)] \qquad (4-12)$$

式中 $e_0(v) = \displaystyle\int_{v_0}^{v} \frac{K_s}{\rho} \mathrm{d}v$，$K_s$ 是等熵模量。

引入下面形式的 Grüneisen 系数

$$\Gamma = \gamma - 1 + (\Gamma_0 - \gamma + 1)\left(\frac{\rho}{\rho_0} \right)^{1/2} \qquad (4-13)$$

方程式（4-12）可视为以零压线为参考线的 Grüneisen 方程，这是 PUFF 方程的本质特征。在拉伸膨胀状态下，如果还以雨果纽线作为 Grüneisen 方程的参考线，相当于要将雨果纽线推广到膨胀区，这显然是没有物理意义的，而 PUFF 方程是以零压线为参考线，因而在物理上是合理的，并且适用于密度较高的固体拉伸状态[2]。

如果材料表层吸收了足够大的辐射能，当内能大于升华能时，

材料迅速汽化，并产生剧烈膨胀，从而密度急剧减小。在这种情况下，PUFF 方程近似为

$$p = (\gamma - 1)\rho(e - e_s) \qquad (4-14)$$

这就是理想气体物态方程。因为高度膨胀的气体可以视为理想气体，所以 PUFF 方程适合于剧烈膨胀状态的描述。

4.2　基本方程组离散

对于一维流体动力学问题，最常用的数值方法是有限差分方法。采用 von Neumann - Richtmyer 格式，将方程组和初始条件以及边界条件离散化，为统一处理断裂问题，把空间点 R 和质点速度 u 分成右部量和左部量，分别表示为 AR, BR 和 Au, Bu，时间步长设为 Δt，空间步长为 Δr，差分格式如下。

节点运动方程

$$\begin{cases} Au_j^{n+\frac{1}{2}} = Au_j^{n-\frac{1}{2}} - \dfrac{2\Delta t}{\rho_0 \Delta r}(\sigma_{j+\frac{1}{2}}^n + q_{j+\frac{1}{2}}^{n-\frac{1}{2}}) \\ Bu_j^{n+\frac{1}{2}} = Bu_j^{n-\frac{1}{2}} + \dfrac{2\Delta t}{\rho_0 \Delta r}(\sigma_{j-\frac{1}{2}}^n + q_{j-\frac{1}{2}}^{n-\frac{1}{2}}) \end{cases} \quad (1 < j < N)$$

$$(4-15)$$

$$\begin{cases} Au_j^{n+\frac{1}{2}} = Au_j^{n-\frac{1}{2}} - \dfrac{2\Delta t}{\rho_0 \Delta r}(\sigma_{j+\frac{1}{2}}^n + q_{j+\frac{1}{2}}^{n-\frac{1}{2}}) \\ Bu_j^{n+\frac{1}{2}} = Au_j^{n+\frac{1}{2}} \end{cases} \quad (j = 1) \quad (4-16)$$

$$\begin{cases} Bu_j^{n+\frac{1}{2}} = Bu_j^{n-\frac{1}{2}} + \dfrac{2\Delta t}{\rho_0 \Delta r}(\sigma_{j-\frac{1}{2}}^n + q_{j-\frac{1}{2}}^{n-\frac{1}{2}}) \\ Au_j^{n+\frac{1}{2}} = Bu_j^{n+\frac{1}{2}} \end{cases} \quad (j = N) \quad (4-17)$$

节点欧拉坐标

$$\begin{cases} AR_j^{n+1} = AR_j^n + Au_j^{n+\frac{1}{2}}\Delta t \\ BR_j^{n+1} = BR_j^n + Bu_j^{n+\frac{1}{2}}\Delta t \end{cases} \quad (1 < j < N) \quad (4-18)$$

$$\begin{cases} AR_j^{n+1} = AR_j^n + Au_j^{n+\frac{1}{2}}\Delta t \\ BR_j^{n+1} = AR_j^{n+1} \end{cases} \quad (j = 1) \quad (4-19)$$

$$\begin{cases} BR_j^{n+1} = BR_j^n + Bu_j^{n+\frac{1}{2}} \Delta t \\ AR_j^{n+1} = BR_j^{n+1} \end{cases} \quad (j = N) \quad (4-20)$$

当材料没有断裂时

$$Au_j^{n+\frac{1}{2}} \leqslant Bu_j^{n+\frac{1}{2}}, \qquad AR_j^{n+1} \leqslant BR_j^{n+1} \quad (4-21)$$

断裂时

$$Au_j^{n+\frac{1}{2}} \neq Bu_j^{n+\frac{1}{2}}, \qquad AR_j^{n+1} \neq BR_j^{n+1} \quad (4-22)$$

材料的比体积为

$$v_{j+\frac{1}{2}}^{n+1} = \frac{BR_j^{n+1} - AR_{j-1}^{n+1}}{\rho_0 \Delta r} \quad (4-23)$$

人为黏性力

$$q_{j+\frac{1}{2}}^{n+\frac{1}{2}} = \begin{cases} \dfrac{2a_1}{v_{j+\frac{1}{2}}^{n+1} + v_{j+\frac{1}{2}}^n} \left| Au_{j+1}^{n+\frac{1}{2}} - Bu_j^{n+\frac{1}{2}} \right| + \dfrac{2a_2}{v_{j+\frac{1}{2}}^{n+1} + v_{j+\frac{1}{2}}^n} (Au_{j+1}^{n+\frac{1}{2}} - \\ Bu_j^{n+\frac{1}{2}})^2, \ Au_{j+1}^{n+\frac{1}{2}} \leqslant Bu_j^{n+\frac{1}{2}} \\ \\ 0, \quad Au_{j+1}^{n+\frac{1}{2}} > Bu_j^{n+\frac{1}{2}} \end{cases}$$

$$(4-24)$$

能量方程

$$e_{j+\frac{1}{2}}^{n+1} = e_{j+\frac{1}{2}}^n - \left[\frac{1}{2} (\sigma_{j+\frac{1}{2}}^{n+1} + \sigma_{j+\frac{1}{2}}^n) + q_{j+\frac{1}{2}}^{n+\frac{1}{2}} \right] (v_{j+\frac{1}{2}}^{n+1} - v_{j+\frac{1}{2}}^n) + e_{R_{j+\frac{1}{2}}}^{n+1} \Delta t$$

$$(4-25)$$

将物态方程与能量方程联立起来可得到压力和比内能的显示差分方程。令

$$EA = e_{j+1/2}^n - \left[\frac{1}{2} (p_{j+1/2}^n + S_{j+1/2}^{n+1}) + q_{j+1/2}^{n+1/2} \right] \Delta v + e_{R_{j+\frac{1}{2}}}^{n+1} \Delta t$$

$$(4-26)$$

有

$$e_{j+1/2}^{n+1} = EA - \frac{1}{2} p_{j+1/2}^{n+1} \Delta v \quad (4-27)$$

其中

$$\Delta v = v_{j+1/2}^{n+1} - v_{j+1/2}^n \quad (4-28)$$

当 $\rho > \rho_0$ 时，结合 Grüneisen 方程有

$$p_{j+1/2}^{n+1} = \frac{(p_H)_{j+1/2}^{n+1}\left[1 - \dfrac{\gamma_0}{2}\left(1 - \dfrac{v_{j+\frac{1}{2}}^{n+1}}{v_0}\right)\right] + \rho_0\gamma_0 EA}{1 + \dfrac{1}{2}\rho_0\gamma_0\Delta v} \qquad (4-29)$$

在求得 $p_{j+1/2}^{n+1}$ 后，代入式（4-27）可求出 $e_{j+1/2}^{n+1}$ 。

当 $\rho \leqslant \rho_0$ 时，采用 PUFF 方程，令

$$X_1 = \rho_{j+\frac{1}{2}}^{n+1}\left[H + (\Gamma_0 - H)\sqrt{\frac{\rho_{j+\frac{1}{2}}^{n+1}}{\rho_0}}\right] \qquad (4-30)$$

$$X_2 = e_s\left\{1 - \exp\left[\frac{N\rho_0}{\rho_{j+\frac{1}{2}}^{n+1}}\left(1 - \frac{\rho_0}{\rho_{j+\frac{1}{2}}^{n+1}}\right)\right]\right\} \qquad (4-31)$$

PUFF 方程可表示为

$$p_{j+\frac{1}{2}}^{n+1} = X_1(e_{j+\frac{1}{2}}^{n+1} - X_2) \qquad (4-32)$$

进一步改写为

$$e_{j+1/2}^{n+1} = \frac{p_{j+1/2}^{n+1}}{X_1} + X_2 \qquad (4-33)$$

将式（4-33）与式（4-27）联立起来有

$$p_{j+\frac{1}{2}}^{n+1} = \frac{X_1(EA - X_2)}{1 + \dfrac{1}{2}X_1\Delta v} \qquad (4-34)$$

（1）定解条件

初始条件（ $j = 0, 1, \cdots, N$ ）：

$$Au_j^{-\frac{1}{2}} = Bu_j^{-\frac{1}{2}} = 0 \qquad (4-35)$$

$$AR_j^0 = BR_j^0 = r_j \qquad (4-36)$$

$$p_j^0 = S_j^0 = q_{j+\frac{1}{2}}^{-\frac{1}{2}} = e_{j+\frac{1}{2}}^0 = 0 \qquad (4-37)$$

$$v_{j+\frac{1}{2}}^0 = \frac{1}{\rho_0} \qquad (4-38)$$

边界条件：

在左自由面，即受照面有

$$p_{J_0}^n = S_{J_0}^n = q_{J_0}^{n-\frac{1}{2}} = 0 \tag{4-39}$$

$$u_{J_0}^{n+\frac{1}{2}} = u_{J_0}^{n-\frac{1}{2}} - \frac{2\Delta t}{\rho_0 \Delta r}(p_{J_0+\frac{1}{2}}^{n+1} + S_{J_0+\frac{1}{2}}^{n+1} + q_{J_0+\frac{1}{2}}^{n+1}) \tag{4-40}$$

在右自由面，即背表面有

$$p_J^n = S_J^n = q_J^{n-\frac{1}{2}} = 0 \tag{4-41}$$

$$u_J^{n+\frac{1}{2}} = u_J^{n-\frac{1}{2}} + \frac{2\Delta t}{\rho_0 \Delta r}(p_{J+\frac{1}{2}}^{n+1} + S_{J+\frac{1}{2}}^{n+1} + q_{J+\frac{1}{2}}^{n+1}) \tag{4-42}$$

显然，如果材料发生断裂，断裂面也就是自由面，因而需要采用左、右自由面边界条件。

（2）稳定性条件

为保证差分格式计算稳定，时间步长和空间步长的选取在连续区应满足 Courant 条件[1]

$$\Delta t \leqslant \frac{\rho_0 v \Delta r}{a} \tag{4-43}$$

式中　a——材料的当地声速。

实际计算时，为了在间断区也保证计算格式稳定，还需将 Δt 适当缩小一些。

（3）能量守恒检验

为了对计算过程是否正常进行判断，需要进行能量守恒检验。在能量沉积结束后，任一时刻系统的总能量（包括总的比内能和动能）应为常数，即

$$W^{n+1} = E_{内} + E_{动} = \sum_j e_{j+\frac{1}{2}}^{n+1} \Delta m + \frac{\Delta m}{8} \sum_j (Au_j^{n+\frac{1}{2}} + Bu_j^{n+\frac{1}{2}})^2 \approx \text{const} \tag{4-44}$$

（4）接触界面处理

对于多层介质中热击波的传播问题，涉及大量介质交界面（接触界面）的处理。研究表明，由于界面两边介质的性质不同，计算结果可能发生非物理振荡，如果界面两边介质的密度相差较大，非物理振荡尤其容易发生，所以需要进行恰当处理。下面给出具有 2 阶精度的接触界面的处理方法。

　　如图 4-1 所示，假设界面处的节点编号为 J，界面左侧、右侧的密度和空间步长分别为：ρ_{01}，Δr_1；ρ_{02}，Δr_2，通过如下方法计算界面处的节点速度。

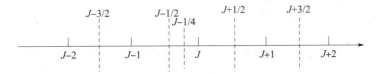

图 4-1　多层介质中交界面处理示意图

　　在动量守恒方程式（4-3）中，令 $\bar{\sigma} = \sigma + q$。因为界面处 $\partial u / \partial t$ 是连续的，那么 $- \partial \bar{\sigma} / (\rho_0 \partial r)$ 也是连续的，分别对界面左侧和右侧的半格点及 1/4 格点进行差分处理如下。

　　对于界面 J 的左侧，在 $J-1$ 处有

$$\frac{\partial \bar{\sigma}}{\partial r} \approx \frac{\bar{\sigma}_{J-1/2} - \bar{\sigma}_{J-3/2}}{\Delta r_1} = \left(\frac{\partial \bar{\sigma}}{\partial r} \right)_{J-1} \tag{4-45}$$

　　在 $J-1/4$ 处有

$$\frac{\partial \bar{\sigma}}{\partial r} \approx \frac{\bar{\sigma}_J - \bar{\sigma}_{J-1/2}}{\frac{1}{2} \Delta r_1} = \left(\frac{\partial \bar{\sigma}}{\partial r} \right)_{J-1/4} \tag{4-46}$$

　　将 $\partial \bar{\sigma} / \partial r$ 的差分表达式线性外推得到 J 点处有

$$\frac{\left(\frac{\partial \bar{\sigma}}{\partial r} \right)_J - \left(\frac{\partial \bar{\sigma}}{\partial r} \right)_{J-1/4}}{\frac{1}{4} \Delta r_1} = \frac{\left(\frac{\partial \bar{\sigma}}{\partial r} \right)_J - \left(\frac{\partial \bar{\sigma}}{\partial r} \right)_{J-1}}{\Delta r_1} \tag{4-47}$$

代入式（4-45）和式（4-46）并整理得到

$$\left(\frac{\partial \bar{\sigma}}{\partial r} \right)_J = \frac{4}{3} \left(\frac{\partial \bar{\sigma}}{\partial r} \right)_{J-1/4} - \frac{1}{3} \left(\frac{\partial \bar{\sigma}}{\partial r} \right)_{J-1}$$

$$= \frac{4}{3} \frac{\bar{\sigma}_J - \bar{\sigma}_{J-1/2}}{\frac{1}{2} \Delta r_1} - \frac{1}{3} \frac{\bar{\sigma}_{J-1/2} - \bar{\sigma}_{J-3/2}}{\Delta r_1} \tag{4-48}$$

同理，在界面右边得到

$$\left(\frac{\partial \bar{\sigma}}{\partial r} \right)_J = \frac{4}{3} \frac{\bar{\sigma}_{J+1/2} - \bar{\sigma}_J}{\frac{1}{2} \Delta r_1} - \frac{1}{3} \frac{\bar{\sigma}_{J+3/2} - \bar{\sigma}_{J+1/2}}{\Delta r_1} \qquad (4-49)$$

再将式（4-48）和式（4-49）分别代入到动量守恒方程中得到如下结果。

对于界面左侧

$$\left(\frac{\partial u}{\partial t} \right)_{左} = -\frac{1}{3 \Delta m_1} (8 \bar{\sigma}_J - 9 \bar{\sigma}_{J-1/2} + \bar{\sigma}_{J-3/2}) \qquad (4-50)$$

界面右侧

$$\left(\frac{\partial u}{\partial t} \right)_{右} = \frac{1}{3 \Delta m_2} (-8 \bar{\sigma}_J + 9 \bar{\sigma}_{J+1/2} - \bar{\sigma}_{J+3/2}) \qquad (4-51)$$

由于界面处的连续性，利用式（4-50）和式（4-51），得到界面处速度的差分表达式为

$$\frac{\partial u}{\partial t} = -\frac{3(\bar{\sigma}_{J+1/2} - \bar{\sigma}_{J-1/2}) - \frac{1}{3}(\bar{\sigma}_{J+3/2} - \bar{\sigma}_{J-3/2})}{\Delta m_1 + \Delta m_2} \qquad (4-52)$$

其中 $\Delta m_1 = \rho_{01} \Delta r_1$，$\Delta m_2 = \rho_{02} \Delta r_2$。需要注意的是在设定计算参数时，应尽量使 $\Delta m_1 \approx \Delta m_2$ 以减少计算时由于界面处网格不匹配而造成的计算异常。

4.3 汽化反冲冲量确定

4.3.1 汽化反冲冲量的解析分析方法

1962 年，美国空军特殊武器中心的 Hans Bethe，William Bade，John Averell 和 Jerrold Yos 提出了以他们名字的开头字母命名的汽化反冲冲量的计算公式，即 BBAY 公式

$$I = \sqrt{2} \beta \left\{ \int_0^{x_0} \left[e(x) - e_s \right] \rho^2 x \mathrm{d}x \right\}^{1/2} \qquad (4-53)$$

1968 年，Whitener 研究了 X 光在材料中的能量沉积，在此基础上提出了计算冲量的 Whitener 公式

$$I = \sqrt{2} \left\{ \int_0^{x_0} \sqrt{e(x) - e_s} \rho \mathrm{d}x \right\}^{1/2} \tag{4-54}$$

同年，圣地亚实验室的 Thompson 等人在考虑液态部分对反冲冲量的贡献的基础上，对 BBAY 公式进行了修正，称为 MBBAY 公式

$$I = \sqrt{2} \beta \left\{ \int_0^{x_0} \left[e(x) - e_0 \left(1 + \ln \frac{e(x)}{e_0} \right) \right] \rho^2 x \mathrm{d}x \right\}^{1/2} \tag{4-55}$$

在式（4-53）～式（4-55）中，I 为汽化反冲冲量；$e(x)$ 为 X 光在材料中的能量沉积；ρ，e_s 分别为材料的密度和汽化能；x_0 为汽化厚度，可由 $e(x_0) = e_s$ 来确定；e_0 为材料的熔化能；β 为常数，满足 $1 \leqslant \beta \leqslant 2$。

1989 年，张若棋等在 X 光能量瞬时沉积的前提下，先用数值解求出材料内的 X 光能量沉积分布，然后根据气体动力学原理提出了作用在材料上的汽化反冲冲量的理论模型，其计算公式为[3]

$$I = \sqrt{2} \rho x_0 (e - e_s)^{1/2} f \tag{4-56}$$

$$e = \frac{1}{x_0} \int_0^{x_0} e(x) \mathrm{d}x \tag{4-57}$$

$$f = \frac{\sqrt{2n+3}(2n+1)!}{2^{2n+1} n! (n+1)!} \tag{4-58}$$

$$n = \frac{3 - \zeta}{2(\zeta - 1)} \tag{4-59}$$

式中 ζ 为材料的绝热指数，对一般气体，$1 < \zeta \leqslant 5/3$；f 虽然与绝热指数有关，但对 ζ 并不敏感，当 ζ 从 1 变到 5/3 时，f 仅从 0.798 变到 0.839。

彭常贤等在反冲汽化冲量实验测量研究的基础上，提出了汽化冲量的近似计算公式[4]

$$I = \frac{\sqrt{2} e_s^{1/2}}{k} \left[Y - 1 - \ln Y - \frac{1}{2} (\ln Y)^2 \right]^{1/2} \tag{4-60}$$

式中 $Y = K\Phi_0 / e_s$，Φ_0 为 X 光能通量，e_s 为靶材的升华能，$K = \mu/\rho$ 为靶材的 X 光平均质量吸收系数，μ 为线性衰减系数，可近似取 $K = 1.38 \times$

$10^3/T^{1.9}$，T 为 X 光黑体辐射温度。

周南和乔登江等人在对 X 光辐照材料的热-力学效应特性进行研究时，提出了计算汽化冲量 I 的近似表达式[5]

$$I = m\bar{u}_v = (\xi_v \rho_0 \delta_v \Phi_0)^{1/2} \qquad (4-61)$$

式中 ξ_v 为汽化层中沉积的能量占总辐照能量的份额。对于铝、铜等金属而言 ξ_v 一般等于 0.85。δ_v 为汽化层厚度，可利用汽化能 E_v 由下式确定

$$E_v = \sum_{i=1}^{N} f_i \left(\frac{\mu}{\rho}\right)_{0i} e^{-\left(\frac{\mu}{\rho}\right)_{0i}\rho_0 \delta_v \Phi_0} \Phi_0 \qquad (4-62)$$

以上公式的提出对于研究汽化反冲冲量具有重要意义，但它们都是在瞬时能量沉积条件下获得的，有的还要借助数值模拟结果或吸收系数等较难确定的量才能进行计算，因而在复杂能量沉积条件下的应用有较大局限。

4.3.2　汽化反冲冲量的数值分析方法

为了适合于数值计算，赵国民、张若棋等提出了动量求和的计算方法[3]

$$I = \sum_{u_j<0,e_j>E_s} m_j \mid u_j \mid \qquad (4-63)$$

其中 m_j 为第 j 个汽化了的网格的质量，u_j 为相应网格的速度。在平面一维问题中，质量实际上是单位面积的质量，所以得到的冲量为比冲量，其单位通常取 Pa·s。

数值计算表明，如果靶的表层被汽化，汽化网格将急剧膨胀，且速度也非常高。例如第 1 个网格，1 μm 左右的网格可膨胀 10^4 倍，达到 cm 量级，速度可达 10 km/s 量级，且网格两端的速度相差很大，可达数 km/s 量级。当网格在充分膨胀以后，其质量和速度分布可能都不是均匀的。这就存在一个问题：这个汽化网格对冲量的贡献是多少？常用的做法是将网格两端的速度取算术平均作为网格的平均速度，再乘以网格质量就得到冲量。如果网格两端的速度相差不大，这种做法是没有问题的，而实际上是两端速度相差可达几

km/s，这时这种简单的算法可能会带来较大计算误差，因此有必要开展进一步研究。

根据物理学知识，如果物体受到外力 $\boldsymbol{F}$ 的作用，则力 $\boldsymbol{F}$ 与作用时间 dt 的乘积称为该力在时间间隔 dt 内的冲量，记作

$$d\boldsymbol{I} = \boldsymbol{F}dt = d\boldsymbol{P} \qquad (4-64)$$

其中 $\boldsymbol{P}=m\boldsymbol{u}$ 为物质的动量。在平面一维运动条件下，为简单起见，下面用标量表示力、冲量和动量。利用牛顿第二定律有

$$F = \frac{dP}{dt} \qquad (4-65)$$

所以冲量可表示为

$$I = \int_{t_0}^{t} Fdt = \int_{P_0}^{P} dP = P - P_0 = mu - mu_0 \qquad (4-66)$$

在数值计算中，物质被划分为若干细小的网格，且在初始时刻，物质的速度为零，即 $u_0 = 0$，因此总的喷射冲量（或称为汽化反冲冲量）可表示为所有汽化反向运动物质的冲量之和，即式（4-67）。对于一个理想的质点系统，式（4-66）与式（4-63）是一致的，但对于剧烈且不均匀膨胀系统，式（4-63）是有误差的，因此利用冲量的定义式（4-67）进行计算是一种更合理的方法。

假设汽化物质作用在固体表面的压强为 p_g，则单位面积的比冲量为

$$I = \int_{t_0}^{t} p_g dt \qquad (4-67)$$

在数值计算中，每一个时刻都把气体/固体交界面及其压力找出来，再将其乘以时间步长，即得到一个时间步长的冲量，然后再对所有时间步长的冲量进行累加，便得到汽化物质作用在固体靶上的总冲量

$$I = \sum_g p_g \Delta t \qquad (4-68)$$

假设第 g 个网格为气态，第 $g+1$ 个网格为固态，由于差分计算中压力定义在网格的中心，所以式（4-68）中的 p_g 应表示为

$$p_g = \frac{1}{2}(p_{g-\frac{1}{2}} + p_{g+\frac{1}{2}}) \tag{4-69}$$

式中 $p_{g-1/2}$ 为第 g 个网格的压力，$p_{g+1/2}$ 为第 $g+1$ 个网格的压力，如图 4-2 所示。

　　基于以上分析，得到计算汽化反冲冲量的另外一种计算方法，即压力积分法[6]

$$I(t) = \int_0^t p_g(t)\mathrm{d}t = \sum_0^t \left[p_{g-\frac{1}{2}}(t) + p_{g+\frac{1}{2}}(t) \right] \frac{\Delta t}{2} \tag{4-70}$$

式中　Δt——数值计算中的时间步长。

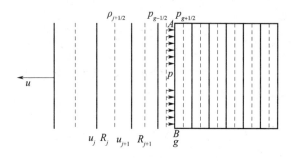

图 4-2　计算冲量的各参数的定义位置

参 考 文 献

[1] 况蕙孙，蒋伯诚，张树发．计算物理引论．长沙：湖南科学技术出版社．1987.

[2] 汤文辉，张若棋．物态方程理论及计算概论．2版，北京：高等教育出版社，2008.

[3] 赵国民，张若棋，等．脉冲X射线辐照材料引起的汽化反冲冲量．爆炸与冲击，1996，16（3）：259-265.

[4] 彭常贤，刘晋，等．强脉冲X光辐照硬铝靶产生喷射冲量的研究．强激光与粒子束，1998，10（3）：383-386.

[5] 周南，乔登江．脉冲束辐照材料动力学．北京：国防工业出版社，2002.

[6] 佘金虎．多薄层组合材料在X射线辐照下的热-力学效应研究．长沙：国防科学技术大学，2009.

第 5 章　强脉冲 X 光热-力学效应二维分析方法

5.1　引言

对于大多数的金属材料和其他各向同性材料，一维差分方法通常能较好地实现对强脉冲 X 光热-力学效应的模拟和分析，但对于非各向同性材料，由于不同方向材料力学性能不同，一维分析方法往往会带来较大的误差，因此从二维角度研究强脉冲 X 光热-力学效应显得尤为必要。常用的用于模拟强脉冲 X 光热-力学的二维数值模拟方法是有限元法，它是随着电子计算机的广泛应用和发展而产生的一种计算方法。从物理方面看，它是用在单元节点上彼此相连的单元组合体来代替待分析的连续体，也即将待分析的连续体划分成若干个彼此相联系的单元，通过单元的特性分析来求解整个连续体的特性。从数学方面看：它是使一个连续的无限自由度问题变成离散的有限自由度问题，使问题大大简化。一经求解出单元未知量，就可以利用插值函数确定连续体上的场函数。显然，随着单元数目的增加，即单元尺寸的缩小，解的近似程度将不断得到改进。如果单元是满足收敛要求的，近似解将收敛于精确解[1]。

有限元分析的力学基础是弹性力学，而方程求解的原理是采用加权残值法或者泛函极值原理。在处理实际问题时需要基于计算机硬件平台来进行处理。有限元分析的主要内容包括：基本变量和力学方程、数学求解原理、离散结构和连续体的有限元分析实现、具体应用领域以及分析中的建模技巧等。

5.2   单元描述及坐标变换

对于实际的工程问题，需要使用一些几何形状不规整的单元来逼近原问题。但直接研究这些不规整单元比较困难，一个更简便的方法是利用规则几何单元（如三角形单元、矩形单元）的结果来推导所对应的不规整几何单元。关于有限元方法的基本原理，有很多教材可供参考，例如参考文献[2-3]等。本书根据 X 光二维热-力学效应模拟的需要，仅简要介绍平面问题中任意四边形单元与规则矩形单元之间的变换。

对于平面问题，假设有两个坐标系，分别称之为基准坐标系 (ξ, η) 和物理坐标系 (x, y)，其中基准坐标系用于描述几何形状规则的单元（母单元），物理坐标系用以描述工程问题中的不规整几何单元（子单元），如图 5-1 所示。

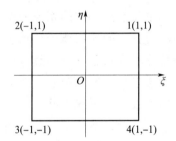
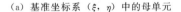
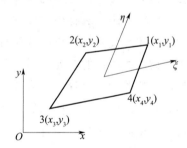

（a）基准坐标系 (ξ, η) 中的母单元　　（b）物理坐标系 (x, y) 中的子单元

图 5-1   线性单元的坐标变换

假设两个坐标系之间的坐标映射关系为

$$\begin{cases} x = x(\xi, \eta) \\ y = y(\xi, \eta) \end{cases} \tag{5-1}$$

由于基准坐标系 (ξ, η) 中的一点对应于物理坐标系 (x, y) 中的一个相应点，那么，对于 4 节点四边形单元，4 个角点满足节点

对应条件

$$\begin{cases} x_i = x(\xi_i, \eta_i) \\ y_i = y(\xi_i, \eta_i) \end{cases} \quad (i = 1,2,3,4) \qquad (5-2)$$

其中 (ξ_i, η_i) 具有如下值

$$\begin{cases} \xi_1 = 1, & \xi_2 = -1, & \xi_3 = -1, & \xi_4 = 1 \\ \eta_1 = 1, & \eta_2 = 1, & \eta_3 = -1, & \eta_4 = -1 \end{cases} \qquad (5-3)$$

这表明 x 方向和 y 方向各有 4 个节点条件，用多项式来表达坐标映射关系，则 x 方向和 y 方向可以分别写出各包含有 4 个待定系数的多项式，即

$$\begin{cases} x(\xi, \eta) = a_0 + a_1 \xi + a_2 \eta + a_3 \xi\eta \\ y(\xi, \eta) = b_0 + b_1 \xi + b_2 \eta + b_3 \xi\eta \end{cases} \qquad (5-4)$$

其中，8 个待定系数可由式（5-2）中的 8 个节点条件唯一确定，即

$$\begin{cases} a_0 = \dfrac{1}{4}(x_1 + x_2 + x_3 + x_4) \\[2mm] a_1 = \dfrac{1}{4}(x_1 - x_2 - x_3 + x_4) \\[2mm] a_2 = \dfrac{1}{4}(x_1 + x_2 - x_3 - x_4) \\[2mm] a_3 = \dfrac{1}{4}(x_1 - x_2 + x_3 - x_4) \end{cases} \qquad (5-5)$$

$$\begin{cases} b_0 = \dfrac{1}{4}(y_1 + y_2 + y_3 + y_4) \\[2mm] b_1 = \dfrac{1}{4}(y_1 - y_2 - y_3 + y_4) \\[2mm] b_2 = \dfrac{1}{4}(y_1 + y_2 - y_3 - y_4) \\[2mm] b_3 = \dfrac{1}{4}(y_1 - y_2 + y_3 - y_4) \end{cases} \qquad (5-6)$$

将式（5-5）和式（5-6）代回到式（5-4）整理后得到

$$\begin{cases} x(\xi, \eta) = N_1 x_1 + N_2 x_2 + N_3 x_3 + N_4 x_4 \\ y(\xi, \eta) = N_1 y_1 + N_2 y_2 + N_3 y_3 + N_4 y_4 \end{cases} \qquad (5-7)$$

其中

$$N_i = \frac{1}{4}(1 + \xi_i\xi)(1 + \eta_i\eta) \qquad (5-8)$$

称为单元的形状函数。

在物理坐标系 (x, y) 中，对任意一个函数 $f(x, y)$ 求基准坐标变量的偏导数，有

$$\begin{cases} \dfrac{\partial f}{\partial \xi} = \dfrac{\partial f}{\partial x}\dfrac{\partial x}{\partial \xi} + \dfrac{\partial f}{\partial y}\dfrac{\partial y}{\partial \xi} \\[3mm] \dfrac{\partial f}{\partial \eta} = \dfrac{\partial f}{\partial x}\dfrac{\partial x}{\partial \eta} + \dfrac{\partial f}{\partial y}\dfrac{\partial y}{\partial \eta} \end{cases} \qquad (5-9)$$

写成矩阵形式为

$$\begin{bmatrix} \dfrac{\partial f}{\partial \xi} \\[3mm] \dfrac{\partial f}{\partial \eta} \end{bmatrix} = J \begin{bmatrix} \dfrac{\partial f}{\partial x} \\[3mm] \dfrac{\partial f}{\partial y} \end{bmatrix} \qquad (5-10)$$

其中 $\boldsymbol{J}$ 称为雅可比矩阵。

$$\boldsymbol{J} = \begin{bmatrix} \dfrac{\partial x}{\partial \xi} & \dfrac{\partial y}{\partial \xi} \\[3mm] \dfrac{\partial x}{\partial \eta} & \dfrac{\partial y}{\partial \eta} \end{bmatrix} \qquad (5-11)$$

式 $(5-10)$ 可写成以下逆形式

$$\begin{bmatrix} \dfrac{\partial f}{\partial x} \\[3mm] \dfrac{\partial f}{\partial y} \end{bmatrix} = \boldsymbol{J}^{-1} \begin{bmatrix} \dfrac{\partial f}{\partial \xi} \\[3mm] \dfrac{\partial f}{\partial \eta} \end{bmatrix} = \frac{1}{|\boldsymbol{J}|} \begin{bmatrix} \dfrac{\partial y}{\partial \eta} & -\dfrac{\partial y}{\partial \xi} \\[3mm] \dfrac{\partial x}{\partial \eta} & -\dfrac{\partial x}{\partial \xi} \end{bmatrix} \begin{bmatrix} \dfrac{\partial f}{\partial \xi} \\[3mm] \dfrac{\partial f}{\partial \eta} \end{bmatrix} \qquad (5-12)$$

其中 $|\boldsymbol{J}| = \dfrac{\partial x}{\partial \xi}\dfrac{\partial y}{\partial \eta} - \dfrac{\partial x}{\partial \eta}\dfrac{\partial y}{\partial \xi}$ 是矩阵 $\boldsymbol{J}$ 的行列式。

对于物理坐标系 (x, y) 中的任意四边形单元，如图 $5-1(b)$ 所示，单元的面积为

$$A = \frac{1}{2} \begin{vmatrix} 1 & 1 & 1 \\ x_4 & x_1 & x_2 \\ y_4 & y_1 & y_2 \end{vmatrix} + \frac{1}{2} \begin{vmatrix} 1 & 1 & 1 \\ x_4 & x_2 & x_3 \\ y_4 & y_2 & y_3 \end{vmatrix}$$

$$= \frac{1}{2} \big[(x_2 - x_4)(y_3 - y_1) + (x_3 - x_1)(y_4 - y_2) \big] \quad (5-13)$$

需要注意的是，单元中心点是一个非常重要的位置，在数值模拟中，很多物理量（例如应力、应变）都是基于单元中心点给出的，单元中心满足 $(\xi, \eta) = (0, 0)$。根据式 (5-11)，通过计算可以知道，单元中心对应的雅可比矩阵行列式为

$$|\boldsymbol{J}_0| = \frac{\partial x}{\partial \xi} \frac{\partial y}{\partial \eta} - \frac{\partial x}{\partial \eta} \frac{\partial y}{\partial \xi}$$

$$= \frac{1}{8} \big[(x_2 - x_4)(y_3 - y_1) + (x_3 - x_1)(y_4 - y_2) \big] \quad (5-14)$$

因此，物理坐标系 (x, y) 中的单元面积为 $A = 4|\boldsymbol{J}_0|$。

5.3 单元基本力学量的表达

（1）位移场和应变场的表述

有限元方法的关键在于求解节点的位移，并通过节点位移的插值进一步获得材料内部位移场以及变形、应力等其他信息。对于图 5-1（b）中的子单元，利用式 (5-8) 中的形状函数对位移 $\boldsymbol{u} = (u_x \quad u_y)$ 插值后得到

$$\begin{cases} u_x = N_1 u_{1x} + N_2 u_{2x} + N_3 u_{3x} + N_4 u_{4x} \\ u_y = N_1 u_{1y} + N_2 u_{2y} + N_3 u_{3y} + N_4 u_{4y} \end{cases} \quad (5-15)$$

其中 u_{ix}，u_{iy}（$i = 1, 2, 3, 4$）分别为 4 个节点在 x 方向和 y 方向的位移。

由于单元的位移场与单元坐标都是采用相同的形状函数，并且用相同的节点参数个数来描述，因此称这种单元为等参单元。

根据参考位形的不同（初始位形和现时位形），应变可分为格林应变和阿尔曼西应变，当位移梯度较小时，可以不用区分质点的初始和现时位形，忽略位移梯度分量的乘积项，格林应变和阿尔曼西应变退化为柯西应变。在平面应变条件下，柯西应变具有如下形式

$$\varepsilon_{xx} = \frac{\partial u_x}{\partial x}, \quad \varepsilon_{yy} = \frac{\partial u_y}{\partial y}, \quad \varepsilon_{xy} = \frac{1}{2}\left(\frac{\partial u_y}{\partial x} + \frac{\partial u_x}{\partial y}\right) \quad (5-16)$$

根据式 (5-12)，可将位移场关于 (x, y) 坐标系的偏导数转化为 (ξ, η) 坐标系下的偏导数。在数值模拟中通常计算单元中心的应变，因 $(\xi, \eta) = (0, 0)$，由式 (5-16) 得到单元中心的应变为

$$\begin{cases} \varepsilon_{xx} = \dfrac{(y_2 - y_4)(u_{1x} - u_{3x}) + (y_3 - y_1)(u_{2x} - u_{4x})}{(x_2 - x_4)(y_3 - y_1) + (x_3 - x_1)(y_4 - y_2)} \\[3mm] \varepsilon_{yy} = \dfrac{(x_1 - x_3)(u_{2y} - u_{4y}) + (x_4 - x_2)(u_{1y} - u_{3y})}{(x_2 - x_4)(y_3 - y_1) + (x_3 - x_1)(y_4 - y_2)} \\[3mm] \varepsilon_{xy} = \dfrac{1}{2}\dfrac{(y_2 - y_4)(u_{1y} - u_{3y}) + (y_3 - y_1)(u_{2y} - u_{4y})}{(x_2 - x_4)(y_3 - y_1) + (x_3 - x_1)(y_4 - y_2)} + \\[3mm] \qquad \dfrac{1}{2}\dfrac{(x_1 - x_3)(u_{2x} - u_{4x}) + (x_4 - x_2)(u_{1x} - u_{3x})}{(x_2 - x_4)(y_3 - y_1) + (x_3 - x_1)(y_4 - y_2)} \end{cases}$$

$$(5-17)$$

对每一个单元进行上述计算便得到应变场。求得应变场后，可进一步求得应变率场，从而由本构关系获得应力场。但是在各向异性材料的二维问题中，还涉及客观应力率修正以及材料主轴方向的旋转，使得应力的求解比较复杂。

（2）节点力的表达

有限元法的虚功原理认为，虚功可以看成作用在节点上的节点力在节点上产生虚位移而成，因此对于动力虚功、外力虚功、内力虚功，都可以写成如下形式

$$\begin{cases} \delta W^{\mathrm{kin}} = \sum_i \delta \boldsymbol{u}_i \boldsymbol{f}_i^{\mathrm{kin}} \\[2mm] \delta W^{\mathrm{ext}} = \sum_i \delta \boldsymbol{u}_i \boldsymbol{f}_i^{\mathrm{ext}} \\[2mm] \delta W^{\mathrm{int}} = \sum_i \delta \boldsymbol{u}_i \boldsymbol{f}_i^{\mathrm{int}} \end{cases} \quad (5-18)$$

其中，$\boldsymbol{f}_i^{\mathrm{kin}} = (f_{ix}^{\mathrm{kin}} \quad f_{iy}^{\mathrm{kin}})^{\mathrm{T}}$，$\boldsymbol{f}_i^{\mathrm{ext}} = (f_{ix}^{\mathrm{ext}} \quad f_{iy}^{\mathrm{ext}})^{\mathrm{T}}$，$\boldsymbol{f}_i^{\mathrm{int}} = (f_{ix}^{\mathrm{int}} \quad f_{iy}^{\mathrm{int}})^{\mathrm{T}}$ 分别为作用在第 i 个节点上的惯性力、外部节点力和内部节点力，它们包括 x 方向和 y 方向两个分力。

根据虚功原理，可以得到任意单元内部节点力和外部节点力的

表达式为

$$(\boldsymbol{f}_i^{\text{int}})^{\text{T}} = (f_{ix}^{\text{int}} \quad f_{iy}^{\text{int}}) = \int_\Omega \left[\frac{\partial N_i}{\partial x} \quad \frac{\partial N_i}{\partial y} \right] \left[\begin{matrix} \sigma_{xx} & \sigma_{xy} \\ \sigma_{xy} & \sigma_{yy} \end{matrix} \right] \text{d}\Omega \quad (5-19)$$

$$\boldsymbol{f}_i^{\text{ext}} = (f_{ix}^{\text{ext}} \quad f_{iy}^{\text{ext}})^{\text{T}} = \int_\Omega N_i \rho \boldsymbol{b} \, \text{d}\Omega + \int_{\Gamma_t} N_i \boldsymbol{e}_i \cdot \bar{\boldsymbol{t}} \text{d}\Gamma \quad (5-20)$$

式中　　Ω——单元域；

　　　　$\boldsymbol{b} = (b_x \quad b_y)^{\text{T}}$，为作用于单元上的外力；

　　　　$\bar{\boldsymbol{t}}$——边界上指定的面力；

　　　　Γ——边界面积；

　　　　Γ_t——存在边界力的边界面积；

　　　　e_i——单元内能。

根据动力虚功，得到惯性节点力的形式为

$$\boldsymbol{f}_i^{\text{kin}} = (f_{ix}^{\text{kin}} \quad f_{iy}^{\text{kin}})^{\text{T}} = M_{ij} \ddot{\boldsymbol{u}}_j \qquad (5-21)$$

其中 $\ddot{\boldsymbol{u}}_j = (\ddot{u}_{jx} \quad \ddot{u}_{jy})^{\text{T}}$ 表示第 j 个节点在 x 方向和 y 方向的加速度；$\boldsymbol{M}$ 为质量矩阵，其基本形式为

$$\boldsymbol{M} = \oint_\Omega \left[\begin{matrix} N_1 \\ N_2 \\ N_3 \\ N_4 \end{matrix} \right] \left[N_1 \quad N_2 \quad N_3 \quad N_4 \right] \rho_0 \, \text{d}\Omega \qquad (5-22)$$

在计算中，可对式（5-22）利用数值积分求解，然后对结果进行对角化处理，即利用形状函数把质量集中在节点上，形成对角化的质量集中矩阵，使得数据存贮和编程计算大大简便。

结合虚功原理和节点位移变分 δu_i 的任意性，这 3 种节点力具有如下关系式

$$\boldsymbol{f}_i^{\text{kin}} = \boldsymbol{f}_i^{\text{ext}} - \boldsymbol{f}_i^{\text{int}} \Rightarrow \boldsymbol{M} \ddot{\boldsymbol{u}} = \boldsymbol{f}^{\text{ext}} - \boldsymbol{f}^{\text{int}} \qquad (5-23)$$

式（5-23）即为离散的动量方程。

值得注意的是，关于节点力和质量矩阵的积分不是由解析计算得到的，而是利用数值积分求解。有限元中的数值积分最广泛采用的是 Gauss 积分。在二维问题中，根据式（5-22）得到单元内部节

点力单点积分后的表达式为

$$\boldsymbol{f}_i^{\text{int}} = (f_{ix}^{\text{int}} \quad f_{iy}^{\text{int}})^{\text{T}} = A \begin{bmatrix} \dfrac{\partial N_i}{\partial x}\sigma_{xx} + \dfrac{\partial N_i}{\partial y}\sigma_{xy} \\[3mm] \dfrac{\partial N_i}{\partial x}\sigma_{xy} + \dfrac{\partial N_i}{\partial y}\sigma_{yy} \end{bmatrix} \qquad (5-24)$$

式中　　A——单元面积。

5.4　沙漏黏性的引入

在非线性动力问题的分析中，运算量最大的是单元的积分处理，通常采用单点简化积分。单点积分可以极大地节省运算量，但可能引起沙漏模式。沙漏模式是一种在数学上是稳定的，但在物理上是不可能的状态，因而需要进行控制。沙漏模式通常是通过引入沙漏黏性来进行控制的。

在二维情况下，四边形单元有 8 个自由度，但是物理运动只有 6 个，分别为两个方向的平移运动、两个方向的拉伸运动和两个方向的剪切运动，因此还有两种运动是非物理的运动。从单元计算格式上来说，在二维平面运动中刚度矩阵存在秩为 2 的缺陷，它是沙漏模式产生的根本原因。下面针对这种情况进行具体分析。

已知应变与位移的关系式为

$$\begin{bmatrix} \varepsilon_{xx} \\ \varepsilon_{yy} \\ 2\varepsilon_{xy} \end{bmatrix} = \begin{bmatrix} \dfrac{\partial u_x}{\partial x} \\[2mm] \dfrac{\partial u_y}{\partial y} \\[2mm] \dfrac{\partial u_x}{\partial y} + \dfrac{\partial u_y}{\partial x} \end{bmatrix} = \begin{bmatrix} \dfrac{\partial N_i u_{ix}}{\partial x} \\[2mm] \dfrac{\partial N_i u_{iy}}{\partial y} \\[2mm] \dfrac{\partial N_i u_{ix}}{\partial y} + \dfrac{\partial N_i u_{iy}}{\partial x} \end{bmatrix}$$

$$= \begin{bmatrix} \dfrac{\partial N_1}{\partial x} & \dfrac{\partial N_2}{\partial x} & \dfrac{\partial N_3}{\partial x} & \dfrac{\partial N_4}{\partial x} & 0 & 0 & 0 & 0 \\[3mm] 0 & 0 & 0 & 0 & \dfrac{\partial N_1}{\partial y} & \dfrac{\partial N_2}{\partial y} & \dfrac{\partial N_3}{\partial y} & \dfrac{\partial N_4}{\partial y} \\[3mm] \dfrac{\partial N_1}{\partial y} & \dfrac{\partial N_2}{\partial y} & \dfrac{\partial N_3}{\partial y} & \dfrac{\partial N_4}{\partial y} & \dfrac{\partial N_1}{\partial x} & \dfrac{\partial N_2}{\partial x} & \dfrac{\partial N_3}{\partial x} & \dfrac{\partial N_4}{\partial x} \end{bmatrix} \begin{bmatrix} u_{1x} \\ u_{2x} \\ u_{3x} \\ u_{4x} \\ u_{1y} \\ u_{2y} \\ u_{3y} \\ u_{4y} \end{bmatrix}$$

$$(5-25)$$

简记为

$$\begin{bmatrix} \varepsilon_{xx} \\ \varepsilon_{yy} \\ 2\varepsilon_{xy} \end{bmatrix} = \begin{bmatrix} \boldsymbol{b}_1^{\mathrm{T}} & 0 \\ 0 & \boldsymbol{b}_2^{\mathrm{T}} \\ \boldsymbol{b}_2^{\mathrm{T}} & \boldsymbol{b}_1^{\mathrm{T}} \end{bmatrix} \boldsymbol{d} = \boldsymbol{B}\boldsymbol{d} \qquad (5-26)$$

其中

$$\begin{cases} \boldsymbol{b}_1 = \begin{bmatrix} \dfrac{\partial N_1}{\partial x} & \dfrac{\partial N_2}{\partial x} & \dfrac{\partial N_3}{\partial x} & \dfrac{\partial N_4}{\partial x} \end{bmatrix}^{\mathrm{T}} \\ \boldsymbol{b}_2 = \begin{bmatrix} \dfrac{\partial N_1}{\partial y} & \dfrac{\partial N_2}{\partial y} & \dfrac{\partial N_3}{\partial y} & \dfrac{\partial N_4}{\partial y} \end{bmatrix}^{\mathrm{T}} \\ \boldsymbol{d} = \begin{bmatrix} u_{1x} & u_{2x} & u_{3x} & u_{4x} & u_{1y} & u_{2y} & u_{3y} & u_{4y} \end{bmatrix}^{\mathrm{T}} \end{cases} \qquad (5-27)$$

由于沙漏变形是刚度矩阵的秩缺陷造成的,那么一个很直接的方法就是通过增加 **B** 矩阵的秩来增加刚度矩阵的秩,以消除其缺陷[4],方法如下。

将 **B** 修正为

$$\widetilde{\boldsymbol{B}} = \begin{bmatrix} \boldsymbol{b}_1^{\mathrm{T}} & 0 \\ 0 & \boldsymbol{b}_2^{\mathrm{T}} \\ \boldsymbol{b}_2^{\mathrm{T}} & \boldsymbol{b}_1^{\mathrm{T}} \\ \boldsymbol{r}^{\mathrm{T}} & 0 \\ 0 & \boldsymbol{r}^{\mathrm{T}} \end{bmatrix} \qquad (5-28)$$

式中 r 为沙漏基矢量,确定合适的 r 就可以达到消除刚度矩阵秩缺陷的目的。

r 可以通过如下方法确定。定义 $\boldsymbol{s}^{\mathrm{T}} = \begin{bmatrix} 1 & 1 & 1 & 1 \end{bmatrix}$, $\boldsymbol{h}^{\mathrm{T}} = \begin{bmatrix} 1 & -1 & 1 & -1 \end{bmatrix}$,很显然,$s,h,b_1,b_2$ 线性无关,它们构成了一个四维空间,即四维空间中的任意一个量都可以通过这 4 个量的线性组合来表示。对于任意的线性位移场,令

$$\boldsymbol{r} = \frac{1}{4}\begin{bmatrix} \boldsymbol{h} - (\boldsymbol{h}^{\mathrm{T}}\boldsymbol{x})\boldsymbol{b}_1 - (\boldsymbol{h}^{\mathrm{T}}\boldsymbol{y})\boldsymbol{b}_2 \end{bmatrix} \qquad (5-29)$$

沙漏黏性对节点力的贡献为

$$\boldsymbol{f}^{\mathrm{hg}} = \beta \begin{bmatrix} \boldsymbol{r}\boldsymbol{r}^{\mathrm{T}}\boldsymbol{v}_x \\ \boldsymbol{r}\boldsymbol{r}^{\mathrm{T}}\boldsymbol{v}_y \end{bmatrix} \qquad (5-30)$$

其中

$$\begin{cases} \boldsymbol{f}^{\mathrm{hg}} = \begin{bmatrix} f_{1x}^{\mathrm{hg}} & f_{2x}^{\mathrm{hg}} & f_{3x}^{\mathrm{hg}} & f_{4x}^{\mathrm{hg}} & f_{1y}^{\mathrm{hg}} & f_{2y}^{\mathrm{hg}} & f_{3y}^{\mathrm{hg}} & f_{4y}^{\mathrm{hg}} \end{bmatrix}^{\mathrm{T}} \\ \boldsymbol{v}_x = \begin{bmatrix} v_{1x} & v_{2x} & v_{3x} & v_{4x} \end{bmatrix}^{\mathrm{T}}, \\ \boldsymbol{v}_y = \begin{bmatrix} v_{1y} & v_{2y} & v_{3y} & v_{4y} \end{bmatrix}^{\mathrm{T}} \end{cases} \tag{5-31}$$

式中　$f_{ix}^{\mathrm{hg}}, f_{iy}^{\mathrm{hg}}$——分别为第 i 个节点 x 方向和 y 方向的沙漏黏性力；

　　　v_{ix}, v_{iy}——分别为第 i 个节点 x 方向和 y 方向的速度；

　　　β——沙漏黏性系数。

考虑了沙漏黏性以后，式（5-23）改写为

$$\boldsymbol{M\ddot{u}} = \boldsymbol{f}^{\mathrm{ext}} - \boldsymbol{f}^{\mathrm{int}} - \boldsymbol{f}^{\mathrm{hg}} \tag{5-32}$$

如果问题中的外力项为 0，可简化为

$$\boldsymbol{M\ddot{u}} = -\boldsymbol{f}^{\mathrm{int}} - \boldsymbol{f}^{\mathrm{hg}} \tag{5-33}$$

此外，某一节点的节点力和质量可能来自周围几个单元的贡献，因此需要对单元进行总体集成，集成方法在很多参考资料中均可查得，不再赘述。根据以上方法，得到 x 方向和 y 方向总体的离散动量方程为（外力项为 0）

$$\begin{bmatrix} M_1 & & & \\ & M_2 & & \\ & & \ddots & \\ & & & M_N \end{bmatrix} \begin{bmatrix} \ddot{u}_{1x} \\ \ddot{u}_{2x} \\ \vdots \\ \ddot{u}_{Nx} \end{bmatrix} = - \begin{bmatrix} f_{1x}^{\mathrm{int}} + f_{1x}^{\mathrm{hg}} \\ f_{2x}^{\mathrm{int}} + f_{2x}^{\mathrm{hg}} \\ \vdots & \vdots \\ f_{Nx}^{\mathrm{int}} + f_{Nx}^{\mathrm{hg}} \end{bmatrix} \tag{5-34}$$

$$\begin{bmatrix} M_1 & & & \\ & M_2 & & \\ & & \ddots & \\ & & & M_N \end{bmatrix} \begin{bmatrix} \ddot{u}_{1y} \\ \ddot{u}_{2y} \\ \vdots \\ \ddot{u}_{Ny} \end{bmatrix} = - \begin{bmatrix} f_{1y}^{\mathrm{int}} + f_{1y}^{\mathrm{hg}} \\ f_{2y}^{\mathrm{int}} + f_{2y}^{\mathrm{hg}} \\ \vdots & \vdots \\ f_{Ny}^{\mathrm{int}} + f_{Ny}^{\mathrm{hg}} \end{bmatrix} \tag{5-35}$$

式中　N——材料划分的节点总数。

根据上述有限元方法，可以归纳出一般计算流程如下：第一步，在节点上集中材料的质量，获得总体质量矩阵，由单元内部初始应力分布场求得节点上的内部节点力，根据式（5-34）可得到节点加速度；第二步，利用位移和速度的初始条件，通过时间域上的有限差分方法，由加速度计算下一时刻的节点速度及位移，从而得到下

一时刻单元的变形情况；第三步，利用物态方程和本构关系，获得单元的应力场，根据式（5-25）和式（5-31）计算下一时刻的内部节点力和沙漏黏性力，从而更新节点加速度。然后回到第一步进行循环计算，直至计算终止条件得到满足。

5.5 四边形网格 X 光能量沉积

二维分析中常用四边形网格，下面介绍四边形网格 X 光能量沉积精确计算方法和简便计算方法。

5.5.1 四边形网格中 X 光能量沉积的精确计算方法

假设脉冲 X 光沿 x 方向入射，初始能通量为 Φ_0，可写为 $\vec{\Phi}_0 = \Phi_0 \vec{n}_x$，$\vec{n}_x$ 表示入射 X 光的方向（x 方向），Φ_0 包含 M 组不同波长的光子，第 i 组光子能量占总入射能量的百分比为 w_i，则第 i 组光子入射到物体表面的能通量为

$$\vec{\Phi}_{0i} = w_i \vec{\Phi}_0 \qquad (5-36)$$

第 i 组光子到达物体内 x 处的能通量由于能量沉积而衰减为

$$\vec{\Phi}_i(x) = \vec{\Phi}_{0i} \exp\left(-\frac{\mu_i}{\rho} \rho x\right) \qquad (5-37)$$

式中 μ_i/ρ——i 组光子的质量衰减系数。

对于图 5-2 所示的任意四边形网格 $ABCD$，四条边上箭头方向为其外法线方向，通过 L_{AB} 边界进入四边形网格 $ABCD$ 的 X 光能量为

$$
\begin{aligned}
E_{AB} &= \sum_{i=1}^{M} -\int_A^B \vec{\Phi}_i \exp\left[-\left(\frac{\mu_i}{\rho}\right)_0 \rho x\right] \cdot \mathrm{d}l \vec{n}_{AB} \\
&= -\Phi_0 \sum_{i=1}^{M} w_i \int_A^B \exp\left[-\left(\frac{\mu_i}{\rho}\right)_0 \rho x\right] \cos\alpha_{AB} \mathrm{d}l \qquad (5-38)
\end{aligned}
$$

式中 $\vec{n}_{AB}$——四边形网格 $ABCD$ 中 L_{AB} 边界的外法线方向；

α_{AB}——X 光入射方向与 L_{AB} 外法线方向的夹角；

x——L_{AB} 边界上任一位置到入射边界的水平距离。

同理可得到通过 L_{BC}、L_{CD} 和 L_{DA} 边界进入四边形网格 $ABCD$ 的 X 光能量分别为

$$E_{BC} = -\Phi_0 \sum_{i=1}^{M} w_i \int_B^C \exp\left[-\left(\frac{\mu_i}{\rho}\right)_0 \rho x\right] \cos \alpha_{BC} \, \mathrm{d}l \qquad (5-39)$$

$$E_{CD} = -\Phi_0 \sum_{i=1}^{M} w_i \int_C^D \exp\left[-\left(\frac{\mu_i}{\rho}\right)_0 \rho x\right] \cos \alpha_{CD} \, \mathrm{d}l \qquad (5-40)$$

$$E_{DA} = -\Phi_0 \sum_{i=1}^{M} w_i \int_D^A \exp\left[-\left(\frac{\mu_i}{\rho}\right)_0 \rho x\right] \cos \alpha_{DA} \, \mathrm{d}l \qquad (5-41)$$

式中　α_{BC}，α_{CD}，α_{DA}——分别为 X 光入射方向与 L_{BC}、L_{CD} 和 L_{DA} 外法线方向的夹角。

从图 5-2 中可以看出，X 光入射方向与 L_{AB} 外法线方向的夹角 α_{AB} 满足 $90° < \alpha_{AB} \leqslant 180°$，因此式（5-38）始终为正，表明能量从 L_{AB} 边界流入网格；X 光入射方向与 L_{CD} 外法线方向的夹角 α_{CD} 满足 $0° \leqslant \alpha_{CD} < 90°$，因此式（5-40）始终为负，表明能量从 L_{CD} 边界流出网格；而 α_{BC} 和 α_{DA} 在 0°到 180°之间，因此式（5-39）和式（5-61）的正负由其边界外法线方向与 X 光入射方向夹角的余弦正负决定。

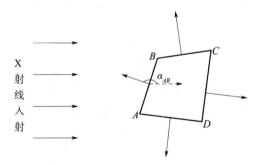

图 5-2　任意不规则四边形网格在 X 光辐照下的几何图形

根据以上分析，四边形网格 $ABCD$ 内沉积的 X 光能量可表示为

$$E_R = E_{AB} + E_{BC} + E_{CD} + E_{DA} \qquad (5-42)$$

网格内单位质量物质沉积的能量为

$$e_{\mathrm{R}} = \frac{E_{\mathrm{R}}}{\rho_0 s_0} \qquad (5-43)$$

式中　　s_0——网格单元的初始面积。

特别地，当图 5-2 中的任意四边形网格 $ABCD$ 为规则的矩形网格时，如图 5-3 所示，并假设 $L_{AB}=L_{CD}=a$，$L_{BC}=L_{DA}=b$，容易得到，$\alpha_{AB}=180°$，$\alpha_{BC}=90°$，$\alpha_{CD}=0°$，$\alpha_{DA}=90°$，因此式（5-38）～式（5-41）简化为

$$E_{AB} = a\Phi_0 \sum_{i=1}^{M} w_i \exp\left[-\left(\frac{\mu_i}{\rho}\right)_0 \rho x\right] \qquad (5-44)$$

$$E_{CD} = -a\Phi_0 \sum_{i=1}^{M} w_i \exp\left[-\left(\frac{\mu_i}{\rho}\right)_0 \rho(x+b)\right] \qquad (5-45)$$

$$E_{CD} = E_{DA} = 0 \qquad (5-46)$$

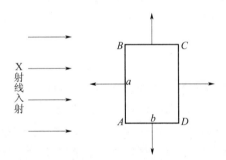

图 5-3　规则矩形网格在 X 光辐照下的几何图形

其中 x 表示 L_{AB} 边上任意位置距离 X 光入射边界的水平距离，因此矩形网格单元 $ABCD$ 内沉积的 X 光能量为

$$E_{\mathrm{R}} = a\Phi_0 \sum_{i=1}^{M} w_i \left\{\exp\left[-\left(\frac{\mu_i}{\rho}\right)_0 \rho x\right] - \exp\left[-\left(\frac{\mu_i}{\rho}\right)_0 \rho(x+b)\right]\right\}$$

$$= a\Phi_0 \sum_{i=1}^{M} w_i \exp\left[-\left(\frac{\mu_i}{\rho}\right)_0 \rho x\right] \cdot \left\{1 - \exp\left[-\left(\frac{\mu_i}{\rho}\right)_0 \rho b\right]\right\} \qquad (5-47)$$

单元内物质的平均比内能为

$$e_R = \frac{E_R}{\rho_0 ab} = \frac{\Phi_0}{\rho_0 b} \sum_{i=1}^{M} w_i \exp\left[-\left(\frac{\mu_i}{\rho}\right)_0 \rho x\right] \cdot \left\{1 - \exp\left[-\left(\frac{\mu_i}{\rho}\right)_0 \rho b\right]\right\}$$

$$(5-48)$$

可以发现，式（5-48）与一维网格单元内的能量沉积式是一致的。

式（5-38）～式（5-43）即是任意不规则四边形网格内的 X 光能量沉积计算方法，理论上通过严格的积分计算可以得到精确解。在数值模拟中，通常的做法是在每条边上选取若干个积分点进行积分计算，以尽量缩小数值解与理论解的误差。但是，在二维 X 光热-力学效应问题的数值模拟中，为保证计算精度，通常所需的网格数为几万甚至几十万。对任一划分的网格，其边缘各点至辐照面距离的确定比较烦琐，虽然选取的积分点越多数值解越精确，但对于数目巨大的网格数，计算量非常大，因而在实际应用中受到局限，因此采用简便且精确的 X 光能量沉积算法是非常必要的。

5.5.2　四边形网格中 X 光能量沉积的简便计算方法

设想一束平行的 X 光辐照到无限长的圆柱壳体上，并假设 X 光的入射方向垂直于圆柱壳体的轴线，则 X 光的入射面在圆柱壳体上截出一系列圆环面，如图 5-4 所示。由于圆柱壳体 z 方向无限长，可将问题简化为二维平面应变问题，从而在任意一个圆环面内来研究热击波的传播规律，图 5-5 即为简化后的几何模型示意图。

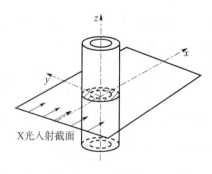

X光入射截面

图 5-4　X 光辐照圆柱壳体的真实几何模型

在有限元动力学计算中，对于图 5-4 中的圆环面通常按图 5-6 （a）中的方式划分网格，其中任意一个网格单元都可近似为四边形，如图 5-6（b）所示。

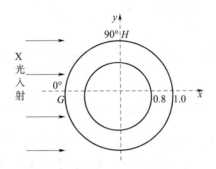

图 5-5　X 光辐照圆柱壳体的简化几何模型

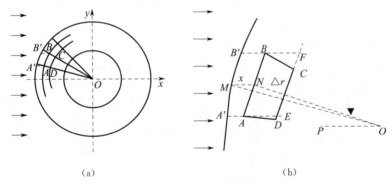

（a）　　　　　　　　　　　　（b）

图 5-6　网格的划分与等效近似

对于图 5-6（b）中的四边形单元 $ABCD$，积分式（5-38）～式（5-41）中的被积函数在各边上是变化的，为减少计算量，可只选取每边上的中点进行积分。按照这种方法，式（5-38）可改写为

$$E_{AB} = -\sum_{i=1}^{M} w_i \Phi_0 \exp\left[-\left(\frac{\mu_i}{\rho}\right)_0 \rho x_{\text{mid\_}AB}\right] \cos \alpha_{AB} l_{AB} \quad (5-49)$$

式中　α_{AB}——X 光入射方向与 L_{AB} 外法线方向的夹角；

$\quad\quad x_{\text{mid\_}AB}$——$L_{AB}$ 边界上的中点到入射边界的水平距离；

$\quad\quad l_{AB}$——L_{AB} 边的长度。

同样，其他各边上的积分式也可按照此方法相应简化，并由此得到 E_{BC}、E_{CD}、E_{DA}，从而求出单元中单位质量物质内的能量。

这种算法简单明了，对网格划分也无特殊要求，因而是一种高效且精度有保障的简便实用方法。

5.6 平面应变正交各向异性弹塑性应力-应变关系

5.6.1 平面应变正交各向异性弹性应力-应变关系

在二维分析中，通常把材料的力学行为看作二维平面应变响应，描述材料的本构行为通常用平面应变正交各向同性或者正交各向异性弹塑性应力-应变关系来描述。为了一般性起见，本章介绍正交各向异性弹塑性本构应力-应变关系，正交各向同性关系可以类推。正交各向异性材料具有 3 个相互垂直的材料主轴方向，分别用 1、2、3 来表示，考虑到平面应变的假设条件（以 1-2 平面内的应变为例），容易得到 $\varepsilon_{33} = \varepsilon_{13} = \varepsilon_{23} = 0$，$\sigma_{13} = \sigma_{23} = 0$。在弹性变形阶段，应力应变关系利用广义胡克定律来描述，即

$$\begin{Bmatrix} \varepsilon_{11} \\ \varepsilon_{22} \\ \varepsilon_{33} \\ \varepsilon_{12} \end{Bmatrix} = \begin{bmatrix} \dfrac{1}{E_1} & -\dfrac{\nu_{12}}{E_1} & -\dfrac{\nu_{13}}{E_1} & 0 \\ -\dfrac{\nu_{21}}{E_2} & \dfrac{1}{E_2} & -\dfrac{\nu_{23}}{E_2} & 0 \\ -\dfrac{\nu_{31}}{E_3} & -\dfrac{\nu_{32}}{E_3} & \dfrac{1}{E_3} & 0 \\ 0 & 0 & 0 & \dfrac{1}{2G_{12}} \end{bmatrix} \begin{Bmatrix} \sigma_{11} \\ \sigma_{22} \\ \sigma_{33} \\ \sigma_{12} \end{Bmatrix} \qquad (5-50)$$

在上式中，由 3 个弹性模量（E）、6 个泊松比（ν）和一个剪切模量（G）共 10 个弹性常数组成的柔度矩阵满足对称性条件，所以独立的弹性常数为 10-3=7 个，分别为 E_1、E_2、E_3、ν_{12}、ν_{13}、ν_{23} 和 G_{12}。

对式（5-50）进行变换，应力可表示如下

$$\begin{Bmatrix} \sigma_{11} \\ \sigma_{22} \\ \sigma_{33} \\ \sigma_{12} \end{Bmatrix} = \begin{bmatrix} C_{11} & C_{12} & C_{13} & 0 \\ C_{12} & C_{22} & C_{23} & 0 \\ C_{13} & C_{23} & C_{33} & 0 \\ 0 & 0 & 0 & C_{44} \end{bmatrix} \begin{Bmatrix} \varepsilon_{11} \\ \varepsilon_{22} \\ \varepsilon_{33} \\ \varepsilon_{12} \end{Bmatrix} \qquad (5-51)$$

其中 $[\boldsymbol{C}] = \begin{bmatrix} C_{11} & C_{12} & C_{13} & 0 \\ C_{12} & C_{22} & C_{23} & 0 \\ C_{13} & C_{23} & C_{33} & 0 \\ 0 & 0 & 0 & C_{44} \end{bmatrix}$ 为刚度矩阵，各分量 C_{ij} 满足下式

$$\begin{cases} C_{11} = E_1(1 - \nu_{23}^2 E_3/E_2)/\Lambda \\ C_{22} = E_2(1 - \nu_{13}^2 E_3/E_1)/\Lambda \\ C_{33} = E_3(1 - \nu_{12}^2 E_2/E_1)/\Lambda \\ C_{12} = E_2(\nu_{12} + \nu_{23}\nu_{13} E_3/E_2)/\Lambda \\ C_{13} = E_3(\nu_{13} + \nu_{12}\nu_{23})/\Lambda \\ C_{23} = E_3(\nu_{23} + \nu_{12}\nu_{13} E_2/E_3)/\Lambda \\ C_{44} = 2G_{12} \end{cases} \qquad (5-52)$$

式中

$$\Lambda = 1 - \nu_{12}^2 \frac{E_2}{E_1} - \nu_{13}^2 \frac{E_3}{E_1} - \nu_{23}^2 \frac{E_3}{E_2} - 2\nu_{12}\nu_{13}\nu_{23} \frac{E_3}{E_1}$$

在平面应变条件下，由于 $\varepsilon_{33} = 0$，式（5-51）可简化为

$$\begin{cases} \sigma_{11} = C_{11}\varepsilon_{11} + C_{12}\varepsilon_{22} \\ \sigma_{22} = C_{12}\varepsilon_{11} + C_{22}\varepsilon_{22} \\ \sigma_{33} = C_{13}\varepsilon_{11} + C_{23}\varepsilon_{22} \\ \sigma_{12} = C_{44}\varepsilon_{12} \end{cases} \qquad (5-53)$$

对于各向同性材料，通常将容变律和畸变律解耦处理，其中静水压用物态方程计算，偏应力用本构关系计算。但是对于各向异性材料，它们不能简单地解耦，因为静水压在各向异性材料不同方向上产生的应变不同，可能导致形状改变，而应力偏量也会造成体积变化。采用平均正应力来代替各向同性材料中的静水压，使得正交异性材料的平均正应力和应力偏量在形式上可以解耦，以便在计算

程序中应用。在高压下，各向异性的平均正应力与各向同性时的静水压趋于一致，所以各向异性特征在低压下较显著，随着静水压力的升高，各向异性特征逐渐减弱。

定义压为正、拉为负，将应力 σ_{ij} 分解为平均正应力 p 和偏应力 S_{ij}，即 $\sigma_{ij} = p\delta_{ij} + S_{ij}$，其中 $p = (\sigma_{11} + \sigma_{22} + \sigma_{33})/3$，同时将应变 ε_{ij} 分解为体应变 $\theta = \varepsilon_{11} + \varepsilon_{22}$ 和偏应变 ε_{ij}^{d}，即 $\varepsilon_{ij} = \delta_{ij}\theta/3 + \varepsilon_{ij}^{d}$，由式（5-53）可得到

$$p = (C_{11} + 3C_{12} + C_{13} + 2C_{22} + 2C_{23})\frac{\theta}{9} + (C_{11} + C_{13} - C_{22} - C_{23})\frac{\varepsilon_{11}^{d}}{3}$$

$$(5-54)$$

式（5-54）表明在正交各向异性条件下，平均正应力不仅依赖于体应变，与体积变化有关，同时还依赖于偏应变，与形状畸变相关。令 $A'_{1} = (C_{11} + 3C_{12} + C_{13} + 2C_{22} + 2C_{23})\frac{\theta}{9}$，该量具有体积模量的含义，相当于平面应变条件下正交各向异性材料的等效体积模量。

根据 $S_{ij} = \sigma_{ij} - p\delta_{ij}$，应力偏量可表示为

$$\begin{cases} S_{11} = (2C_{11} + 3C_{12} - C_{13} - 2C_{22} - 2C_{23})\dfrac{\theta}{9} + \\ \qquad (2C_{11} - 3C_{12} - C_{13} + C_{22} + C_{23})\dfrac{\varepsilon_{11}^{d}}{3} \\ S_{22} = (-C_{11} - C_{13} + 4C_{22} - 2C_{23})\dfrac{\theta}{9} + \\ \qquad (-C_{11} + 3C_{12} - C_{13} - 2C_{22} + C_{23})\dfrac{\varepsilon_{11}^{d}}{3} \\ S_{33} = (-C_{11} - 3C_{12} + 2C_{13} - 2C_{22} + 4C_{23})\dfrac{\theta}{9} + \\ \qquad (-C_{11} + 2C_{13} + C_{22} - 2C_{23})\dfrac{\varepsilon_{11}^{d}}{3} \\ S_{12} = C_{44}\varepsilon_{12}^{d} = C_{44}\varepsilon_{12} \end{cases} \qquad (5-55)$$

式（5-55）同样表明，在正交各向异性条件下，应力偏量依赖

于体应变和偏应变，与体积变化和形状畸变均相关。

现在假设材料是各向同性材料，式（5-52）退化为

$$\begin{cases} C_{11} = C_{22} = C_{33} = \dfrac{E(1-\nu)}{(1+\nu)(1-2\nu)} \\[3mm] C_{12} = C_{13} = C_{23} = \dfrac{E\nu}{(1+\nu)(1-2v)} \\[3mm] C_{44} = 2G_{12} \end{cases} \tag{5-56}$$

式（5-54）退化为

$$p = (C_{11} + 3C_{12} + C_{13} + 2C_{22} + 2C_{23})\frac{\theta}{9} = \frac{E}{3(1-2\nu)}\theta = K\theta \tag{5-57}$$

考虑到在平面应变条件下，$\varepsilon_{11}^{d} + \varepsilon_{22}^{d} = \theta/3$ 和 $\varepsilon_{33}^{d} = -\theta/3$，式（5-55）退化为

$$\begin{cases} S_{11} = \dfrac{E}{1+\nu}\varepsilon_{11}^{d} = 2G\varepsilon_{11}^{d} \\[3mm] S_{22} = \dfrac{E}{1+\nu}\varepsilon_{22}^{d} = 2G\varepsilon_{22}^{d} \\[3mm] S_{33} = \dfrac{E}{1+\nu}\varepsilon_{33}^{d} = 2G\varepsilon_{33}^{d} \\[3mm] S_{12} = C_{44}\varepsilon_{12}^{d} = 2G\varepsilon_{12}^{d} \end{cases} \tag{5-58}$$

式中　E，ν——分别为各向同性材料的弹性模量和泊松比；

　　　K——体积模量；

　　　G——剪切模量。

可以看出，在各向同性条件下，式（5-54）中的偏应变相关项和式（5-55）中的体应变相关项均退化为 0，即平均正应力只改变材料体积大小不引起变形，而偏应力只改变材料形状不引起体积大小变化。所以，上述各向异性应力-应变关系同样适用于各向同性材料。

5.6.2　平面应变正交各向异性塑性应力-应变关系

在塑性变形阶段，应力状态与变形路径或历史有关，应力-应变

之间没有一一对应关系，但应力增量与弹性应变增量之间满足胡克定律，因此塑性应力-应变关系通常用增量形式来表达。将应变增量分解为弹性应变增量和塑性应变增量两部分，即 $\mathrm{d}\varepsilon_{ij} = \mathrm{d}\varepsilon_{ij}^{\mathrm{e}} + \mathrm{d}\varepsilon_{ij}^{\mathrm{p}}$ ，有

$$
\left\{\begin{array}{c}\mathrm{d}\sigma_{11}\\\mathrm{d}\sigma_{22}\\\mathrm{d}\sigma_{33}\\\mathrm{d}\sigma_{12}\end{array}\right\}=\left[\begin{array}{cccc}C_{11}&C_{12}&C_{13}&0\\C_{12}&C_{22}&C_{23}&0\\C_{13}&C_{23}&C_{33}&0\\0&0&0&C_{44}\end{array}\right]\left\{\begin{array}{c}\mathrm{d}\varepsilon_{11}^{\mathrm{e}}\\\mathrm{d}\varepsilon_{22}^{\mathrm{e}}\\\mathrm{d}\varepsilon_{33}^{\mathrm{e}}\\\mathrm{d}\varepsilon_{12}^{\mathrm{e}}\end{array}\right\}
$$

$$
=\left[\begin{array}{cccc}C_{11}&C_{12}&C_{13}&0\\C_{12}&C_{22}&C_{23}&0\\C_{13}&C_{23}&C_{33}&0\\0&0&0&C_{44}\end{array}\right]\left\{\begin{array}{c}\mathrm{d}\varepsilon_{11}-\mathrm{d}\varepsilon_{11}^{\mathrm{p}}\\\mathrm{d}\varepsilon_{22}-\mathrm{d}\varepsilon_{22}^{\mathrm{p}}\\-\mathrm{d}\varepsilon_{33}^{\mathrm{p}}\\\mathrm{d}\varepsilon_{12}-\mathrm{d}\varepsilon_{12}^{\mathrm{p}}\end{array}\right\} \tag{5-59}
$$

同样可将应力增量分解成平均正应力增量和偏应力增量两部分，即 $\mathrm{d}\sigma_{ij} = \mathrm{d}p\delta_{ij} + \mathrm{d}S_{ij}$ 。根据 $\mathrm{d}p = (\mathrm{d}\sigma_{11} + \mathrm{d}\sigma_{22} + \mathrm{d}\sigma_{33})/3$ ，平均正应力增量为

$$
\mathrm{d}p = (C_{11} + 3C_{12} + C_{13} + 2C_{22} + 2C_{23})\frac{\mathrm{d}\theta}{9} +
$$

$$
(C_{11} + C_{13} - C_{22} - C_{23})\frac{\mathrm{d}\varepsilon_{11}^{\mathrm{d}}}{3} -
$$

$$
(C_{11} + C_{12} + C_{13})\frac{\mathrm{d}\varepsilon_{11}^{\mathrm{p}}}{3} -
$$

$$
(C_{12} + C_{22} + C_{23})\frac{\mathrm{d}\varepsilon_{22}^{\mathrm{p}}}{3} -
$$

$$
(C_{13} + C_{23} + C_{33})\frac{\mathrm{d}\varepsilon_{33}^{\mathrm{p}}}{3} \tag{5-60}
$$

利用 $\mathrm{d}S_{ij} = \mathrm{d}\sigma_{ij} - \mathrm{d}p\delta_{ij}$ ，应力偏量增量表示为

$$
\left\{
\begin{aligned}
\mathrm{d}S_{11} &= (2C_{11} + 3C_{12} - C_{13} - 2C_{22} - 2C_{23})\,\frac{\mathrm{d}\theta}{9} + (2C_{11} - \\
&\quad 3C_{12} - C_{13} + C_{22} + C_{23})\,\frac{\mathrm{d}\varepsilon_{11}^{\mathrm{d}}}{3} - (2C_{11} - C_{12} - C_{13})\,\frac{\mathrm{d}\varepsilon_{11}^{\mathrm{p}}}{3} - \\
&\quad (2C_{12} - C_{22} - C_{23})\,\frac{\mathrm{d}\varepsilon_{22}^{\mathrm{p}}}{3} - (2C_{13} - C_{23} - C_{33})\,\frac{\mathrm{d}\varepsilon_{33}^{\mathrm{p}}}{3} \\
\mathrm{d}S_{22} &= (-C_{11} - C_{13} + 4C_{22} - 2C_{23})\,\frac{\mathrm{d}\theta}{9} + (-C_{11} + 3C_{12} - \\
&\quad C_{13} - 2C_{22} + C_{23})\,\frac{\mathrm{d}\varepsilon_{11}^{\mathrm{d}}}{3} - (2C_{12} - C_{11} - C_{13})\,\frac{\mathrm{d}\varepsilon_{11}^{\mathrm{p}}}{3} - \\
&\quad (2C_{22} - C_{12} - C_{23})\,\frac{\mathrm{d}\varepsilon_{22}^{\mathrm{p}}}{3} - (2C_{23} - C_{13} - C_{33})\,\frac{\mathrm{d}\varepsilon_{33}^{\mathrm{p}}}{3} \\
\mathrm{d}S_{33} &= (-C_{11} - 3C_{12} + 2C_{13} - 2C_{22} + 4C_{23})\,\frac{\mathrm{d}\theta}{9} + (-C_{11} + \\
&\quad 2C_{13} + C_{22} - 2C_{23})\,\frac{\mathrm{d}\varepsilon_{11}^{\mathrm{d}}}{3} - (2C_{13} - C_{11} - C_{12})\,\frac{\mathrm{d}\varepsilon_{11}^{\mathrm{p}}}{3} - \\
&\quad (2C_{23} - C_{12} - C_{22})\,\frac{\mathrm{d}\varepsilon_{22}^{\mathrm{p}}}{3} - (2C_{33} - C_{13} - C_{23})\,\frac{\mathrm{d}\varepsilon_{33}^{\mathrm{p}}}{3} \\
\mathrm{d}S_{12} &= C_{44}(\mathrm{d}\varepsilon_{12} - \mathrm{d}\varepsilon_{12}^{\mathrm{p}})
\end{aligned}
\right.
$$

$$(5-61)$$

　　在正交各向异性条件下，塑性变形时，平均正应力增量和偏应力增量既依赖于体应变增量，还与偏应变增量和塑性应变增量相关，其中塑性应变增量需要通过屈服准则来求解。

　　在各向同性条件下，考虑到塑性应变对体应变没有贡献，即 $\mathrm{d}\varepsilon_{11}^{\mathrm{p}} + \mathrm{d}\varepsilon_{22}^{\mathrm{p}} + \mathrm{d}\varepsilon_{33}^{\mathrm{p}} = 0$，式（5-60）和式（5-61）退化为

$$
\mathrm{d}p = \frac{E}{3(1 - 2\nu)}\,\mathrm{d}\theta = K\,\mathrm{d}\theta \qquad (5-62)
$$

$$
\left\{
\begin{aligned}
\mathrm{d}S_{11} &= 2G\mathrm{d}\varepsilon_{11}^{\mathrm{d}} - \frac{2E}{3(1+\nu)}\mathrm{d}\varepsilon_{11}^{\mathrm{p}} + \frac{E}{3(1+\nu)}\mathrm{d}\varepsilon_{22}^{\mathrm{p}} + \frac{E}{3(1+\nu)}\mathrm{d}\varepsilon_{33}^{\mathrm{p}} \\
&= 2G\mathrm{d}\varepsilon_{11}^{\mathrm{d}} - 2G\mathrm{d}\varepsilon_{11}^{\mathrm{p}} \\
\mathrm{d}S_{22} &= 2G\mathrm{d}\varepsilon_{22}^{\mathrm{d}} + \frac{E}{3(1+\nu)}\mathrm{d}\varepsilon_{11}^{\mathrm{p}} - \frac{2E}{3(1+\nu)}\mathrm{d}\varepsilon_{22}^{\mathrm{p}} + \frac{E}{3(1+\nu)}\mathrm{d}\varepsilon_{33}^{\mathrm{p}} \\
&= 2G\mathrm{d}\varepsilon_{22}^{\mathrm{d}} - 2G\mathrm{d}\varepsilon_{22}^{\mathrm{p}} \\
\mathrm{d}S_{33} &= 2G\mathrm{d}\varepsilon_{33}^{\mathrm{d}} + \frac{E}{3(1+\nu)}\mathrm{d}\varepsilon_{11}^{\mathrm{p}} + \frac{E}{3(1+\nu)}\mathrm{d}\varepsilon_{22}^{\mathrm{p}} - \frac{2E}{3(1+\nu)}\frac{\mathrm{d}\varepsilon_{33}^{\mathrm{p}}}{3} \\
&= 2G\mathrm{d}\varepsilon_{33}^{\mathrm{d}} - 2G\mathrm{d}\varepsilon_{33}^{\mathrm{p}} \\
\mathrm{d}S_{12} &= 2G\mathrm{d}\varepsilon_{12}^{\mathrm{d}} - 2G\mathrm{d}\varepsilon_{12}^{\mathrm{p}}
\end{aligned}
\right.
$$

$$(5-63)$$

由此可以看出，在各向同性的条件下，平均正应力增量只与体积变化有关，与形状畸变无关，而偏应力增量仅依赖于偏应力增量和塑性应变增量引起的形状畸变，与体积变化无关。

5.7　二维各向异性材料屈服准则

5.7.1　概述

对于大多数二维各向异性弹塑性材料，具有各向异性力学特性和应变率敏感性，当它处于动态加载条件下时，通常处于较高的应力环境中，其应力状态已经超过了弹性极限，所以需要一个计及应变率等因素的各向异性屈服准则。另一方面，在工程结构设计中，需要了解复合材料在复杂应力状态下的承载极限，这就需要一个各向异性破坏准则。有时复合材料的屈服和破坏并没有被严格区分，在复合材料结构设计中，通常将屈服准则和破坏准则统称为强度准则。

现已提出的各向异性强度准则有十多种，其中的大多数都是在各向同性强度准则理论的基础上发展起来的。在这些各向异性强度准则中，除了最大应力、最大应变准则外，其他大部分强度准则都可以表达成应力分量的多项式或近似多项式的形式，这样的表达式主要有 3 种类型，如表 5-1 所示。有许多准则使用的是同一个形式，其相互区别仅在于多项式中应力项系数的定义不同。

表 5-1　各向异性强度准则方程形式

方程形式	各向异性强度准则名称
$F_{ij}(\sigma_i\sigma_j)=1$	Ashkenazi，Chamis，Fischer，Norris，Hill（Tsai-Hill）
$F_i(\sigma_i)+F_{ij}(\sigma_i\sigma_j)=1$	Cowin，Hoffman，Malmeister，Marin，Tsai-Wu
$F_i(\sigma_i)+\sqrt{F_{ij}(\sigma_i\sigma_j)}=1$	Gol'denblat-Kopnov

在这十几种各向异性强度准则中，以 Tsai-Hill 准则最为常用。在材料主轴坐标系中，Tsai-Hill 准则的具体形式为

$$F=\frac{\sigma_{11}^2}{Y_{11}^2}+\frac{\sigma_{22}^2}{Y_{22}^2}+\frac{\sigma_{33}^2}{Y_{33}^2}+\frac{\sigma_{12}^2}{Y_{12}^2}+\frac{\sigma_{13}^2}{Y_{13}^2}+\frac{\sigma_{23}^2}{Y_{23}^2}+$$

$$\bar{Y}_{33}\sigma_{11}\sigma_{22}+\bar{Y}_{11}\sigma_{22}\sigma_{33}+\bar{Y}_{22}\sigma_{33}\sigma_{11}=1 \qquad (5-64)$$

式中的 $\bar{Y}_{11}$、$\bar{Y}_{22}$、$\bar{Y}_{33}$ 的定义如下

$$\bar{Y}_{11}=\frac{1}{Y_{11}^2}-\frac{1}{Y_{22}^2}-\frac{1}{Y_{33}^2}, \quad \bar{Y}_{22}=\frac{1}{Y_{22}^2}-\frac{1}{Y_{33}^2}-\frac{1}{Y_{11}^2}, \quad \bar{Y}_{33}=\frac{1}{Y_{33}^2}-\frac{1}{Y_{11}^2}-\frac{1}{Y_{22}^2}$$

$$(5-65)$$

式中 Y_{11}、Y_{22}、Y_{33} 和 Y_{12}、Y_{13}、Y_{23} 分别为 1、2、3 方向上的单轴拉伸（或压缩）强度和 12、13、23 平面内的纯剪强度。

5.7.2　Tsai-Hill 屈服准则

冲击动力学数值计算用的弹塑性本构模型大体上分为两类：时率无关的本构模型和时率相关的本构模型。如果不考虑非线性弹性、黏弹性、损伤积累、热效应等更复杂的情况，在弹性阶段的本构关系可用胡克定律描述，塑性阶段的本构关系通常采用增量形式来表述。两类本构模型的区别在于塑性阶段，归根结底是使用何种屈服准则（率无关的还是率相关的屈服准则）来计算塑性阶段的塑性应变增量。

（1）率无关的 Tsai - Hill 屈服准则

对于时率无关的情况，最常用的是理想弹塑性模型，这时使用理想塑性的屈服准则，其基本形式为 $F(\sigma_{ij}) = \text{const}$。

通常采用参数比较容易确定的率无关的 Tsai－Hill 屈服准则来描述各向异性材料的理想塑性行为。在平面应变条件下，率无关的 Tsai - Hill 准则的基本形式为

$$F = \frac{\sigma_{11}^2}{Y_{11}^2} + \frac{\sigma_{22}^2}{Y_{22}^2} + \frac{\sigma_{33}^2}{Y_{33}^2} + \frac{\sigma_{12}^2}{Y_{12}^2} + \bar{Y}_{33}\sigma_{11}\sigma_{22} + \bar{Y}_{11}\sigma_{22}\sigma_{33} + \bar{Y}_{22}\sigma_{33}\sigma_{11} = 1$$

$$(5 - 66)$$

根据 Drucker 公设有正交性法则

$$\dot{\varepsilon}_{ij}^p = \dot{\lambda}\frac{\partial F}{\partial \sigma_{ij}} \qquad (5 - 67)$$

上式中 $\dot{\lambda}$ 被称作塑性流动因子。

再根据一致性法则可知，塑性加载时应力状态始终要保持在屈服面上，满足

$$\mathrm{d}F = \frac{\partial F}{\partial \sigma_{ij}}\mathrm{d}\sigma_{ij} \equiv 0 \qquad (5 - 68)$$

在不考虑弹塑性耦合的情况下，应变增量可以解耦为弹性应变增量和塑性应变增量两部分，即 $\mathrm{d}\varepsilon_{ij} = \mathrm{d}\varepsilon_{ij}^e + \mathrm{d}\varepsilon_{ij}^p$。塑性加载时的应力增量 $\mathrm{d}\sigma_{ij}$ 和弹性应变增量 $\mathrm{d}\varepsilon_{ij}^e$ 仍然满足胡克定律，因此得到

$$\{\dot{\sigma}\} = [C]\{\dot{\varepsilon}\} - \dot{\lambda}[C]\left\{\frac{\partial F}{\partial \sigma}\right\} \qquad (5 - 69)$$

式中 $[C]$ 为刚度矩阵，其具体形式见式（5－52），其他各量定义如下

$$\begin{cases} \{\dot{\sigma}\}^{\mathrm{T}} = \{\dot{\sigma}_{11} \quad \dot{\sigma}_{22} \quad \dot{\sigma}_{33} \quad \dot{\sigma}_{12}\} \\[2mm] \left\{\frac{\partial F}{\partial \sigma}\right\}^{\mathrm{T}} = \left\{\frac{\partial F}{\partial \sigma_{11}} \quad \frac{\partial F}{\partial \sigma_{22}} \quad \frac{\partial F}{\partial \sigma_{33}} \quad \frac{\partial F}{\partial \sigma_{12}}\right\} \\[2mm] \{\dot{\varepsilon}\}^{\mathrm{T}} = \{\dot{\varepsilon}_{11} \quad \dot{\varepsilon}_{22} \quad 0 \quad \dot{\varepsilon}_{12}\} \end{cases} \qquad (5 - 70)$$

由式（5-68）和式（5-69）可以得到

$$\dot{\lambda} = \frac{[C]\{\dot{\varepsilon}\} - \{\dot{\sigma}\}}{[C]\left\{\dfrac{\partial F}{\partial \sigma}\right\}} = \frac{\left\{\dfrac{\partial F}{\partial \sigma}\right\}^{\mathrm{T}}[C]\{\dot{\varepsilon}\} - \left\{\dfrac{\partial F}{\partial \sigma}\right\}^{\mathrm{T}}\{\dot{\sigma}\}}{\left\{\dfrac{\partial F}{\partial \sigma}\right\}^{\mathrm{T}}[C]\left\{\dfrac{\partial F}{\partial \sigma}\right\}}$$

$$= \frac{\left\langle \dfrac{\partial F}{\partial \sigma} \right\rangle^{\mathrm{T}} [C] \{\dot{\varepsilon}\}}{\left\langle \dfrac{\partial F}{\partial \sigma} \right\rangle^{\mathrm{T}} [C] \left\langle \dfrac{\partial F}{\partial \sigma} \right\rangle} \qquad (5-71)$$

确定塑性流动因子 $\dot{\lambda}$ 以后，利用式（5-67）和式（5-69）便可进一步计算得到塑性应变增量和应力增量。

此外，利用式（5-66）和式（5-67）可以得到

$$\mathrm{d}\varepsilon_{11}^{\mathrm{p}} + \mathrm{d}\varepsilon_{22}^{\mathrm{p}} + \mathrm{d}\varepsilon_{33}^{\mathrm{p}} = 0 \qquad (5-72)$$

这意味着塑性应变对体积变化没有贡献，与各向同性条件下一致。这实际上是 Tsai-Hill 屈服准则假设静水压不影响屈服的结果。

（2）率相关的 Tsai-Hill 屈服准则

时率相关的本构模型通常是指屈服准则中含有应变率相关项（通常是等效塑性应变率）。时率相关塑性本构模型有时也被称为黏塑性本构模型。在不考虑损伤、热效应，并认为与加载历史相关的内变量只有等效塑性应变的情况下，屈服准则可表示为

$$F(\sigma_{ij}, \bar{\varepsilon}^{\mathrm{p}}, \dot{\bar{\varepsilon}}^{\mathrm{p}}) = \mathrm{const} \qquad (5-73)$$

率相关的 Tsai-Hill 屈服准则是建立在率无关的 Tsai-Hill 屈服准则之上的。如式（5-66）所示，在准静态条件下，Tsai-Hill 准则的基本形式为

$$F = \frac{\sigma_{11}^2}{Y_{11}^2} + \frac{\sigma_{22}^2}{Y_{22}^2} + \frac{\sigma_{33}^2}{Y_{33}^2} + \frac{\sigma_{12}^2}{Y_{12}^2} + \bar{Y}_{33}\sigma_{11}\sigma_{22} + \bar{Y}_{11}\sigma_{22}\sigma_{33} + \bar{Y}_{22}\sigma_{33}\sigma_{11} = 1$$

$$(5-74)$$

考虑屈服强度的应变硬化性能与等效塑性应变相关，将上式中各方向上的屈服强度表示为

$$Y_{ij} = Y_{ij0}\left[1 + a_{ij}(\bar{\varepsilon}^{\mathrm{p}})^{n_{ij}}\right]$$

其中 Y_{ij0} 为初始屈服强度；a_{ij}，n_{ij} 为根据实验获得的应变强化性能参数；$\bar{\varepsilon}^{\mathrm{p}}$ 为等效塑性应变，通过等效塑性应变率来求解

$$\dot{\bar{\varepsilon}}^{\mathrm{p}} = \sqrt{\frac{2}{3}\dot{\varepsilon}_{ij}^{\mathrm{p}}\dot{\varepsilon}_{ij}^{\mathrm{p}}} \qquad (5-75)$$

由于各向异性材料普遍具有应变率强化性能，所以可引入率相

关的 Tsai – Hill 屈服准则[5]。按照 Johnson – Cook 模型，用 Y_{ij} ·
$(1 + \beta_{ij} \ln \dot{\varepsilon}/\dot{\varepsilon}_0)$ 取代式（5 – 74）中各个方向上的屈服强度，其中 β_{ij}
是通过动态实验得到的反映材料各方向应变率敏感性的参数，$\dot{\varepsilon}_0$ 为参
考应变率，并且认为应变率 $\dot{\varepsilon}$ 为等效塑性应变率 $\dot{\varepsilon}^p$。那么，平面应
变条件下，考虑了应变强化和应变率各向异性强化效应的 Tsai –
Hill 屈服准则表达式为

$$F_1 = \frac{\sigma_{11}^2}{R_{11}^2 Y_{11}^2} + \frac{\sigma_{22}^2}{R_{22}^2 Y_{22}^2} + \frac{\sigma_{33}^2}{R_{33}^2 Y_{33}^2} + \frac{\sigma_{12}^2}{R_{12}^2 Y_{12}^2} + \Big(\frac{1}{R_{33}^2 Y_{33}^2} -$$

$$\frac{1}{R_{11}^2 Y_{11}^2} - \frac{1}{R_{22}^2 Y_{22}^2}\Big)\sigma_{11}\sigma_{22} + \Big(\frac{1}{R_{22}^2 Y_{22}^2} - \frac{1}{R_{11}^2 Y_{11}^2} - \frac{1}{R_{33}^2 Y_{33}^2}\Big)\sigma_{33}\sigma_{11} +$$

$$\Big(\frac{1}{R_{11}^2 Y_{11}^2} - \frac{1}{R_{22}^2 Y_{22}^2} - \frac{1}{R_{33}^2 Y_{33}^2}\Big) = 1 \qquad (5 - 76)$$

其中的应变率因子 R_{ij} 为

$$R_{ij} = 1 + \beta_{ij} \ln(\dot{\bar{\varepsilon}}^p/\dot{\varepsilon}_0) \qquad (5 - 77)$$

显然，式（5 – 76）不能写成简单的率分离的形式，无法用解析
的方式给出等效塑性应变率的表达式，只能将式（5 – 76）看成是一
个关于等效塑性应变率 $\dot{\bar{\varepsilon}}^p$ 的非线性方程，用数值方法求解。如果已
知应力状态及屈服面的硬化状态，就可以用求解非线性方程的迭代
方法解出 $\dot{\bar{\varepsilon}}^p$，从而求解出塑性应变率张量。

采用应变率各向异性强化模型将涉及非线性方程的迭代计算，
会耗费较多计算时间，2004 年，李永池等提出了一种相对简便的应
变率等向强化的 Tsai – Hill 屈服准则，其基本形式[6]为

$$F_1 = \frac{F}{R^2} = \frac{1}{R^2}\Big(\frac{\sigma_{11}^2}{Y_{11}^2} + \frac{\sigma_{22}^2}{Y_{22}^2} + \frac{\sigma_{33}^2}{Y_{33}^2} + \frac{\sigma_{12}^2}{Y_{12}^2} +$$

$$\bar{Y}_{33}\sigma_{11}\sigma_{22} + \bar{Y}_{11}\sigma_{22}\sigma_{33} + \bar{Y}_{22}\sigma_{33}\sigma_{11}\Big) = 1 \qquad (5 - 78)$$

其中 R 是应变率强化因子，与等效塑性应变率 $\dot{\bar{\varepsilon}}^p$ 相关，与式（5 –
77）类似，R 具有如下形式

$$R = 1 + \beta \ln(\dot{\bar{\varepsilon}}^p/\dot{\varepsilon}_0) \qquad (5 - 79)$$

式中 β 为正交各向异性材料各个方向上 β_{ij} 的平均值，可近似认为应变率强化效应是各向同性的。

更进一步，根据式（5-78）和式（5-79），屈服方程可以表示为率分离的形式，即

$$\dot{\varepsilon}^{\mathrm{p}} = f = \dot{\varepsilon}_0 \exp\left[\frac{1}{\beta}(\sqrt{F}-1)\right] \tag{5-80}$$

于是得到屈服准则式（5-80）的等价形式为

$$f_1 = f - \dot{\varepsilon}^{\mathrm{p}} = 0 \tag{5-81}$$

为了在数值计算中进行求解，下面以屈服准则的等价形式（5-81）为基础，推导塑性应变增量的计算公式。

根据正交性法则有

$$\dot{\varepsilon}_{ij}^{\mathrm{p}} = \dot{\lambda}\,\frac{\partial f_1}{\partial \sigma_{ij}} = \dot{\lambda}\,\frac{\partial f}{\partial \sigma_{ij}} \tag{5-82}$$

式中　$\dot{\lambda}$ ——塑性流动因子。

将其代入到等效塑性应变率的定义式（5-75）中有

$$\dot{\varepsilon}^{\mathrm{p}} = \dot{\lambda}\sqrt{\frac{2}{3}\,\frac{\partial f}{\partial \sigma_{ij}}\,\frac{\partial f}{\partial \sigma_{ij}}} \tag{5-83}$$

所以塑性流动因子 $\dot{\lambda}$ 为

$$\dot{\lambda} = \dot{\varepsilon}^{\mathrm{p}}\Big/\sqrt{\frac{2}{3}\,\frac{\partial f}{\partial \sigma_{ij}}\,\frac{\partial f}{\partial \sigma_{ij}}} \tag{5-84}$$

式中，函数 f 关于应力 σ_{ij} 的偏导数表达式如下

$$\frac{\partial f}{\partial \sigma_{ij}} = f \cdot \frac{1}{2\beta\sqrt{F}} \cdot \frac{\partial F}{\partial \sigma_{ij}} \tag{5-85}$$

再利用式（5-74）有

$$\begin{cases} \dfrac{\partial F}{\partial \sigma_{11}} = 2\dfrac{\sigma_{11}}{Y_{11}^2} + \bar{Y}_{22}\sigma_{33} + \bar{Y}_{33}\sigma_{22} \\[3mm] \dfrac{\partial F}{\partial \sigma_{22}} = 2\dfrac{\sigma_{22}}{Y_{22}^2} + \bar{Y}_{11}\sigma_{33} + \bar{Y}_{33}\sigma_{11} \\[3mm] \dfrac{\partial F}{\partial \sigma_{33}} = 2\dfrac{\sigma_{33}}{Y_{33}^2} + \bar{Y}_{11}\sigma_{22} + \bar{Y}_{22}\sigma_{11} \\[3mm] \dfrac{\partial F}{\partial \sigma_{12}} = 2\dfrac{\sigma_{12}}{Y_{33}^2} \\[3mm] \dfrac{\partial F}{\partial \sigma_{13}} = 0 \\[3mm] \dfrac{\partial F}{\partial \sigma_{23}} = 0 \end{cases} \tag{5-86}$$

由一致性法则可知，当材料发生塑性变形时，应力状态始终处于屈服面上，$f_1 = 0$ 恒成立，由此可以得到

$$\dot{\lambda} = \frac{\dot{\bar{\varepsilon}}^{\mathrm{p}}}{\sqrt{\dfrac{2}{3}\dfrac{\partial f}{\partial \sigma_{ij}}\dfrac{\partial f}{\partial \sigma_{ij}}}} = \frac{2\beta\sqrt{F}}{\sqrt{\dfrac{2}{3}\dfrac{\partial F}{\partial \sigma_{ij}}\dfrac{\partial F}{\partial \sigma_{ij}}}} \tag{5-87}$$

根据式（5-82）和式（5-87），塑性应变率可表示为

$$\dot{\varepsilon}_{ij}^{\mathrm{p}} = \frac{\dot{\varepsilon}_0 \exp\left[\dfrac{1}{\beta}(\sqrt{F}-1)\right]}{\sqrt{\dfrac{2}{3}\dfrac{\partial F}{\partial \sigma_{ij}}\dfrac{\partial F}{\partial \sigma_{ij}}}} \cdot \frac{\partial F}{\partial \sigma_{ij}} \tag{5-88}$$

式（5-88）等价于给出了塑性应变增量。

此外，利用式（5-88）和式（5-86）可得到式（5-72），这意味着对于率相关的 Tsai - Hill 屈服准则，同样满足塑性应变对体积变化没有贡献这一基本假设。

（3）断裂准则

人们在处理各向同性材料的拉伸断裂时，通常采用最大拉应力准则。对于平面问题（x-y 平面内），令

$$\sigma_{\mathrm{m}} = \max(\sigma_1, \sigma_2) \tag{5-89}$$

其中 σ_1，σ_2 为材料单元的主应力；σ_{m} 为其中最大的主应力，其计算公

式如下

$$\sigma_1, \sigma_2 = \frac{\sigma_{xx} + \sigma_{yy}}{2} \pm \frac{\sqrt{(\sigma_{xx} - \sigma_{yy})^2 + 4\sigma_{xy}^2}}{2} \qquad (5-90)$$

当 $\sigma_m > \sigma_s$ 时，材料单元失效，其中 σ_s 为根据实验获得的材料拉伸破坏强度。

在处理各向异性材料的拉伸断裂时，可采用简化的 Chang - Chang 复合材料断裂模型（LS - DYNA 理论手册）来判定材料单元是否失效。对于平面问题（假设为 1 - 2 平面内），材料主轴方向 1 上的破坏失效准则为

$$F_1 = \left(\frac{\sigma_{11}}{H_{11}}\right)^2 + \bar{\tau} \qquad (5-91)$$

材料主轴方向 2 上的拉伸破坏失效准则为

$$F_2 = \left(\frac{\sigma_{22}}{H_{22}}\right)^2 + \bar{\tau} \qquad (5-92)$$

其中 $\bar{\tau} = (\sigma_{12}^2)/(H_{12}^2)$ 为剪切比，H_{11}、H_{22}、H_{12} 分别为主轴方向 1 上的拉伸破坏强度、主轴方向 2 上的拉伸破坏强度和 1 - 2 平面内的剪切破坏强度。当 $F_1 > 1$ 或 $F_2 > 1$ 时，材料单元失效，不能再承受拉伸应力，单元被删除。这样的破坏准则耦合了主轴方向上的拉伸应力和 1 - 2 平面内的剪切应力对材料破坏的贡献，很显然，在各向同性的极限条件下，剪应力项消失，式（5 - 81）和式（5 - 92）将退化为式（5 - 89）和式（5 - 90）。

特别值得注意的是，各向同性材料中的主应力 σ_1、σ_2 有别于各向异性材料中主轴方向的应力 σ_{11}、σ_{22}。各向同性材料单元的主方向是指剪应力为 0 的方向，对应的正应力称为主应力，对于任意方向的平面单元都可以通过坐标变换得到只有正应力没有剪应力的主方向；而正交各向异性材料存在 3 个材料主轴方向，3 个方向上的力学性能存在差异，对应的应力称为主轴方向的应力，剪应力不一定为 0，各向异性材料的力学性能必须建立在主轴坐标系之上，因此对于各向异性材料，不能够通过式（5 - 89）的方式来判断材料单元的失效，而需要通过式（5 - 91）和式（5 - 92）来判断材料单元是否

失效。

5.8　物态方程的引入及修正

　　前面已经将应力张量分解为平均正应力和偏应力张量两部分，并给出了解耦计算公式，其中偏应力利用本构关系求解，而对于平均正应力通常采用物态方程来计算，这是因为对于式（5-54）和式（5-60）中的线性关系，只有在压力很低的条件下才能成立，为了计及高压下体积变化的非线性效应，需要引入物态方程。

5.8.1　PUFF 物态方程的引入

　　由于材料受到脉冲 X 光的辐照时，状态比较复杂，要求所使用的物态方程既要能描述温度相对较低的冲击压缩状态，又要能处理能量沉积和流体动力学相互耦合所形成的状态，即在受光面附近，材料处于高温高压、但密度接近于初始值的状态，以及当表层汽化流动后，体积高度膨胀的高温低密度状态。为此，可采用美国空军武器实验室提出的 PUFF 物态方程来描述压缩区和膨胀区的状态，其具体形式如下。

　　压缩区

$$p = p_H(v) + \rho_0 \Gamma_0 (e - e_H), \quad \rho \geqslant \rho_0 \tag{5-93}$$

　　膨胀区

$$p = \rho \left[\gamma - 1 + (\Gamma_0 - \gamma + 1) \sqrt{\frac{\rho}{\rho_0}} \right] \left(e - e_s \left\{ 1 - \exp \left[N \frac{\rho_0}{\rho} \left(1 - \frac{\rho_0}{\rho} \right) \right] \right\} \right),$$
$$\rho < \rho_0 \tag{5-94}$$

关于 PUFF 方程的性质及式中各符合的含义参见第 4 章第 1 节相关内容。

　　体应变可表示为

$$\theta \approx \frac{(v_0 - v)}{v} \tag{5-95}$$

将式（5-93）和式（5-94）展开成关于体应变 θ 的多项式形式，忽略 3 次项以上的高阶项，得到如下等式。

压缩区

$$p = A_1\theta + \left(A_2 - \frac{\Gamma_0}{2}A_1\right)\theta^2 + \left(A_3 - \frac{\Gamma_0}{2}A_2\right)\theta^3 + (\rho_0\Gamma_0 + \rho_0\Gamma_0\theta)e,$$

$$\rho \geqslant \rho_0 \tag{5-96}$$

膨胀区

$$p = B_1\theta + B_2\theta^2 + B_3\theta^3 + \left[\rho_0\Gamma_0 + \frac{3\rho_0\Gamma_0}{2}\theta - \frac{\rho_0(\gamma-1)}{2}\theta\right]e, \quad \rho < \rho_0$$

$$\tag{5-97}$$

其中

$$\begin{cases} A_1 = \rho_0 c_0^2 \\ A_2 = A_1(2s-1) \\ A_3 = A_1(3s^2 - 4s + 1) \\ B_1 = \rho_0 c_0^2 \\ B_2 = -\dfrac{B_1}{2} - \dfrac{\gamma-1}{4\Gamma_0}B_1 + \dfrac{B_1}{2}N \\ B_3 = \dfrac{5B_1}{24} + \dfrac{5}{8}\dfrac{\gamma-1}{\Gamma_0}B_1 - \left(\dfrac{5}{4} + \dfrac{\gamma-1}{4\Gamma_0}\right)B_1 N + \dfrac{1}{6}B_1 N^2 \end{cases}$$

$$\tag{5-98}$$

值得注意的是，在小变形的情况下，A_1、B_1 实际上就是各向同性材料的体积模量 K，根据式（5-57）有

$$K = \frac{E}{3(1-2\nu)} \approx A_1 = B_1 = \rho_0 c_0^2$$

式（5-96）和式（5-97）是适用于各向同性材料的物态方程的多项式形式，它们没有反映材料的各向异性特点，因此需要对其进行修正，使其既能体现高压下体积变化的非线性特征，又能计及低压下材料的各向异性强度效应。

5.8.2　弹性阶段 PUFF 物态方程的修正

在弹性变形阶段，考虑材料的各向异性特征，结合式（5-54），

将 PUFF 物态方程进行修正，对应的压缩区和膨胀区的多项式（5-96）和式（5-97）修正如下。

压缩区

$$p = A'_1\theta + \left(A_2 - \frac{\Gamma_0}{2}A_1\right)\theta^2 + \left(A_3 - \frac{\Gamma_0}{2}A_2\right)\theta^3 +$$

$$(\rho_0\Gamma_0 + \rho_0\Gamma_0\theta)e + \frac{1}{3}(C_{11} + C_{13} - C_{22} - C_{23})\varepsilon_{11}^d , \qquad \rho \geqslant \rho_0$$

$$(5 - 99)$$

膨胀区

$$p = B'_1\theta + B_2\theta^2 + B_3\theta^3 + \left[\rho_0\Gamma + \frac{3\rho_0\Gamma_0}{2}\theta - \frac{\rho_0(\gamma - 1)}{2}\theta\right]e +$$

$$\frac{1}{3}(C_{11} + C_{13} - C_{22} - C_{23})\varepsilon_{11}^d , \qquad \rho < \rho_0 \qquad (5 - 100)$$

其中 $A'_1 = B'_1 = \frac{1}{9}(C_{11} + 3C_{12} + C_{13} + 2C_{22} + 2C_{23})$ 被称为平面应变条件下各向异性材料的等效体积模量，在各向同性的极限条件下，A'_1 和 B'_1 退化为体积模量 K。式（5-99）和式（5-100）中的偏应变项体现了材料的各向异性强度效应，在各向同性的条件下，偏应变项消失，修正的 PUFF 物态方程退化为式（5-96）和式（5-97）中的原始 PUFF 物态方程的多项式形式。

5.8.3　塑性阶段 PUFF 物态方程的修正

同样，在塑性变形阶段，考虑材料的各向异性特征，结合式（5-60），将原始的 PUFF 物态方程进行修正。由于塑性阶段采用增量形式来描述应力和应变之间的关系，因此修正后的 PUFF 物态方程也采用增量形式表述，那么式（5-96）和式（5-97）中物态方程的多项式形式可修正如下。

压缩区

$$dp = A'_1 d\theta + 2\left(A_2 - \frac{\Gamma_0 A_1}{2}\right)\theta d\theta + 3\left(A_3 - \frac{\Gamma_0 A_2}{2}\right)\theta^2 d\theta +$$

$$(\rho_0 \Gamma_0 + \rho_0 \Gamma_0 \theta)de + \rho_0 \Gamma_0 e d\theta + \frac{1}{3}(C_{11} + C_{13} - C_{22} - C_{23})d\varepsilon_{33}^{d} -$$

$$\frac{1}{3}(C_{11} + C_{12} + C_{13})d\varepsilon_{11}^{p} - \frac{1}{3}(C_{12} + C_{22} + C_{23})d\varepsilon_{22}^{p} -$$

$$\frac{1}{3}(C_{13} + C_{23} + C_{33})d\varepsilon_{33}^{p} , \qquad \rho \geqslant \rho_0 \tag{5-101}$$

膨胀区

$$dp = B'_1 d\theta + 2B_2 \theta d\theta + 3B_3 \theta^2 d\theta + \left[\rho_0 \Gamma_0 + \frac{3\rho_0 \Gamma_0}{2}\theta - \right.$$

$$\left. \frac{\rho_0(\gamma-1)}{2}\theta\right]de + \left[\frac{3\rho_0 \Gamma_0}{2} - \frac{\rho_0(\gamma-1)}{2}\right]ed\theta + \frac{1}{3}(C_{11} + C_{13} -$$

$$C_{22} - C_{23})d\varepsilon_{11}^{d} - \frac{1}{3}(C_{11} + C_{12} + C_{13})d\varepsilon_{11}^{p} - \frac{1}{3}(C_{12} + C_{22} +$$

$$C_{23})d\varepsilon_{22}^{p} - \frac{1}{3}(C_{13} + C_{23} + C_{33})d\varepsilon_{33}^{p} , \quad \rho < \rho_0 \tag{5-102}$$

在采用式（5-99）和式（5-102）得到的平均正应力增量的计算公式中，不仅考虑了体积变化非线性特征的影响，还通过各向异性等效体积模量对各向同性体积模量的取代、偏应变增量和塑性应变增量的引入，比较全面地考虑了材料的各向异性特征以及相应的强度效应。在各向同性条件下，A'_1 和 B'_1 退化为 A_1 和 B_1，偏应变增量项退化为 0，由于塑性应变对体应变没有贡献，即 $d\varepsilon_{11}^{p} + d\varepsilon_{22}^{p} + d\varepsilon_{33}^{p} = 0$，塑性应变对平均正应力的贡献也消失，因此式（5-101）和式（5-102）退化为式（5-96）和式（5-97）中原始 PUFF 物态方程多项式的增量形式。

至此，弹塑性阶段的平均正应力及偏应力均能根据相应的公式获得。这样的弹塑性本构模型既考虑了率相关效应，又考虑了压缩和膨胀过程中体积变化的非线性特征以及材料的各向异性强度效应，因而能够比较客观地反映材料动力学性能的真实变化。

5.9　材料主轴的旋转及客观应力率修正

对于正交各向异性材料的二维问题，在程序中计算其应力时，需要解决以下两个问题：第一，正交各向异性材料存在 3 个相互正交的材料主轴方向，材料的物理性能及本构关系都是基于主轴方向成立的，但是材料在变形过程中，单元变形会导致材料主轴的偏转，因此必须计算材料在当前时刻的主轴方向；第二，大多数材料的弹塑性本构关系是以率的形式给出的，要求必须采用标架无关的客观应力率张量求解应力，使其能很好地计算材料主轴的转动。

5.9.1　各向异性材料主轴的旋转

在二维问题中，用 x,y 表示系统坐标系，用 1，2 表示各向异性材料的主轴坐标系。初始时刻，假设某一个单元的主轴坐标系与系统坐标系之间的夹角为 θ_0（以逆时针方向为正）。任意时刻 t，该单元的主轴坐标系相对初始主轴坐标系旋转了 θ 角度，如图 5-7所示。

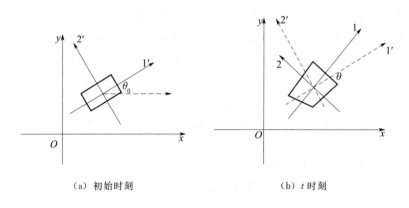

（a）初始时刻　　　　　　　　（b）t 时刻

图 5-7　材料单元的主轴坐标系与系统坐标系

显然，t 时刻该单元主轴坐标系与系统坐标系之间的夹角为 $\beta=\theta_0+\theta$。θ_0 可由单元的初始坐标获得，并且在计算过程中保持不变；θ 反映单元运动过程中当前时刻主轴坐标系相对初始主轴坐标系的旋转，二维问题中的 θ 可采取下面方法求解。

按照连续介质力学的极分解定理，任何变形梯度张量矩阵 $\boldsymbol{F}$ 可

分解为一个正交矩阵 $\boldsymbol{R}_1$ 和一个正定矩阵 $\boldsymbol{U}$，即

$$\boldsymbol{F} = \boldsymbol{R}_{\mathrm{I}} \cdot \boldsymbol{U} \tag{5-103}$$

式中　$\boldsymbol{F}$——变形梯度张量，$F_{ij} = \partial x_i / \partial X_j$，反映现时坐标相对初始物质坐标的变形；

　　　$\boldsymbol{R}_1$——正交旋转矩阵，反映材料单元的刚体转动；

　　　$\boldsymbol{U}$——正定对称的右伸长张量矩阵，反映单元的伸缩变形。

通常，$\boldsymbol{R}_1$ 的求解是通过计算格林变形张量 $\boldsymbol{C} = \boldsymbol{F}^{\mathrm{T}} \cdot \boldsymbol{F}$ 的特征值和特征方向来实现的，但是这种方法的计算比较复杂，在此不再赘述。下面针对二维问题，给出一种相对比较简单的方法求解旋转矩阵，以提高程序的计算效率。

在二维问题中，旋转矩阵 $\boldsymbol{R}_1$ 的基本形式为

$$\boldsymbol{R}_{\mathrm{I}} = \begin{bmatrix} \cos\theta & -\sin\theta \\ \sin\theta & \cos\theta \end{bmatrix} \tag{5-104}$$

由 $\boldsymbol{U} = \boldsymbol{R}^{-1} \cdot \boldsymbol{F} = \boldsymbol{R}^{\mathrm{T}} \cdot \boldsymbol{F}$ 有

$$\begin{bmatrix} U_{11} & U_{12} \\ U_{21} & U_{22} \end{bmatrix} = \begin{bmatrix} \cos\theta\, F_{11} + \sin\theta\, F_{21} & \cos\theta\, F_{12} + \sin\theta\, F_{22} \\ -\sin\theta\, F_{11} + \cos\theta\, F_{21} & -\sin\theta\, F_{12} + \cos\theta\, F_{22} \end{bmatrix}$$

$$\tag{5-105}$$

根据 $\boldsymbol{U}$ 的对称性，有 $\cos\theta\, F_{12} + \sin\theta\, F_{22} = -\sin\theta\, F_{11} + \cos\theta\, F_{21}$ ，因此

$$\begin{cases} \sin\theta = \dfrac{F_{21} - F_{12}}{\sqrt{(F_{21} - F_{12})^2 + (F_{11} + F_{22})^2}} \\[4mm] \cos\theta = \dfrac{F_{11} + F_{22}}{\sqrt{(F_{21} - F_{12})^2 + (F_{11} + F_{22})^2}} \end{cases} \tag{5-106}$$

式中单元中心的变形梯度矩阵 $F = \left[\dfrac{\partial(x,y)}{\partial(X,Y)} \right]$，可以表示为

$$\left\{\begin{array}{l} F_{11} = \dfrac{(Y_2 - Y_4)(x_1 - x_3) + (Y_3 - Y_1)x_2 - x_4)}{(X_2 - X_4)(Y_3 - Y_1) + (X_3 - X_1)(Y_4 - Y_2)} \\[3mm] F_{12} = \dfrac{(X_1 - X_3)(x_2 - x_4) + (X_4 - X_2)(x_1 - x_3)}{(X_2 - X_4)(Y_3 - Y_1) + (X_3 - X_1)(Y_4 - Y_2)} \\[3mm] F_{21} = \dfrac{(Y_2 - Y_4)(y_1 - y_3) + (Y_3 - Y_1)(y_2 - y_4)}{(X_2 - X_4)(Y_3 - Y_1) + (X_3 - X_1)(Y_4 - Y_2)} \\[3mm] F_{22} = \dfrac{(X_1 - X_3)(y_2 - y_4) + (X_4 - X_2)(y_1 - y_3)}{(X_2 - X_4)(Y_3 - Y_1) + (X_3 - X_1)(Y_4 - Y_2)} \end{array}\right.$$

$$(5 - 107)$$

式中　　X_i，Y_i——四边形单元第 i 个节点在 x 方向和 y 方向上的初
　　　　　始坐标；

　　　　x_i，y_i——时刻 t 的现时坐标。

获得旋转角度 θ 后，即可得到单元当前主轴坐标系与系统坐标
系之间的夹角 $\beta = \theta_0 + \theta$，于是这两个坐标系之间总的旋转矩阵为

$$\boldsymbol{R} = \begin{pmatrix} \cos\beta & -\sin\beta \\ \sin\beta & \cos\beta \end{pmatrix} \tag{5-108}$$

通过旋转矩阵 $\boldsymbol{R}$，就可以将系统坐标系 (x, y, z) 中求得的应
变、变形率等物理量转换到材料主轴坐标系 $(1, 2, 3)$ 中，使得材
料的本构关系能够正确使用。两个坐标系之间的应变、变形率、柯
西应力张量转换有如下关系式

$$\boldsymbol{\varepsilon}_{1-2} = \boldsymbol{R}^{\mathrm{T}} \cdot \boldsymbol{\varepsilon}_{x-y} \cdot \boldsymbol{R} \tag{5-109}$$

$$\dot{\boldsymbol{\varepsilon}}_{1-2} = \boldsymbol{R}^{\mathrm{T}} \cdot \dot{\boldsymbol{\varepsilon}}_{x-y} \cdot \boldsymbol{R} \tag{5-110}$$

$$\boldsymbol{\sigma}_{1-2} = \boldsymbol{R}^{\mathrm{T}} \cdot \boldsymbol{\sigma}_{x-y} \cdot \boldsymbol{R} \tag{5-111}$$

其中　　　$\boldsymbol{\varepsilon}_{1-2} = \begin{pmatrix} \varepsilon_{11} & \varepsilon_{12} \\ \varepsilon_{12} & \varepsilon_{22} \end{pmatrix}$，$\dot{\boldsymbol{\varepsilon}}_{x-y} = \begin{pmatrix} \dot{\varepsilon}_{xx} & \dot{\varepsilon}_{xy} \\ \dot{\varepsilon}_{xy} & \dot{\varepsilon}_{yy} \end{pmatrix}$

其他符号说明类似。式中应变率张量的定义为 $\dot{\varepsilon}_{ij} = \dfrac{1}{2}\left(\dfrac{\partial v_x}{\partial y} + \dfrac{\partial v_y}{\partial x}\right)$，$v_x$、$v_y$ 分别为 x、y 方向的速度。需要注意的
是，平面应变问题中还涉及 σ_{33}，σ_{zz} 分量，由于 3 (z) 轴始终垂直于

$1-2$ $(x-y)$ 平面，因此 $\sigma_{33} = \sigma_{zz}$ 。

5.9.2　客观应力率的修正

根据式（5 - 111）及标架无关性原理可知，应变、变形率、应力张量均为标架无关张量，但是柯西应力率张量 $\dot{\boldsymbol{\sigma}}$ 有如下关系式

$$\dot{\boldsymbol{\sigma}}_{1-2} = \dot{\boldsymbol{R}}^{\mathrm{T}}\boldsymbol{\sigma}_{x-y}\boldsymbol{R} + \boldsymbol{R}^{\mathrm{T}}\dot{\boldsymbol{\sigma}}_{x-y}\boldsymbol{R} + \boldsymbol{R}^{\mathrm{T}}\boldsymbol{\sigma}_{x-y}\dot{\boldsymbol{R}} \qquad (5 - 112)$$

该式并不满足标架无关性原理，即没有式（5 - 111）中类似的关系式，因此柯西应力率张量 $\dot{\boldsymbol{\sigma}}$ 不是客观的，不能代表反映物体应力状态变化的应力变化率，而弹塑性本构关系是以率的形式给出的，为此需要引入客观应力率。

通常采用的客观应力率有 Jaumann 率、Truesdell 率和 Green - Naghdi 率。对于弹塑性材料，由于简单剪切的大变形中 Jaumann 率会造成不正确的响应，所以通常使用 Green - Naghdi 应力率，其基本形式为

$$\boldsymbol{\sigma}^{\triangledown G} = \dot{\boldsymbol{\sigma}} - \boldsymbol{\Omega} \cdot \boldsymbol{\sigma} - \boldsymbol{\sigma} \cdot \boldsymbol{\Omega}^{\mathrm{T}} \qquad (5 - 113)$$

式中　$\boldsymbol{\Omega} = \dot{\boldsymbol{R}} \cdot \boldsymbol{R}^{\mathrm{T}}$ ；

　　　$\boldsymbol{\sigma}$ ——系统坐标系中的柯西应力。

将式（5 - 113）整理后得到

$$\dot{\boldsymbol{\sigma}} = \boldsymbol{\sigma}^{\triangledown G} + (\dot{\boldsymbol{R}} \cdot \boldsymbol{R}^{\mathrm{T}}) \cdot \boldsymbol{\sigma} + \boldsymbol{\sigma} \cdot (\boldsymbol{R} \cdot \dot{\boldsymbol{R}}^{\mathrm{T}}) \qquad (5 - 114)$$

式中 $\boldsymbol{\sigma}^{\triangledown G}$ 仅与材料响应的变化率相关，可由材料本构关系求出，$(\dot{\boldsymbol{R}} \cdot \boldsymbol{R}^{\mathrm{T}}) \cdot \boldsymbol{\sigma} + \boldsymbol{\sigma} \cdot (\boldsymbol{R} \cdot \dot{\boldsymbol{R}}^{\mathrm{T}})$ 与转动的应力变化有关，可根据转动矩阵和上一时刻的应力求出，进而可以得到系统中当前时刻的应力率和应力。但是这样的求解流程需要用到与 Green - Naghdi 率相关的材料参数，计算也较复杂，为避免这些问题，可结合各向异性材料 3 个相互垂直的主轴方向，采用以下方法计算柯西应力。

为了便于描述，将各向异性材料主轴坐标系中的 $\boldsymbol{\sigma}_{1-2}$ 记为 $\hat{\boldsymbol{\sigma}}$ ，系统坐标系中的 $\boldsymbol{\sigma}_{x-y}$ 记为 $\boldsymbol{\sigma}$ ，其他量也采取同样记法。事实上材料主轴坐标系相当于嵌在材料中的 1 个旋转坐标系，$\boldsymbol{\sigma}_{1-2}$ 相当于旋转柯西应力 $\hat{\boldsymbol{\sigma}}$ ，由式（5 - 111）得到

$$\dot{\hat{\boldsymbol{\sigma}}} = \dot{\boldsymbol{R}}^{\mathrm{T}} \cdot \boldsymbol{\sigma} \cdot \boldsymbol{R} + \boldsymbol{R}^{\mathrm{T}} \cdot \dot{\boldsymbol{\sigma}} \cdot \boldsymbol{R} + \boldsymbol{R}^{\mathrm{T}} \cdot \boldsymbol{\sigma} \cdot \dot{\boldsymbol{R}} \tag{5-115}$$

根据 $\boldsymbol{R} \cdot \boldsymbol{R}^{\mathrm{T}} = 1 \Rightarrow \dot{\boldsymbol{R}} \cdot \boldsymbol{R}^{\mathrm{T}} = -\boldsymbol{R} \cdot \dot{\boldsymbol{R}}^{\mathrm{T}}$，式（5-115）可改写为

$$\boldsymbol{R} \cdot \dot{\hat{\boldsymbol{\sigma}}} \cdot \boldsymbol{R}^{\mathrm{T}} = \boldsymbol{R} \cdot \dot{\boldsymbol{R}}^{\mathrm{T}} \cdot \boldsymbol{\sigma} + \dot{\boldsymbol{\sigma}} + \boldsymbol{\sigma} \cdot \dot{\boldsymbol{R}} \cdot \boldsymbol{R}^{\mathrm{T}}$$

$$= -\boldsymbol{R} \cdot \dot{\boldsymbol{R}}^{\mathrm{T}} \cdot \boldsymbol{\sigma} + \dot{\boldsymbol{\sigma}} - \boldsymbol{\sigma} \cdot \boldsymbol{R} \cdot \dot{\boldsymbol{R}}^{\mathrm{T}} \tag{5-116}$$

结合 Green - Naghdi 应力率的定义式，由式（5-116）有

$$\boldsymbol{\sigma}^{\nabla G} = \boldsymbol{R} \cdot \dot{\hat{\boldsymbol{\sigma}}} \cdot \boldsymbol{R}^{\mathrm{T}} \tag{5-117}$$

因此求解式（5-114）中的应力率时，不需要计算 Green - Naghdi 应力率，只需要在材料主轴的旋转构形中进行处理，即

$$\dot{\boldsymbol{\sigma}} = \boldsymbol{R} \cdot \dot{\hat{\boldsymbol{\sigma}}} \cdot \boldsymbol{R}^{\mathrm{T}} + (\dot{\boldsymbol{R}} \cdot \boldsymbol{R}^{\mathrm{T}}) \cdot \boldsymbol{\sigma} + \boldsymbol{\sigma} \cdot (\boldsymbol{R} \cdot \dot{\boldsymbol{R}}^{\mathrm{T}})$$

$$= \boldsymbol{R} \cdot \dot{\hat{\boldsymbol{\sigma}}} \cdot \boldsymbol{R}^{\mathrm{T}} + \dot{\boldsymbol{R}} \cdot \hat{\boldsymbol{\sigma}} \cdot \boldsymbol{R}^{\mathrm{T}} + \boldsymbol{R} \cdot \hat{\boldsymbol{\sigma}} \cdot \dot{\boldsymbol{R}}^{\mathrm{T}} \tag{5-118}$$

由于 Green - Naghdi 应力率与旋转柯西应力率之间的联系，在应用 Green - Naghdi 应力率时，可将材料特性在非线性旋转构形中处理。因此从 n 时刻的应力 $\boldsymbol{\sigma}^n$ 修正到 $n+1$ 时刻的应力 $\boldsymbol{\sigma}^{n+1}$ 的计算步骤可归纳如下。

1）在 t_n 时刻，系统坐标系下的应力和旋转矩阵为 $\boldsymbol{\sigma}^n$，$\boldsymbol{R}^n$，位置坐标为 $\boldsymbol{x}^n = (x^n, y^n)$，速度为 v，加速度为 a^n。根据公式 $\hat{\boldsymbol{\sigma}}^n = \boldsymbol{R}^{n\mathrm{T}} \cdot \boldsymbol{\sigma}^n \cdot \boldsymbol{R}^n$，计算旋转坐标系（材料主轴坐标系）下的柯西应力张量 $\hat{\boldsymbol{\sigma}}^n$。

2）利用 $v^{n+1} = v^n + a^n \Delta t$，$x^{n+1} = x^n + v^{n+1/2} \Delta t$ 和 $\dot{\varepsilon}_{ij}^{n+1} = (\partial v_i^{n+1} / \partial x_j^{n+1} + \partial v_j^{n+1} / \partial x_i^{n+1})/2$ 分别更新 t_{n+1} 时刻系统坐标系下的质点速度、节点的位置坐标和应变率张量，由 $F^{n+1} = \partial x^{n+1} / \partial X$ 计算变形梯度张量，从而获得旋转矩阵 $\boldsymbol{R}^{n+1}$。那么，利用 $\dot{\hat{\boldsymbol{\varepsilon}}}^{n+1} = \boldsymbol{R}^{n+1\ \mathrm{T}} \cdot \dot{\boldsymbol{\varepsilon}}^{n+1} \cdot \boldsymbol{R}^{n+1}$ 计算得到 t_{n+1} 时刻旋转坐标系下的应变率张量 $\dot{\hat{\boldsymbol{\varepsilon}}}^{n+1}$。

3）根据弹塑性本构模型，通过 $\dot{\hat{\boldsymbol{\varepsilon}}}^{n+1}$ 计算 t_{n+1} 时刻的旋转柯西应力率张量 $\dot{\hat{\boldsymbol{\sigma}}}^{n+1}$，再由 $\hat{\boldsymbol{\sigma}}^{n+1} = \hat{\boldsymbol{\sigma}}^n + \dot{\hat{\boldsymbol{\sigma}}}^{n+1} \Delta t$ 得到旋转柯西应力 $\hat{\boldsymbol{\sigma}}^{n+1}$。

4）根据 $\boldsymbol{\sigma}^{n+1} = \boldsymbol{R}^{n+1} \cdot \hat{\boldsymbol{\sigma}}^{n+1} \cdot \boldsymbol{R}^{n+1\mathrm{T}}$，逆旋转得到 t_{n+1} 时刻的柯西应力 $\boldsymbol{\sigma}^{n+1}$。

参 考 文 献

[1] CHUNG T J. Computational Fluid Dynamics. Cambridge：Cambridge University Press，2002.

[2] 王焕定，王伟．有限单元法教程．哈尔滨：哈尔滨工业大学出版社，2003.

[3] 庄苗，译．连续体和结构的非线性有限元．北京：清华大学出版社，2002.

[4] 程俊霞．有限元程序网格沙漏变形的分析与控制．计算物理，2007，24（4）：402 - 406.

[5] 张若棋，汤文辉，赵国民．影响 X 光热击波数值模拟结果的若干因素．高压物理学报，1998，12（3）：161 - 167.

[6] 李永池，谭福利，等．含损伤材料的热粘塑性本构关系及其应用．爆炸与冲击，2004，24（4）：289 - 298.

第6章 典型材料强脉冲 X 光热-力学 效应分析

在第 4 章和第 5 章里分别介绍了强脉冲 X 光热-力学效应一维和二维数值模拟分析方法，本章将利用前两章介绍的数值模拟方法对铝锂合金、碳酚醛以及一些典型材料在强脉冲 X 光辐照下的能量沉积、反冲冲量、材料对 X 光的屏蔽能力以及热击波在材料内部传播特性典型热-力学现象进行介绍，同时对工程上常用的典型单质和化合物材料与强脉冲 X 光相互作用冲量大小以及 X 光透过率等问题进行一般探讨。

6.1 铝锂合金强脉冲 X 光热-力学效应分析

6.1.1 汽化反冲冲量及烧蚀厚度

强脉冲 X 光辐照材料的最初现象是引起浅表材料的烧蚀并进而产生反冲冲量。设 X 光源为 1 keV 黑体谱，辐照时间 $\tau_0 = 50$ ns，时间谱取为矩形谱，辐照能注量取 418 J/cm^2。为了比较，对于铝锂合金，采用第 4 章式（4-63）与式（4-70）两种方法计算出汽化反冲冲量随时间的变化如图 6-1 所示，其中铝锂合金的物性参数如表 6-1 所示。

从图 6-1 可以看出，辐照产生冲量过程在开始时线性增加，约 50 ns 达到 245Pa·s 如图中 A 点所示，再经过 50 ns 约 280Pa·s，如图中 B 点所示，此后增长缓慢。这个现象说明，强脉冲 X 光辐照期间，反冲冲量因为辐照的不断进行不断增加，呈现剧烈的反冲现象；辐照结束后，反冲现象并没有随之结束，而是继续保持较快的冲量增加速度直到约 100 ns 时，冲量达到最大值，此时反冲现象基本结束。从上面的分析可以看出，反冲现象相对于 X 光辐照时间有明显的延迟。

同样从图 6-1 可以看出，两种方法所得到的汽化反冲冲量随时间的变化规律基本一致，只是采用动量求和方法得到的冲量比采用压力积分得到的冲量略大 5% 左右。进一步的研究表明，随着初始能注量 Φ_0 的增大，两者的差距适当加大，不过对于强脉冲 X 光来说，418 J/cm² 的能注量已经足够大了。

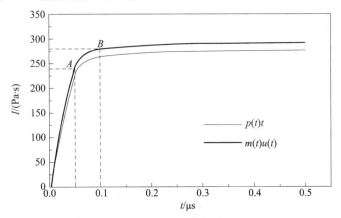

图 6-1　汽化反冲冲量随时间的变化规律

数值计算得到汽化厚度和汽化冲量随初始能注量的变化如表 6-2 和图 6-2、图 6-3 所示。由图 6-2、图 6-3 可知，对于 1 keV 黑体谱，汽化厚度 δ_v、汽化冲量 I 随着初始能注量 Φ_0 的增大而线性增大。从表 6-2 与图 6-3 可以看出：在初始能通量 Φ_0 为（100~418）J/cm² 时，动量求和与压力积分两种计算结果随初始能注量 Φ_0 的变化规律保持一致。

表 6-1　铝锂合金的物性参数

参数	数值	参数	数值	参数	数值
ρ_0 / (g/cm³)	2.738	γ_0	2.18	e_s/ (kJ/g)	10.89
C_0/ (mm/μs)	5.328	G/GPa	27	H	0.667
λ	1.338	Y_0/GPa	0.7	N	1.265

表 6 – 2　汽化厚度和汽化冲量随初始能注量的变化规律

能注量/（J/cm²）	100	150	200	250	300	418
汽化厚度/mm	0.007	0.01	0.012	0.014	0.016	0.02
mu 方法得到的冲量/（Pa·s）	77.6	114.6	152.5	185.1	219.8	291.9
pdt 方法得到的冲量/（Pa·s）	74.5	108.7	143.5	175.2	207.5	276.4

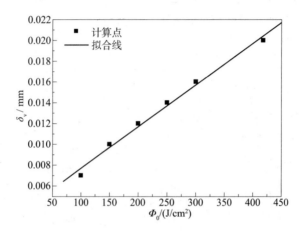

图 6 – 2　汽化厚度随初始能注量的变化规律

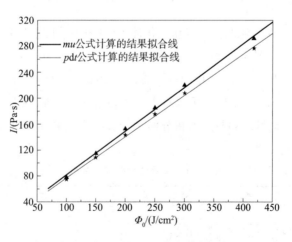

图 6 – 3　汽化冲量随初始能注量的变化规律

从相关数值模拟结果可以看出，X 光通常只能使浅表层材料的融化和汽化，从表 6-2 可以看出，即使能注量达到 418 J/cm²，也只是使 0.02 mm 的铝层汽化。但即便如此，由此产生的反冲冲量却不小。

6.1.2 热击波传播基本特点

针对 1 keV 黑体谱以及 200 J/cm² 的初始能通量（时间谱取 $\tau=0.1\mu s$ 的等腰三角形谱），分析了铝锂合金靶中的热击波传播图像如图 6-4 所示。靶中距迎光面 1 mm、4 mm、7 mm 处的热击波剖面分别如图 6-5 所示。从波形图可以看出随着传播的进行，热击波脉

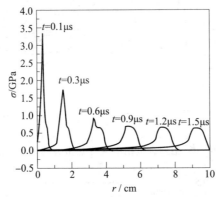

图 6-4　铝锂合金热击波的传播规律

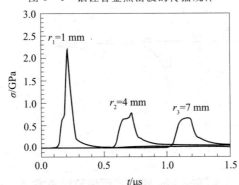

图 6-5　距迎光面 1 mm、4 mm、7 mm 处的热击波剖面

宽越来越宽。这主要是因为热击波由弹性前驱波和塑性冲击波构成，弹性前驱波的传播速度高于塑性冲击波速度，所以随时间和传播距离的增大，弹性前驱波与塑性冲击波的距离是增加的。热击波在最前表面很大，但随着向材料内部的传播衰减很快。

针对 3 keV 黑体谱以及 200 J/cm^2 的初始能通量（时间谱取 $\tau=$ 0.1 μs 的等腰三角形谱），铝锂合金靶中的热击波传播图像如图 6 - 6 所示。靶中距迎光面 1 mm、4 mm、7 mm 处的热击波剖面分别如图 6 - 7 所示。

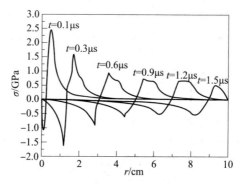

图 6 - 6　铝锂合金靶中 X 光热击波的传播规律

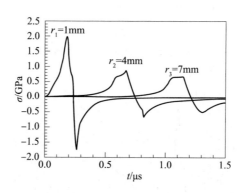

图 6 - 7　距迎光面 1 mm、4 mm、7 mm 处的热击波剖面

比较 1 kev 软谱和 3 kev 硬谱数值模拟结果发现，在相同初始能通量的条件下，软谱在能量沉积结束时刻的热击波峰值压力要大，

但随着传播距离的增加，热击波峰值的衰减也快一些。对于软谱，由于表面能量沉积非常大，表面物质迅速汽化并反冲，所以热击波压力均为正值；对于硬谱，能量沉积较深，不均匀的热效应导致拉伸效应出现，从而在压缩波后伴随一拉伸波（压力为负表示拉应力）。如果拉伸波足够强，可以导致靶体在迎光面附近的层裂破坏。如果固定靶中某个质点，在热击波到达该质点后，压力升高，达到峰值后再减小。如果是软谱，热击波压力将逐渐减小到 0；如果是硬谱，热击波压力将从正值连续下降到负值，反映质点首先受到压缩作用，然后又受到拉伸作用。

6.2　典型材料冲量耦合及 X 光透过率分析

6.2.1　不同单质元素 X 光冲量耦合及透过率分析

为了比较 X 光与不同材料相互作用的冲量耦合以及材料对 X 光能量吸收本领，利用数值模拟手段对典型材料进行了分析。数值模拟中 X 光源参数如下：能谱取 1 keV 软 X 光谱和 3 keV 硬 X 光谱两种，时间谱取为底宽为 200 ns 的等腰三角形，半高宽为 100 ns，能注量取 300 J/cm^2。材料取碳、铝、铁、钨、铅等 5 种单质元素，原子序数在 6～82 之间，原则上涵盖了从较低原子序数到较高原子序数的典型元素。数值模拟使用的基本材料参数如表 6-3 所示，表 6-4 给出了相应的喷射冲量值、冲量耦合系数以及 X 光经过 1 mm 厚靶的能量透过率。

表 6-3　几种材料基本热-力学参数

材料	ρ_0 / (g/cm^3)	c_0 / (km/s)	S	γ_0	E_s / (kJ/g)
碳（石墨）	2.283	4.74	1.53	0.24	59
铝	2.70	5.33	1.338	2.00	11.9
铁	7.85	3.96	1.58	1.90	7.45
钨	19.24	4.04	1.23	1.78	4.54
铅	11.34	2.03	1.47	2.84	0.95

表 6-4　1 mm 厚材料在软、硬 X 光辐照下的喷射冲量及 X 光能量透过率

材料	1 keV			3 keV		
	喷射冲量/ (Pa·s)	冲量耦合系数	透过率/%	喷射冲量/ (Pa·s)	冲量耦合系数	透过率/%
碳（石墨）	0	0	4.74	0	0	55.22
铅	210	0.70	0.01	60	0.20	10.13
铁	257	0.86	0	283	0.94	0.02
钨	250	0.83	0	383	1.23	0
铅	267	0.89	0	563	1.88	0

图 6-8 给出了考察单质材料喷射冲量耦合系数与原子序数的关系，其中四方块表示 1 keV 软谱，三角形表示 3 keV 硬谱。从数值模拟结果可以得到以下认识。

1) 碳是一种升华能很高（59 kJ/g）的材料，很难汽化，当能注量为 300 J/cm² 时，无论是软谱还是硬谱，其喷射冲量均为 0。分析其原因是，碳的原子序数较小，对 X 光的吸收能力不是很大，单位质量所沉积的能量不足以使物质汽化。

2) 对于软谱，对于原子序数从 6 到 82 的元素，喷射冲量和冲量耦合系数并没有很大变化，这是一个很有意思的现象。初步分析认为，对于软谱，能量沉积深度浅，在表面薄层内，单位质量物质沉积的能量相对较大，所以靶表面将形成一剧烈的汽化层。数值结果显示，表面第一个质点的运动速度达到 20 km/s 左右。根据冲击波理论和有关文献结果[1-2]，气体的飞散速度有一极限值。一般认为，喷射冲量达到某个稳定值与这一理论结果是相符的。但是，由于靶材在 X 光辐照下的物理状态和汽化过程都比较复杂，其飞散极限速度难以获得解析结果，但值得进一步研究。

3) 对于硬谱，冲量耦合系数随原子序数振荡增加。对于原子序数在 26 以下的元素，其冲量耦合系数比软谱小，当原子序数大于 26 时，其冲量耦合系数比软谱大。当原子序数在 50 左右时，冲量耦合系数有一个小的波峰。当原子序数在 70 多时，冲量耦合系数略有下

降。对于原子序数为 82 的铅，冲量耦合系数又显著增大。分析认为，对于硬谱，虽然从总体上说，能量沉积的绝对值和梯度都减小，但原子序数越大，对 X 光的吸收越强烈，单位质量物质沉积的能量很大，所以汽化显著，喷射冲量增大。而且，由于能量沉积梯度减小，在能量沉积足够大的情况下，汽化物质将增多，这是导致喷射冲量可以不断增大的一个重要因素。对于铅及其原子序数附近的几种元素，由于其升华能相对较小，所以冲量耦合系数出现了明显增大。总之，材料在硬谱作用下呈现出不同于软谱的汽化反冲规律，说明同一种物质在软谱和硬谱作用下的喷射冲量是有差别的。因此，在进行抗 X 光加固设计时，需要考虑不同能谱的影响。

4）关于透过率，总的来说，软谱的透过率明显低于硬谱的透过率。对于 1 keV 软谱，1 mm 厚的碳将有 4.74% 的 X 光能量透过率，1 mm 厚铝的透过率为 0.01%，其余均为 0。对于 3 keV 硬谱，1 mm 厚碳的透过率高达 55%，1 mm 厚铝的透过率则为 10%，对于高原子序数元素，透过率为 0。

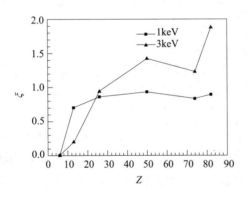

图 6-8　单质材料的喷射冲量耦合系数与原子序数的关系

6.2.2　典型化合物 X 光冲量耦合及透过率分析

为了比较 X 光与不同化合物材料相互作用的冲量耦合以及材料对 X 光能量的吸收本领，同样从一维的角度利用数值模拟手段对典型化合物材料进行了分析。一共选择 15 种化合物材料，材料的基本热-力学参数见表 6-5，数值模拟中 X 光源参数同上节。

表 6-5　材料基本热-力学参数

材料	$P_0/$ (g/cm³)	T_m/K	γ_0	$\gamma_0\rho_0/$ (g/cm³)	$C_0/$ (km/s)	S	$\alpha_v/$ ($10^{-6}/K$)	$C_v/$ (J/g·K)	$C_p/$ (J/g·K)
Al₂O₃	4.0	2322	1.603	6.412	8.724	0.975	16.2	0.769	0.775
AlN	3.05	3073	0.631	1.925	7.87	0.4	7.5	0.736	0.737
B₄C	2.52	2773	1.129	2.845	8.478	0.942	14.4	0.917	0.921
BeO	2.87	2998	0.616	1.768	5.715	1.085	18.9	1.002	1.005
CaO	3.25	2980	0.518	1.684	3.4	1.54	33.6	0.750	0.754
MgO	3.58	2915	1.52	5.442	6.87	1.24	31.5	0.949	0.963
SiC	3.1	3100	1.25	3.875	9.175	0.478	9.9	0.668	0.670
WC	15.1	2993	1.276	19.268	5.181	1.161	11.1	0.2335	0.2345
ZrO₂	5.85	2943	0.828	4.844	3.790	1.073	26.4	0.458	0.461
BN	2.4	3273	0.489	1.174	8.478	0.942	5.4	0.794	0.795
TaC	12.626	4148	0.990	12.500	3.32	1.49	16.8	0.187	0.188
TiC	4.94	3523	1.532	7.568	6.561	0.883	19.2	0.539	0.544
C-Diamond	3.191	3800	0.353	1.126	7.81	1.43	3	0.519	0.519
C-Fiber	1.519	3500	0.0578	0.088	1.899	1.299	11.4	0.712	0.712
Fe₂O₃	5.007	1835	1.789	8.958	6.305	1.176	29.7	0.660	0.67

应该说明的是，表 6-5 中仅给出的材料参数不全是通过试验测量，某些参数是通过热力学公式计算得到的，如定容比热由能斯脱-林德曼公式计算得到，其形式为

$$C_p - C_v = V\alpha_v^2 TB \tag{6-1}$$

式中，α_v 体膨胀系数，B 为体积模量，它与体声速间存在关系 $B = \rho_0 c_0^2$。Grüneisen 系数则通过其热力学关系式计算得到，其形式为

$$\gamma = \frac{\alpha_v B}{\rho C_v} \tag{6-2}$$

X 光能谱分别选择为 1 keV 和 3 keV 的黑体辐射谱，能注量为

300 J/cm^2，计算结果如表 6 - 6 所示。

表 6 - 6　1 mm 厚材料的冲量耦合系数和能量透过率

材料	$\rho_0 /$ (g/cm³)	1 keV		3 keV	
		$I/$ (Pa·s·cm²/J)	$T/\%$	$I/$ (Pa·s·cm²/J)	$T/\%$
Al_2O_3	4.0	0.23	0.02	0.00	11.01
AlN	3.05	0.09	0.03	0.00	12.98
B_4C	2.52	0.01	7.52	0.00	61.61
BeO	2.87	0.26	1.4	0.00	39.88
CaO	3.25	0.74	0.00	0.84	2.11
MgO	3.58	0.38	0.04	0.00	13.97
SiC	3.1	0.09	0.01	0.00	9.97
WC	15.1	0.32	0.00	0.29	0.00
ZrO_2	5.85	0.49	0.00	0.61	0.00
BN	2.4	0.05	3.54	0.00	51.23
TaC	12.626	0.50	0.00	1.05	0.01
TiC	4.94	0.38	0.00	0.10	0.52
C - Diamond	3.191	0.09	2.97	0.00	48.56
C - Fiber	1.519	0.48	7.81	0.09	62.8
Fe_2O_3	5.007	0.45	0.00	0.28	0.22

表 6 - 6 的计算结果表明，对于 WC 和 TaC 等高 Z 材料，它们对 X 光的屏蔽能力较强，即使是 3 keV 的硬谱也穿不透 1 mm 厚的材料，但对于 B_4C、BN 等低 Z 材料，它们屏蔽 X 光的能力相对较弱，1mm 厚的材料仍然有一半以上的 X 光透过。比较 1 keV 和 3 keV 两种黑体谱 X 光所产生的冲量耦合系数，可以看出，汽化反冲过程主要发生在相对较软的 X 光谱段，并且 X 光越软，产生的反冲冲量越大，这与前面软 X 光能量沉积深度较浅的认识是一致的。

6.3　碳酚醛材料 X 光热-力学效应二维分析

基于第 5 章强脉冲 X 光热-力学效应二维数值模拟基本理论和方法的介绍，本章将针对碳酚醛材料强脉冲 X 光辐照下的热-力学效应进行讨论。

本文介绍的碳酚醛材料（为了简便，有时简称为 TF 材料）是一种纤维正交织物增强型树脂基复合材料，由正交平纹机织工艺制成的碳纤维二维布浸渍酚醛树脂后，经多层铺叠热压固化而成。碳酚醛具有相同的经线密度和纬线密度，质量密度约为 1.38 g/cm^3，纤维和基体的体积分数分别为：$V_f = 60\%$，$V_m = 40\%$，材料中各元素的质量百分比如表 6-7 所示。碳酚醛的铺层结构以及 3 个互相垂直的材料主轴方向的定义如图 6-9 所示。图 6-9 中，方形网格代表碳纤维二维正交平纹机织布铺层，包括碳纤维织布的经向（Warp）和纬向（Fill），垂直于碳纤维织布的方向为厚度方向（Thickness），为了方便，分别用 1、2、3 表示碳酚醛材料的厚度方向、纤维布经向和纤维布纬向。

表 6-7　碳酚醛材料中的元素组分

元素	C	H	O	N
质量百分数	0.8653	0.0231	0.0654	0.0462

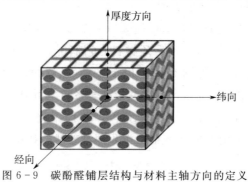

图 6-9　碳酚醛铺层结构与材料主轴方向的定义

6.3.1 弹塑性本构模型

在描述碳酚醛塑性变形行为时，采用经典的 Johnson‐Cook 模型。Johnson‐Cook 模型是描述金属材料塑性变形的经验公式，考虑了应变硬化、应变率强化及热软化效应，其基本表达式为

$$\sigma = (a + b\varepsilon^n)(1 + c\ln\dot{\varepsilon}^*)[1 - (T^*)^m] \qquad (6-3)$$

式中，$\dot{\varepsilon}^*$ 和 T^* 分别是相对应变率和相对温度，即 $\dot{\varepsilon}^* = \dot{\varepsilon}/\dot{\varepsilon}_0$，$T^* = (T - T_0)/(T_m - T_0)$，$\dot{\varepsilon}_0$ 是参考应变率，T_m 是熔化温度，T_0 是室温。

不考虑式（6‐3）中的热软化效应，根据准静态和动态压缩实验结果，得到碳酚醛 3 个材料主方向上与应变率相关的单轴压缩应力‐应变关系拟合式

弹性变形（屈服前） $\qquad \sigma = a(1 + \beta\ln\dot{\varepsilon}^*)\varepsilon$，$\qquad \varepsilon < \varepsilon_Y$ （6‐4）

塑性变形（屈服后）

$$\sigma = Y_0[1 + B(\varepsilon - \varepsilon_Y)^n](1 + \beta\ln\dot{\varepsilon}^*)，\qquad \varepsilon \geqslant \varepsilon_Y \qquad (6-5)$$

式中 $Y_0 = E_s\varepsilon_Y$，$\dot{\varepsilon}^* = \dot{\varepsilon}/\dot{\varepsilon}_0$，$\dot{\varepsilon}_0 = 0.001/s$，要拟合的参数是 a、β、ε_Y、B 和 n，3 个材料主方向上的拟合参数如表 6‐8 所示。

表 6‐8 碳酚醛的应力-应变表达式中的拟合参数

方向	a/GPa	β	ε_Y	B	n
厚度方向	4.87	0.0137	0.0349	8.50	0.865
碳纤维布经向	6.96	0.0209	0.0173	15.0	0.863
碳纤维布纬向	5.45	0.0309	0.0115	11.0	0.669

数值模拟中，碳酚醛靶板的总厚度取为 1 cm，宽度为 2 cm，长度尺寸无限大，X 光平行于 x 方向入射，该辐照问题可以简化为平面应变问题，如图 6‐10 所示。网格划分尺寸为 0.0025 cm×0.01 cm，数值模拟中的 X 光能谱分别取为 1 keV 和 3 keV 的黑体谱，X 光入射能通量为 200 J/cm²，时间谱为脉宽 0.1 μs 的矩形谱。采用各向异性动态弹塑性本构模型来描述碳酚醛材料的应力-应变关系，相应的材料参数分别如表 6‐9、表 6‐10 所示。

表 6 - 9　碳酚醛材料物态参数

$\rho_0/(\mathrm{g/cm^3})$	$c_0/(\mathrm{km/s})$	s	Γ_0	γ	$e_\mathrm{s}/(\mathrm{kJ/g})$
1.38	2.35	1.66	2.32	1.4	5.15

　　用 x、y、z 表示系统坐标系，由于碳酚醛材料存在 3 个力学性能不同的主轴方向，当 X 光辐照条件下，分 3 种位形模型进行数值模拟，参见图 6 - 10。

　　第 1 种：令碳酚醛材料的厚度方向沿平板的 x 方向，经向沿 y 方向，纬向沿 z 方向，并将材料位形命名为 TF1 材料。

　　第 2 种：令碳酚醛材料的经向沿平板的 x 方向，纬向沿 y 方向，厚度方向沿 z 方向，并将材料位形命名为 TF2 材料。

　　第 3 种：令碳酚醛材料的纬向沿平板的 x 方向，厚度方向沿 y 方向，经向沿 z 方向，并将材料位形命名为 TF3 材料。

表 6 - 10　碳酚醛材料本构参数

模型	弹性模量/GPa			剪切模量/GPa	泊松比			屈服强度/GPa				率参数
	E_x	E_y	E_z	G_{xy}	ν_{xy}	ν_{xz}	ν_{yz}	Y_{xx0}	Y_{yy0}	Y_{zz0}	Y_{xy0}	β
TF1	6.96	6.96	6.96	3.5	0.35	0.35	0.35	0.12	0.12	0.12	0.07	0
TF2	6.96	5.45	4.87	3.5	0.30	0.40	0.313	0.12	0.063	0.17	0.07	0
TF3	6.96	5.45	4.87	3.5	0.30	0.40	0.313	0.12	0.063	0.17	0.07	0.0218

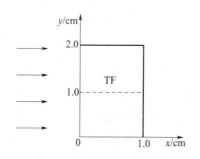

图 6 - 10　X 光辐照碳酚醛平板的简化几何模型

6.3.2　X 光能量沉积特点

　　由于 X 光的能量沉积计算仅依赖于材料的密度、元素种类及各元素的质量百分比，与材料主轴方向的设置无关，因此 3 种几何位形模型具有相同的能量沉积规律。在 1 keV 和 3 keV 的脉冲 X 光辐照下，沿碳酚醛平板对称中线 $y=1$ cm 上的能量沉积 e 的分布如图 6-11 所示。

　　从图 6-11 中可以看出，在 1 keV 的软 X 光辐照下，能量沉积大量集中在表层材料中，能量沉积随着 X 光入射深度的增加迅速递减，能量沉积深度极浅；在 3 keV 的硬 X 光辐照下，X 光穿透力增强，能量沉积深度增加，表层的能量沉积值相比 1 keV 时小了一个数量级。

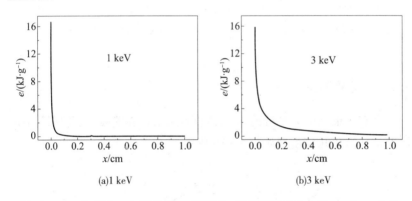

图 6-11　1 keV 和 3 keV 的 X 光辐照下，沿碳酚醛对称中线 $y=1$ cm 上的能量沉积分布

6.3.3　热击波峰值传播规律

　　图 6-12 给出了碳酚醛平板对称中线上不同位置 σ_{xx} 的应力峰值衰减曲线。图 6-12 可知，TF2 材料对称中线上热击波传播最快，应力峰值的衰减也最快，固定点的应力峰值也较低，这是由于 TF2 模型中 x 方向为碳酚醛的纤维增强方向（即经向），具有较大的弹性

模量，从而具有较大的纵向波速。

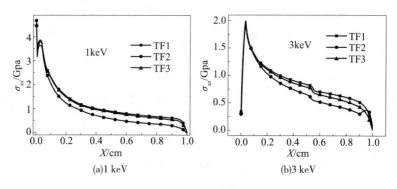

(a)1 keV　　　　　　　　(b)3 keV

图 6-12　1 keV 和 3 keV 的 X 光辐照下，碳酚醛平板对称中线上 σ_{xx} 的
应力峰值衰减曲线

6.4　圆柱壳体强脉冲 X 光热-力学效应分析

6.4.1　材料模型

设有一束无穷大平行的 X 光辐照到无限长碳酚醛/铝双层圆柱壳体上，其简化几何模型如图 6-13 所示。

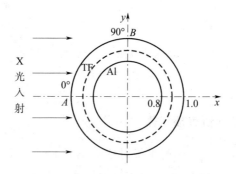

图 6-13　圆环截面的简化几何模型

圆柱壳体外层设为碳酚醛材料，内层设为铝材料，厚度均为

0.1 cm。X 光能谱为 1 keV 和 3 keV 的黑体谱，初始入射能通量为
200 J/cm²，时间谱为 0.1 μs 的矩形谱。铝是各向同性材料，模拟时
采用理想弹塑性本构模型描述其应力-应变关系，相应的材料参数见
表 6-11；碳酚醛采用各向异性率相关的动态弹塑性本构模型。碳酚
醛的主轴方向设置为：令碳酚醛的层间厚度方向沿圆柱壳体的半径
方向，纤维布经向沿圆柱壳体圆周切线方向，纤维布纬向沿轴线
方向。

表 6-11　铝的本构模型参数及物态方程参数

本构模型参数		物态方程参数					
Y_0/MPa	G/GPa	ρ_0/(g/cm³)	c_0/(km/s)	s	Γ_0	h	e_s/(kJ/g)
400	27.1	2.78	5.35	1.338	2.18	0.667	10.89

6.4.2　双层圆柱壳体 X 光能量沉积

图 6-14 给出了在 1 keV 和 3 keV 的 X 光辐照条件下，当辐照
结束（$t=0.1$ μs）时，表层碳酚醛材料迎光面半径为 1.0 cm 和 0.97
cm 的圆弧上比内能随方位角的分布，考虑到关于 x 轴的对称性，仅
给出四分之一圆弧（$\alpha=0°\sim90°$）上内能分布。图 6-15 给出了不同
方位角 α 下能量沉积沿径向的分布。

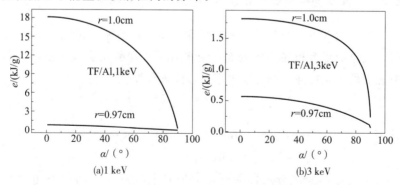

(a)1 keV　　　　　　　(b)3 keV

图 6-14　1 keV 和 3 keV 的 X 光辐照下，圆环截面中不同半径圆弧上的
能量沉积随角度的分布

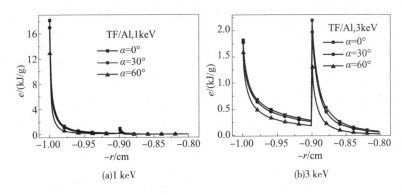

图 6-15　1 keV 和 3 keV 的 X 光辐照下，圆环截面中不同角度下
能量沉积沿径向的分布

　　从图 6-14 和图 6-15 可知，能量沉积分布的基本规律是：对于固定半径，能量沉积随方位角的增加而逐渐减小；对于固定方位角方向，能量沉积沿半径从外到内迅速递减，这是材料对 X 光能量的显著吸收所致。由于碳酚醛和铝具有不同的密度和元素组分，当 X 光到达碳酚醛与铝的界面时，能量沉积发生突跃，辐照结束时形成了典型的双层能量沉积图形。在 3keV 的 X 光辐照下，由于 X 光穿透能力较强，能量沉积深度更大，使得这种双层能量沉积更明显。

6.4.3　双层圆柱壳体汽化反冲冲量

　　当入射 X 光的能谱为 1 keV 的黑体谱，初始能通量为 $200\,\mathrm{J/cm^2}$ 时，大量能量沉积在物质表面，使得表层碳酚醛发生汽化反冲。材料表面的汽化反冲冲量可采用下面公式来计算

$$(I_x, I_y) = \sum_{v_{jx} < 0, e_j > e_s} m_j(u_{jx}, u_{jy}) \qquad (6-6)$$

其中　I_x，I_y——分别为 x 方向和 y 方向的汽化反冲冲量；

　　　　m_j——代表第 j 个单元的质量；

　　　　u_{jx}，u_{jy}——分别表示第 j 个单元中心沿 x 方向和 y 方向的速度。

　　相应的径向反冲冲量 I_r 可相应求出为

$$I_r = \sqrt{I_x^2 + I_y^2} \qquad (6-7)$$

图 6-16 给出了不同方位角度 α 下径向反冲冲量 I_r 的历史曲线，图 6-17 为径向反冲冲量 I_r 沿角度 α 的分布，其中 I_{r0} 是 $\alpha=0°$ 时的径向反冲冲量。图 6-17（b）中曲线为余弦曲线，用于和 I_r 的分布规律进行比较。

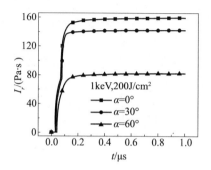

图 6-16　圆环截面内不同方位角度上的径向反冲冲量 I_r 的历史曲线

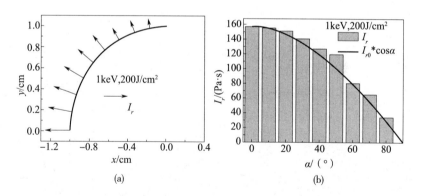

图 6-17　圆环截面中径向反冲冲量 I_r 沿方位角 α 的分布

从图 6-16 可知，汽化反冲冲量在辐照时间（0.1 μs）内迅速增加，经过一定时间后趋于稳定，结合图 6-17 可以看出，径向反冲冲量 I_r 随着方位角 α 的增加而逐渐减小，且角度较小时与余弦分布较一致，但随着角度的增加，冲量分布与余弦分布规律的差异增大。

参 考 文 献

[1] 汤文辉，张若棋，赵国民. 流体动力学计算中两种自由面格式的比较. 爆炸与冲击，1995，15（2）：155－159.

[2] 汤文辉. 冲击波物理. 北京：科学出版社，2011.

第 7 章 模拟 X 光辐照效应试验技术

要深入研究脉冲 X 光热-力学效应问题，得出更多的规律性认识，就必须通过大量深入的试验模拟。试验模拟是研究强脉冲 X 光最直接的方法，它可以直观再现强脉冲 X 光主要热-力学效应，包括强脉冲 X 光与材料相互作用的冲量耦合特点、热击波在材料内部的传播情况以及强脉冲 X 光对材料的层裂现象等。目前模拟强脉冲 X 光热-力学效应的手段主要有：脉冲软 X 光辐射模拟源、低能强流脉冲电子束辐射模拟源以及一级或二级轻气炮。脉冲软 X 光辐射模拟源可以模拟 X 光与材料相互作用的冲量耦合效应，低能强流脉冲电子束辐射模拟源除了可以模拟 X 光与材料相互作用的冲量耦合效应外，还可以模拟热击波在材料内部的传播情况以及材料的层裂现象，一级或二级轻气炮模拟 X 光引起材料层裂破坏等。下面我们介绍低能强流脉冲电子束辐射模拟和脉冲软 X 光辐射模拟试验技术。

7.1 脉冲电子束试验技术

7.1.1 试验原理

低能强流脉冲相对论电子束加速器是一种常用的用于模拟 X 光与材料冲量耦合及其产生热击波传播规律的模拟辐照源，图 7-1 是其结构示意图。主要包括 Marx 发生器，水介质传输线（形成线，传输线，输出线，变阻抗线），主开关，预脉冲开关，低阻抗二极管，电子束漂移管，脉冲引导磁场，控制、测量系统和配套的水处理系统，变压器油处理系统。加速器输出强流电子束，主要用于开展电子束模拟强脉冲产生的软 X 光对材料的热力学效应实验。脉冲电子束试验主要测量的力学量为由于辐照效应引起的冲量数值和在材料内部引起的热击波（应力波）传播历史。

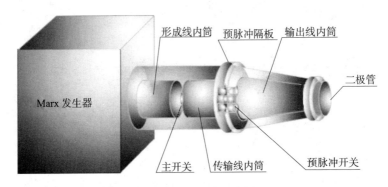

图 7 - 1　加速器示意图

在试验靶板的设计上，对于电子束辐射，为了保证试验数据的有效性，电子束不能穿透靶板，因此，对试验用靶板厚度有一定要求。

靶板厚度下限一般由最大能量光子或电子的有效射程来确定，其质量有效射程为

$$R_{0e} = G_1 E_0^{G_2 - G_3 \ln E_0} \quad (\text{g/cm}^2) \qquad (7-1)$$

式中　E_0——光子或电子动能（MeV）；

G_1，G_2，G_3——拟合常数，它们与靶材性质有关。

则有效射程

$$X_{0e} = \frac{R_{0e}}{\rho_0} (\text{cm}) \qquad (7-2)$$

式中　ρ_0——材料密度（g/cm³）。

一般靶材厚度下限 $h_{\min}$ 比 X_{0e} 大 30%～50%，以防止电子和光子穿透，靶材厚度上限 $h_{\max}$ 可取 $\dfrac{h_{\max}}{h_{\min}} \doteq 4$。

7.1.2　热击波测量技术

在模拟 X 光辐照源热力学效应的试验研究中，热击波的试验测量是重要内容之一。通过对热击波的测量，可以了解模拟辐照源在材料内部热击波的传播规律，分析由于热击波对材料的层裂现象。主要用于测量热击波的传感器有两种：石英压电薄膜和 PVDF 压电

薄膜传感器，下面介绍两者的测量原理。

（1）石英压电热击波测量原理

分流保护环式石英压电晶体传感器是热击波测量中常用的传感器，详见图 7 - 2。图中压电晶体安装在平板靶材后中央，其负电极与靶材后表面之间夹有一层很薄的塑料绝缘膜，正内电极上装有一铝电极，以便引线，R_1 和 R_2 分别为正内电极和正外电极（即保护环）回路的负载电阻。当热击波传播到压电晶体表面时，将产生动态压电电荷，在回路中形成压电电流，并在负载 R_1 上产生电压，此电压经电缆传输到记录示波器。通过对记录示波器波形的分析就可以知道热击波在测量位置的传播规律。

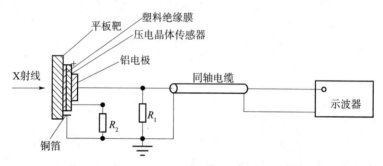

图 7 - 2　分流保护环式石英压电晶体传感器

热击波在靶材内传播时，为防止边侧稀疏扰动影响，晶体传感器外边缘至靶材直径边缘距离必须大于边侧稀疏影响距离，且

$$L = h\tan\alpha + Ct_d \tag{7-3}$$

式中　L——边侧稀疏影响距离（mm）；

　　　　h——靶厚（mm）；

　　　　α——稀疏扰动卸载角，$\tan\alpha = \{(C/D)^2 - [(D-u)/D]^2\}^{1/2}$，

　　　　　　u 表示质点的速度，D 表示平均波速；

　　　　C——稀疏传播速度（mm/μs）；

　　　　t_d——热击波作用时间（μs）。

石英晶体上所承受的应力 σ_q 与负载 R 上输出压电电压的关系可

用式（7-4）描述

$$\sigma_q = lU/(K_q C_q A_1 R) \tag{7-4}$$

式中　l——石英晶体厚度；

　　　K_q——动态压电系数；

　　　C_q——波速；

　　　A_1——晶片面积。

其中动态压电系数 K_q 一般由动态实验测定。在表7-1中，列出了有关 K_q 测定值的4个结果。

表 7-1　石英晶体的动态压电系数 K_q

序号	$K_q/\left[C/\left(cm^2 \cdot GPa\right)\right]$	σ_q 的范围/GPa	所用实验手段
1	2.07×10^{-7}	$0 < \sigma_q \leqslant 0.6$	轻气炮
	2.15×10^{-7}	$0.8 < \sigma_q \leqslant 2.5$	
2	2.04×10^{-7}	$0 < \sigma_q \leqslant 0.6$	轻气炮
	2.15×10^{-7}	$0.9 < \sigma_q \leqslant 1.8$	
3	$(2.00 + 0.097\sigma_q) \times 10^{-7}$	$0 < \sigma_q \leqslant 4.0$	未明确
4	$(2.011 + 0.0107\sigma_q) \times 10^{-7}$	未明确 σ_q 的范围	未明确

总的来说，4个结果给出的 K_q 值差异很小，给出的 σ_q 的范围也相差不是很大。综合考虑到各种冲击动力学效应中常用的 K_q 范围、K_q 的线性问题以及使用简便等因素，特推荐，对分流保护环式石英晶体，在实验数据处理中拟使用下列数据：$K_q = 2.15 \times 10^{-7}$ C/$(cm^2 \cdot GPa)$，$0 < \sigma_q \leqslant 2.5$ GPa。

图7-3为石英压电晶体式应力探头的结构图。

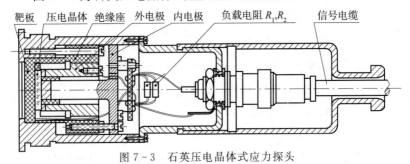

图 7-3　石英压电晶体式应力探头

将 U 及有关参数值代入式（7 - 4）便可得到石英中热击波的峰值应力 σ_q。将 σ_q 及有关参数的数值代入下式便可得到石英中质点速度 u_q。

$$u_q = \frac{\{[(\rho_{0q}A_q)^2 + 4\rho_{0q}B_q\sigma_q]^{1/2} - \rho_{0q}A_q\}}{2\rho_{0q}B_q} \qquad (7 - 5)$$

式中　ρ_{0q}——石英晶体的初始密度，约为 2.65 g/cm³；

　　　A_q，B_q——石英晶体的两个 Hugoniot 经验常数，$A_q = 5.61 \times 10^5$ cm/s，$B_q = 0.89$。

已知 σ_q 和 u_q，可根据界面连续和镜像反射原理求得与石英接触试件中的热击波参数如下。

平均波速为

$$D = A + Bu \qquad (7 - 6)$$

质点速度为

$$u = (u' + u_q)/2 \qquad (7 - 7)$$

其中

$$u' = \frac{\{[(\rho_0 A)^2 + 4\rho_0 B\sigma_q]^{1/2} - \rho_0 A\}}{2\rho_0 B} \qquad (7 - 8)$$

式中　ρ_0——试件的初始密度（g/cm³）；

　　　A，B——试件的两个 Hugoniot 经验常数。

则峰值应力为

$$\sigma = \rho_0 Du \qquad (7 - 9)$$

（2）PVDF 压电薄膜应力传感器测量原理

PVDF 即聚偏氟乙烯，是其英文 Polyvinylidene Fluoride 的缩写。它是一种半晶态的高分子聚合物，已发现它具有 α、β、γ 和 δ 等 4 种晶型。

PVDF 产生压电性的根本原因是其内空间电荷的存在和极化后偶极子的定向。材料的压电性一般采用压电常数来描述。压电常数是材料把机械能转换为电能或把电能转换为机械能的转换系数。压电常数反映了材料的弹性性质与介电性质之间的定量耦合关系。

图 7 - 4 给出了 PVDF 热击波应力探头的结构图。

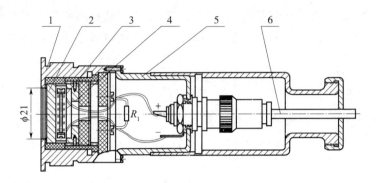

图 7 - 4 PVDF 电子束热击波应力探头结构图

1—探头壳；2—靶板；3—PVDF 薄膜；4—有机玻璃垫板；5—后盖；6—输出电缆

PVDF 薄膜上产生的总转移电荷 $Q(t)$ 与实测电压波形 $U(t)$ 的关系为

$$Q(t) = \int_0^t \frac{1}{R} U(t) \mathrm{d}t \qquad (7-10)$$

PVDF 薄膜中产生的应力 $\sigma_p(t)$ 在几个 GPa 应力范围内可认为与 $Q(t)$ 存在线性关系，即有

$$\sigma_p(t) = \frac{1}{K_p A} Q(t) \qquad (7-11)$$

式中　K_p——PVDF 的动态压电常数 $[\mathrm{C}/(\mathrm{cm}^2 \cdot \mathrm{GPa})]$；

　　A——PVDF 的受力面积。

当电压 $U(t)$ 波形已由 PVDF 实测获得，并设式（7 - 10）中的积分上限取为 t_i，则由式（7 - 10）和式（7 - 11），$\sigma_p(t)$ 可求得为

$$\sigma_p(t) = \frac{1}{K_p A R} \int_0^{t_i} U(t) \mathrm{d}t \qquad (7-12)$$

式中　$t = 0, 1, 2, \cdots, t_i$。

由式（7 - 12）可知，对实测波形 $U(t)$ 在微机上进行数值积分，并乘以常数 $\dfrac{1}{K_p A R}$，即可得到 PVDF 中的应力随时间变化的演化波形 $\sigma_p(t)$。

通常使用的 PVDF 压电薄膜其厚度为 $43~\mu m$ 左右。两边镀铝，镀层各 $2~\mu m$ 左右。表 7-2 列出了它的有关性能参数。

表 7-2　PVDF 压电薄膜特性参数

参数名称	符号	数据	单位	备注
密度	ρ_0	1.79	g/cm³	
声速	C_0	2.2×10^5	cm/s	
熔点	T_m	$165\sim168$	℃	
热膨胀系数	C_h	1.4×10^4	1/K	
居里温度	T_j	120	℃	
使用温度上限	T_h	120	℃	
相对介电常数	ε_p	12		60Hz$\sim$0.1MHz
压电常数	d_{31}	2.3	C/（cm²·GPa）	准静态值
机电耦合常数	k_{31}	15%		
体积电阻率	ρ_r	10^{13}	$\Omega\cdot m$	
拉伸杨氏模量	E	1.5	GPa	薄膜拉伸方向
抗拉强度	σ_0	0.2	GPa	薄膜拉伸方向
断裂伸长	δ_s	25%		薄膜拉伸方向
屈服抗拉强度	Y_0	0.55	MPa	薄膜拉伸方向

PVDF 的动态压电系数 K_P 一般应由动态实验标定得出。在国内外的有关资料中所使用的 K_P 值一般在 Hopkinson 杆上进行测定，是在较低应力下的高速碰撞实验结果。表 7-3 中给出了 K_P 的 3 种 Hopkinson 杆实验结果。

表 7-3　PVDF 的动态压电系数 K_P

序号	$K_p/$［C/（cm²·GPa）］	$L/\mu m$	σ_p 的范围/GPa	所用实验手段	备注
1	1.05×10^{-6}	110	$0<\sigma_p\leqslant0.3$	Hopkinson 杆	
2	1.52×10^{-6}	50	$0<\sigma_p\leqslant0.3$	Hopkinson 杆	
3	2.59×10^{-6}	43	$0<\sigma_p\leqslant1.0$	脉冲电子束辐射	
4	3.77×10^{-6}	185	$0<\sigma_p\leqslant0.08$	Hopkinson 杆	

7.1.3　电子束喷射冲量耦合实验测量方法

对于喷射冲量，一般有 3 种测量方法：1）靶杆直线运动式；2）靶摆旋转运动式;3）靶悬梁弯曲运动式。在这 3 种方法中，靶杆直线运动式简便一些，因此也采用得最多。

采用微型红外通光式传感器和直接测量特定时间间隔的探头原理来测量电子束喷射冲量。探头原理如图 7-5 所示。在平板靶的中心安装一传信杆，在传信杆的另一端加工有 6 个等间距的圆环。在传信杆的两侧安装有两套微型红外发光二极管和光电三极管，发光管和光电管在各加有一定的偏置电压时便分别发射红外光和将接收的红外光转换为电信号。

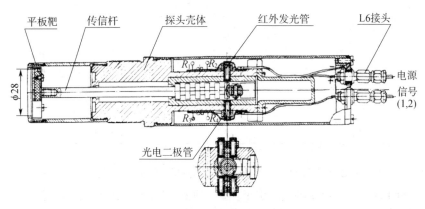

图 7-5　冲量探头原理结构图

当靶-传信杆组件向后运动时，传信杆上的圆环依次通过光束区，而形成一系列与圆环相对应的通光-断光交替出现的现象，从而使光电管输出一系列的电脉冲信号。圆环的间距为 L，则由脉冲系列可判读出特定的时间间隔 Δt_i，从而求得喷射冲量 I。

$$v_i = L/\Delta t_i \qquad (7-13)$$

$$I = (m - \Delta m)v_\mathrm{m}/A \qquad (7-14)$$

式中　m——靶-传信杆组件的质量；

　　Δm——靶受辐射面表层喷射出的质量；

　　v_m——运动组件的最大运动速度，一般也是第一个实测速度；

　　A——靶受辐射面积。

　　如果靶面受辐射的电子束能注量 F 已知，则靶材的电子束喷射冲量耦合系数 β 为

$$\beta = I/F \qquad\qquad (7-15)$$

　　β 表征单位能通量产生喷射冲量的大小。β 越小，材料的抗辐射性能越好。

7.2　软 X 光模拟试验技术

　　软 X 光模拟装置是一台组合式多用途的高功率强流脉冲电子束加速器。主要用于产生脉冲 γ 光和 X 光，可以产生 3 种不同的工作状态 X 光分别如下。

　　1）第 1 种硬 X 光状态：X 光子的平均能量为 $20\sim100\text{keV}$；脉宽为（35 ± 5）ns；在束斑面积为 $50\ \text{cm}^2$ 上的 X 光能注量为（6 ± 1）J/cm^2；束斑的非均匀性约为 $1:1.7$。

　　2）第 2 种硬 X 光状态：X 光子的能量为 $20\sim100\text{keV}$；脉宽为（35 ± 5）ns；在束斑面积为 $500\ \text{cm}^2$ 上的 X 光能注量 $\leqslant1\ \text{J}/\text{cm}^2$；束斑的非均匀性为 $1:2$。

　　3）软 X 光状态：X 光子的能量为 $0.1\sim1.5\text{keV}$；能谱的最大值在 $0.2\sim0.4\text{keV}$ 范围内；脉宽为（40 ± 5）ns；脉冲总束能为（60 ± 10）kJ。

　　模拟 X 光辐照热力学效应是使用其软 X 光状态。此状态下的加速器主要由高功率脉冲源和 Z－pinch 二极管这两大部分组成。高功率脉冲源主要包括：直线型脉冲变压器、$1.4\ \Omega$ 水介质脉冲形成线、水介质单通道自击穿主开关、0.75Ω 水介质脉冲压缩线、水介质 9 通道自击穿开关、水介质脉冲传输线等。Z－pinch 二极管主要包括：磁绝缘真空同轴线和喷气 Z－pinch 等离子体辐射源。图 7－6 为软 X

光状态下加速器的原理结构图。

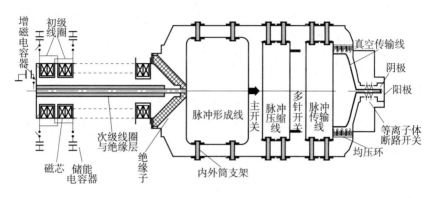

图 7-6　软 X 光状态下强流脉冲电子束加速器的原理结构图

产生软 X 光的基本物理过程为：由高功率脉冲源产生的电流脉冲加到位于真空腔体中心的二极管阴阳极之间的喷射负载上，在电流脉冲产生的磁场作用下，引起等离子体内聚箍缩，电磁能开始转换为粒子动能，最后，当等离子体在轴线附近滞止时，被箍缩成高温高压的等离子体将辐射出软 X 光，其冲量耦合系数的测试方法及数据分析同电子束冲量耦合。

7.3　模拟 X 光辐照源热-力学现象等效性分析

无论是低能强流电子束辐照源还是软 X 辐照源，和强脉冲 X 光能谱还是有一定区别，因此，用它们来模拟强脉冲 X 光热-力学效应在很多方面都存在差别，下面进行简单分析。

7.3.1　软 X 光辐照效应能量沉积特点分析

软 X 光模拟源工作在软 X 光状态下，产生的软 X 光平均能量低，只有 $0.2 \sim 0.4$ keV。而强脉冲 1 keV 黑体谱 X 光的平均能量为 2.7 keV。软 X 光与 1 keV 黑体谱 X 光在材料中的能量沉积机制类似，能量沉积峰值均位于材料表面。不过，因为平均能量较低，软 X 光能量沉积深度比 1 keV 黑体谱 X 光浅，能量沉积峰值高于 1

keV 黑体谱 X 光。理论分析表明，同样能注量下，软 X 光的冲量耦合系数要小于 1 keV 黑体谱 X 光，这可能是因为软 X 光能量沉积浅，汽化喷溅的物质较少的原因。

　　图 7-7 为软 X 光模拟辐照源产生 X 光典型能谱。应用 MC 方法对 3 组软 X 光试验能谱计算获得的软 X 光在低辐射层中的能量沉积如图 7-8 所示（能注量 30 cal/cm²），图 7-9 为 1 keV 黑体谱 X 光的能量沉积曲线。

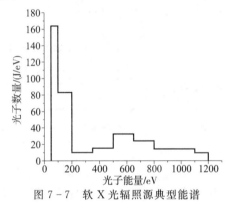

图 7-7　软 X 光辐照源典型能谱

　　比较图 7-8 和图 7-9，与 1 keV 黑体谱 X 光相比，软 X 光辐照源的能量沉积要浅一些。对 30 cal/cm² 的入射能注量，能量大部分沉积在表层 1~3 μm 左右的深度范围，而 1 keV 黑体谱 X 光的能量大部分沉积在 1~20 μm。

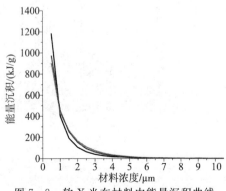

图 7-8　软 X 光在材料中能量沉积曲线

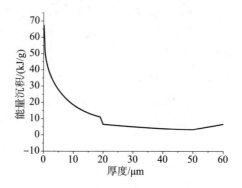

图 7 - 9　1 keV 黑体谱 X 光的能量沉积曲线

7.3.2　电子束能量沉积特点

　　低能强流脉冲相对论电子束加速器产生的电子束典型能谱如图 7 - 10，图中对应的能注量约为 245 J/cm²。典型电子束辐照下的能量沉积剖面如图 7 - 11 所示。与 1 keV 黑体谱 X 光能量沉积剖面比较可以发现：1) 电子束的能量沉积深度明显大于 X 光的能量沉积深度；2) 电子束能量沉积最大值出现的位置不在迎光面上，而是在离迎光面一定距离的材料内部。

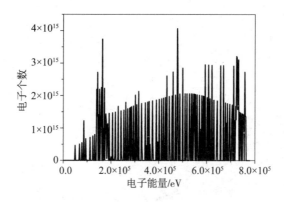

图 7 - 10　电子束能谱曲线电子平均能量为 470.8 keV

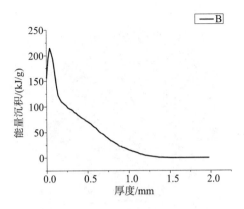

图 7 - 11　电子束能量沉积剖面图示

另外，由于作用机制不同，与电子束的能量沉积分布与 X 光能量沉积峰值的差异一样，电子束与 X 光对同样材料的烧蚀行为也不一样。为清楚起见，我们给出在电子束和软 X 光试验后的试件照片，见图 7 - 12 和图 7 - 13。其中图 7 - 12 为软 X 光辐照钽涂层石英布烧蚀图示，图 7 - 13 为电子束辐照同样的钽涂层石英布烧蚀图示。从图中可以看出，同样的试件，软 X 光辐照后由于能量沉积较浅，只在材料很浅的表面有烧蚀痕迹，而电子束辐照后，由于能量沉积较深，最外面钽涂层几乎被全部烧完。

图 7 - 12　软 X 光辐照钽涂层石英布烧蚀图示

12048 炮，钽（四层）
质量损失：0.7022g

图 7-13　电子束辐照钽涂层石英布烧蚀图示

7.3.3　电子束与 X 光热-力学现象等效性分析

从上面分析比较可以看出，电子束、软 X 光虽然可以一定程度的模拟强脉冲 X 光热-力学效应，模拟毕竟不是真实的再现，它们在能谱结构成分、能量沉积峰值以及冲量耦合等现象的模拟中还是存在一定差别。理想情况下，我们总希望模拟辐照源能量沉积与强脉冲 X 光能量一样，因为能量沉积是决定后续热-力学效应的关键。理论上我们知道，对于单能电子束，其能量沉积峰不可能类似 X 光一样位于材料的表面，而是位于距表层一定的深度。不过，因为单能电子束能量沉积峰距表面的距离与电子束的平均能量有关，所以，对一定范围能谱的电子束，原则上通过控制电子束平均能量，可以形成类似 X 光能量沉积的分布。但无论如何降低电子束的平均能量，满足电子束能量沉积和 X 射线完全一样也是办不到的。

另外一个减小电子束在材料中能量沉积峰值深度的办法是改电子束垂直辐照为电子束斜入射辐照。数值模拟结果显示，电子斜入射所产生的能量沉积峰更加陡峭，这一点比较符合 X 光在材料内部所产生的能量峰值。不过这都是基于单能电子束，未针对低能强流脉冲相对论电子束加速器产生的电子束的实际情况。低能强流脉冲相对论电子束加速器装置产生的电子束是一个连续谱，电子的能量从零点几个 MeV 到一点几个 MeV，平均能量一般在 0.4 ~ 0.6 MeV，因此，这也给从试验角度真实模拟 X 射线热-力学效应带来一定困难。

如图 7 - 14 为几种不同能量电子束能量沉积的数值模拟结果。可以看出随着电子束能量的提高，能量沉积峰值降低，宽度展宽，峰位向材料内部移动，因此高能量的电子束对模拟 X 光热-力学效应是不利的。图 7 - 15 中列出了不同角度入射的电子束在材料中的能量沉积情况，电子束入射谱不是单能电子谱而是复合谱。从图 7 - 15 中可以看出，由于入射能谱包含各种能量组分，所以在直射的情况下其能量沉积峰不是很明显，在材料的一定深度内维持一个均匀的能量沉积，这与 X 光的情况大不相同。但随着入射角度的增加，电子束的能量沉积逐渐形成峰值，并且向材料表面靠近。当入射角度达到 60° 的时候，电子束的能量沉积剖面已经与 X 光比较相似。更大的入射角情况会更理想，不过实际实现上会有些困难。

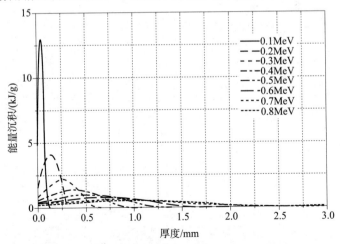

图 7 - 14　不同能量的单能电子束在碳酚醛材料中的能量沉积

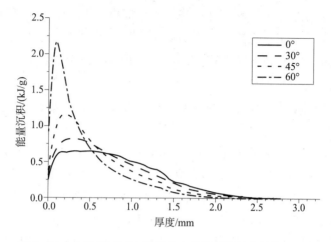

图 7 - 15　电子束不同入射角度在碳酚醛材料中的能量沉积

第8章 模拟 X 光结构响应试验技术

8.1 引言

强脉冲 X 光会在材料表面产生反冲冲量，反冲冲量是脉冲载荷，它会引起结构体一系列的动态响应，包括塑形变、动态屈曲甚至破坏，因此，研究强脉冲 X 光辐照下结构体的力学响应对实际工程设计具有重要意义。由于没有现成强脉冲 X 光辐照源，所以研究强脉冲 X 光引起的结构响应只有通过模拟试验。目前，用于模拟强脉冲 X 光引起结构响应的主要方法是采用片炸药加载，但片炸药加载可以模拟 X 光冲量载荷大小，却不能模拟 X 光冲量载荷作用时间。因为强脉冲 X 光辐照时间很短，片炸药爆炸时间较长，所以载荷作用时间的不同将会影响模拟试验的结果科学性。

不过，虽然脉冲载荷的持续时间对结构体的动态力学响应有影响，但特殊情况下，这种影响很小甚至可以不计。数值模拟结果表明：当脉冲载荷作用时间小于结构的固有周期的 1/5 时，脉冲载荷的时间历程对脉冲载荷作用下的结构响应影响不大，此时脉冲载荷作用下的结构响应仅与脉冲载荷的冲量大小相关。对于 X 光冲击载荷的结构响应来说，冲击载荷作用时间（微秒量级）远小于目标结构响应时间（毫秒量级），基于这种认识，可以采用片炸药爆炸产生的载荷模拟 X 光作用的载荷，同时由于片炸药加载成本低、操作方便、安全性高等诸多因素，片炸药加载是国内开展大型复杂结构瞬态响应的试验研究的重要手段。

8.2　试验加载设计及引爆技术

8.2.1　试验加载设计

　　用片炸药加载模拟强脉冲 X 光脉冲载荷，一个基本问题就是使片炸药产生的载荷和 X 光辐照产生的载荷基本一致才能保证两者力学响应具有等效性。强脉冲 X 光辐照到材料上冲量分布与结构体形状有直接关系，对强脉冲 X 光辐照圆锥体反冲冲量分布的数值模拟结果表明 X 光作用到圆锥结构体所产生的喷射冲量载荷形式为：沿环向近似成余弦分布、沿母线方向均匀分布，如图 8-1 所示。片炸药加载利用冲量积分等效原理进行载荷设计的，即：用多条母线将锥壳的加载面沿环向分成若干个区间，在每个区间中间位置的母线上粘贴一条等厚的梯形药条，使其引爆后产生的冲量分别等于 X 光作用在每个区间载荷的积分值。

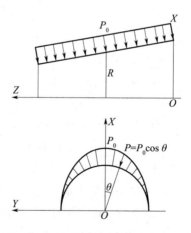

图 8-1　构件表面载荷分布示意图

　　其方法是：将片炸药裁为炸药条，沿母线方向粘贴在结构表面。药条形状为梯形，其大小端宽度比等于壳体的大小端直径比，模拟载荷沿母线方向大小不变。用多条母线将壳体的加载面沿环向离散为不同的区域，在每个区域中间位置的母线上粘贴一条等厚度的炸药条，使其引爆后产生的冲量分别等于余弦载荷在该区域内的积分值。通过调整药条间的距离，模拟不同比冲量峰值的载荷在壳体表面沿环向呈半余弦分布的情况，在药条与壳体表面之间粘贴缓冲层以平滑载荷。

8.2.2　引爆技术

采用片炸药加载模拟 X 光的脉冲载荷时，炸药条能否完全传爆，是加载能否成功的关键之一。根据片炸药的引爆、传爆性能以及试件的具体状态，主要可采用 3 种引爆、传爆方式，以下以锥形壳体为例分别介绍。

1）对于在横、纵向搭接后均能稳定传爆的片炸药，采用 4 条引爆药条通过环向搭接药条与加载药条连接；同时在后壳体前、后段对接处采用环向搭接药条将试件分为两段，分段进行加载，如图 8-2 所示。

这种引爆、传爆方式的特点是：引爆药条相对较少，对试件施加的额外载荷较少，同时对试件摆动及加载总冲量的校核影响较小；对试件进行分段加载，使试件大、小段均得到了比较均匀加载；对片炸药的性能要求较高。

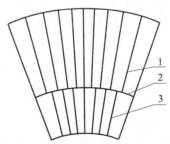

图 8-2　分段加载时的"横搭"传爆方式

1-大端加载药条；2-横搭药条；3-小端加载药条

2）对于纵向传爆稳定、横向传爆不够稳定的片炸药，为保证加载药条全部传爆，可采用"直通"引爆、传爆方式，每条药条通过 1

～2 次纵向搭接后，直接引向雷管架，通过一较大的引爆药片与雷管相连，如图 8-3 所示。

图 8-3　直通式加载的传爆方式

它的具体特点是：无横搭药条，对片炸药的传爆性能要求不高，易传爆；引爆药条数量较多，对试件大端施加了一定的额外载荷，同时影响试件的摆动，从而影响加载总冲量的校核；由于采用整段加载方式，试件大端的加载欠均匀。

3）当试件较长，大小端直径比较大时，采用整段加载方式不可取，此时应进行分段设计，小端口的药条数要少于大端口处的药条数，以保证整个壳体加载冲量的一致性。由于小端壳体的药条少于后壳体，可采用"直通＋斜搭"的引爆、传爆方式，如图 8-4 所示。

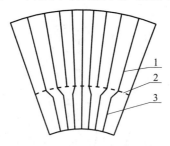

图 8-4　分段加载时的"斜搭"传爆方式
1-大端加载药条；2-前、后壳体连接配合面；3-小端加载药条

该种方式的特点是：在大端壳体段采用已经成熟的"直通"方式，确保小端壳体段的加载成功引爆；壳体段分段加载，利用片炸药纵向搭接传爆稳定的特点，进行"斜搭"，避免了采用环向搭接药

条的"横搭"方式。

8.3　冲量标定和校核

8.3.1　冲量标定

冲量标定是指片炸药比冲量的标定，片炸药比冲量是指单位面积的片炸药爆炸所产生的冲量。片炸药比冲量的标定是进行加载载荷设计的重要依据，试验前对片炸药比冲量的标定是化爆加载的重要内容，通过对片炸药比冲量的标定，我们就可以根据实际加载的载荷要求选择不同比冲量的片炸药。

将缓冲层、片炸药依次粘贴在标定装置的加载面上，如图 8-5所示，引爆炸药片，记录细杆的最大摆角，由能量守恒、冲量矩定理及转动惯量的计算公式可得到片炸药的比冲量。

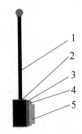

图 8-5　片炸药比冲量标定装置示意图

1—刚性细杆；2—质量块；3—8 mm 厚海绵橡胶；4—3 mm 厚真空橡胶；5—炸药片

$$I' = \frac{\sqrt{2J(1 - \cos\theta)(mgL/2 + MgL + MgA/2)}}{S(L + A/2)}$$

式中　m——细杆质量；

　　　　M——质量块与缓冲层总质量；

　　　　L——细杆长度；

　　　　A——质量块贴药面竖边长度；

　　　　J——质量块、缓冲层和细杆对固定轴的转动惯量；

θ——细杆转动的最大角度；

S——炸药片的面积；

I'——片炸药的比冲量。

8.3.2　总冲量校核

总冲量校核是化爆加载试验的重要内容，通过对片炸药比冲量的标定，就可以根据试验要求设计不同加载冲量。但设计的加载冲量和实际试验中真实的加载冲量有时候并不一致，这就需要试验过程中通过适当措施测量实际试验的加载冲量，这就是总冲量校核。目前主要采取两种方式进行总冲量校核。

（1）高速相机校核

以锥形壳体为例，加载时用高速相机记录试验件的运动过程，判读质心的升高量，忽略质心升高到最大时弹头绕质心转动的条件下，利用下式可得到加载的比冲量。

$$I_0 = \frac{\sqrt{2mg\Delta h}}{\sqrt{mc_1^2 + Jc_2^2}} \qquad (8-1)$$

其中

$$c_1 = \frac{\pi}{2m}\cos\alpha\left(Rl_0 - \frac{1}{2}\sin\alpha l_0^2\right)$$

$$c_2 = \frac{\pi}{4J}\Big[\left(\frac{3}{2}R - \frac{R}{2}\cos 2\alpha + \frac{l_c}{2}\sin 2\alpha\right)l_0^2 -$$

$$\frac{2}{3}l_0^3\sin\alpha - 2(R^2\sin\alpha + Rl_c\cos\alpha)l_0\Big] \qquad (8-2)$$

式中　R——壳体大端半径；

α——壳体半锥角；

l_0——壳体母线长；

l_c——试验件质心距圆锥壳上端（壳体大端）面的距离；

J——弹头对质心的转动惯量；

m——试验件的质量。

（2）激光振动系统校核

多普勒激光测振仪是利用多普勒原理，将一束激光作用于被测物体表面，通过比较被物体反射的光束与原入射光的频率变化，来获得物体的运动速度。实验时，将激光束照射到弹头的质心位置，能够直接测量到加载时质心的瞬时速度，根据实验的相关参数可求加载比冲量。如图 8-6 所示。

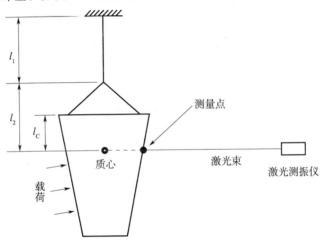

图 8-6　加载比冲量峰值校核的模型与测量示意图

假定对试件加载的载荷为标准的余弦分布载荷，根据动量定理、冲量作用原理及相关几何关系可得到实际加载的比冲量峰值为

$$I_0 = \frac{4m}{\pi(2Rl_0 - l_0^2 \sin \alpha)\cos \alpha} v_{cx} \qquad (8-3)$$

式中　R——壳体大端半径（m）；

　　　α——壳体半锥角（rad）；

　　　l_0——壳体母线长（m）；

　　　m——试验件质量（kg）。

可见，对于一定的试件，其质心的初始平动速度与加载的比冲量峰值成正比。只要测得质心初始平动速度，就可以很容易地计算出实际加载的比冲量峰值。

第 9 章　强脉冲 X 光辐照下薄壳强度的解析分析

通过前几章的介绍我们可以知道，研究强脉冲 X 光载荷热-力学效应可以用模拟试验方法也可以通过数值模拟手段，不同的研究方法各有其优缺点。在实际工程中，对于一些形状规则、简单的结构件，例如圆柱壳体、平板以及梁等，还可以采用解析分析方法。解析方法是一种等效的工程分析方法，它是借助于基本力学理论将脉冲载荷作用下结构的动态响应转变为准静态加载分析的一种方法。解析分析方法借助的力学理论成熟，在一定程度上可以较为真实、精确地描述强脉冲 X 光对材料的力学响应。解析分析方法的不足之处就是它适用范围较小，仅适用于结构简单和规则的结构体。

9.1　问题的提出和强度准则

强脉冲 X 光辐射产生的脉冲载荷作用时间很短，从作用机理上说，结构对脉冲载荷的响应分为两个阶段：第 1 个阶段是材料响应阶段。在这个阶段，对于大尺寸结构来说，脉冲冲量产生近似平面压缩波，沿厚度移动。当压缩波到达材料自由面时压缩波反射产生拉伸波，如果拉伸波足够强（拉伸波峰值大于材料断裂强度），会引起材料的层裂破坏；如果层裂没有发生，那么在波的多次运动过程中，波峰的强度会下降。随后产生第 2 个阶段，即结构响应阶段。这个阶段，脉冲载荷的作用将引起结构产生弹塑性响应甚至屈曲破坏。

脉冲载荷作用两个阶段的毁伤模式不一样，因此破坏准则也不相同，对于材料的层裂破坏一般用最大拉应力准则，对于结构是否产生塑性破坏一般用最大应变与极限值比较去判断。

　　由于强脉冲 X 光的作用是瞬间的，作用时间量级在微秒范围，而结构的运动主要是低阶的，因此 1 阶振动的周期比脉冲载荷作用时间高 1～2 个量级，所以脉冲载荷的持续时间和它的形状对材料和结构响应几乎没有影响。瞬间脉冲载荷作用时，可以认为结构的初始位移等于 0，对于薄板和壳体，初始速度通过脉冲冲量除以单位面积质量来确定，由此可以确定速度场的边界特点。

　　近似给出速度场的边界后，根据能量守恒，首先可以求出壳体结构响应的应力－应变状态以及结构关键点运动过程中的可能最大应力、最大应变和最大位移。

　　这样，对结构强度的评估可以归结为计算最大应变和比较最大应变与材料极限应变的值来确定。结构强度的评估通常用强度裕度来表征。对于薄壳结构，强度裕度 η 定义为极限载荷与计算载荷的比

$$\eta = \frac{I_{\lim}(\varepsilon_{\lim})}{I} \tag{9-1}$$

$$I = I_{\max} \cdot f \tag{9-2}$$

式中　$I_{\lim}$——破坏脉冲冲量，对应破坏线性应变为 $\varepsilon_{\lim}$；

　　　　I——载荷脉冲冲量；

　　　　f——安全系数；

　　　　$I_{\max}$——脉冲冲量的最大值。

　　一般来说，载荷脉冲冲量 I 和安全系数 f 需要给定。

　　要使结构不发生破坏，结构强度必须满足条件

$$\eta \geqslant 1 \tag{9-3}$$

　　如果式（9-3）满足，那么结构强度是足够的。在这种条件下，同样有

$$\varepsilon_{\max} \leqslant \varepsilon_{\lim} \tag{9-4}$$

式中　$\varepsilon_{\max}$——最大应变。

　　式（9-4）和式（9-3）是等价的。式（9-1）可以写成

$$I \cdot \eta = I_{\lim}(\varepsilon_{\lim}) \tag{9-5}$$

　　如果结构是弹性的，那么应力和应变正比于脉冲冲量载荷。在这种情况下，强度裕度既可以通过极限脉冲冲量与计算值的比确定，也可以通过应力（极限值与计算值）和应变（极限值与计算值）的比值关系确定。

　　在复合加载时，比如，对于承受外部脉冲冲量载荷 I 的壳体同时又受轴向压缩力 T，此时，结构必须满足的强度条件为

$$\frac{T}{T_{\lim}} + \frac{I}{I_{\lim}} \leqslant 1 \tag{9-6}$$

强度裕度 η 可以通过解方程得到

$$\frac{T \cdot \eta}{T_{\lim}} + \frac{I \cdot \eta}{I_{\lim}} = 1 \tag{9-7}$$

式中　$T，I$——分别为轴向压缩力和脉冲冲量载荷值；

　　　　$T_{\lim}$——当 $I=0$ 时的极限力；

　　　　$I_{\lim}$——当 $T=0$ 时的破坏脉冲冲量载荷。

9.2　弹性系统力学响应动静态转化的解析方法

　　根据研究内容的不同，研究结构在脉冲载荷作用下的力学响应有很多方法。对于脉冲载荷作用下结构的力学响应，我们可以通过对作用过程的能量转化和守恒条件进行求解而获得。从能量转化角度来说，初始动能 $\mathcal{Э}_к$ 等于最大变形时刻的应变能 $\mathcal{Э}_\varepsilon$，即

$$\mathcal{Э}_к = \mathcal{Э}_\varepsilon \tag{9-8}$$

　　在这种情况下，多自由度系统用 1 个自由度系统代替，可以方便地给出结构位移场。定义与最大应变能对应的是最大位移为 $w_{\max}$。

　　为简单起见，我们只讨论理想塑性材料，其应力-应变曲线如图 9-1 所示。图示中 $\sigma_T，\varepsilon_T$ 分别是屈服应力和屈服应变，$\varepsilon_T = \dfrac{\sigma_T}{E}$。由于位移是和结构应变相联系，因此最大位移可以通过最大线性应变 $\varepsilon_{\max}$ 表示

$$w_{\max} = w_{\max}(\varepsilon_{\max}) \tag{9-9}$$

应变能可以表示为函数

$$\mathcal{I}_\varepsilon = \mathcal{I}_\varepsilon(\varepsilon_{max}) \qquad (9-10)$$

动能是脉冲冲量载荷的函数

$$\mathcal{I}_K = \mathcal{I}_K(I) \qquad (9-11)$$

式（9-10）、式（9-11）代入式（9-8）

$$I = I(\varepsilon_{max}) \qquad (9-12)$$

如果 $I = I_{lim}$，$\varepsilon_{max} = \varepsilon_{lim}$，从式（9-12）得到关系

$$I_{lim} = I_{lim}(\varepsilon_{lim}) \qquad (9-13)$$

式中　I_{lim}——极限加载冲量（破坏冲量）；

　　　ε_{lim}——极限破坏应变。

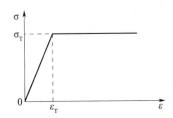

图 9-1　压缩时理想塑性材料的应力-应变关系

从力学响应等效性的角度来说，一定的动态应变场总是可以用某个静态载荷去等效产生。这时静态载荷就等效于脉冲冲量载荷。如果等效的静态载荷为 q，那么壳体应变能也可以表示为

$$\mathcal{I}_\varepsilon = \mathcal{I}_\varepsilon(q) \qquad (9-14)$$

将式（9-14）、式（9-11）代入式（9-8），得到可以通过静态载荷表示动态脉冲冲量

$$I = I(q) \qquad (9-15)$$

当 $I = I_{lim}$，$q = q_{lim}$ 有

$$I_{lim} = I(q_{lim}) \qquad (9-16)$$

式中　q_{lim}——等效静态载荷的破坏值。

此方法计算极限脉冲冲量只适合应力－应变是单值关系。

从式（9-15）可以得到

$$q = q(I) \tag{9-17}$$

与此同时，动力学问题转化为静力学问题。静态载荷 q 和脉冲冲量载荷 I 会导致同样的最大应力、最大应变和最大位移。在这个意义上它们是等价的（静态载荷等价方法）。用 $q = q_p$ 代替 $I = I_p$，结构强度问题转化为材料应力分析问题，这里 I_p，q_p 分别为脉冲载荷冲量和静载荷的计算值。强度裕度可以通过极限应力与计算应力的关系确定。

下面以一个具体的事例对等价静载的实质进行具体阐述。设瞬时脉冲冲量载荷为 I，作用到弹性矩形薄板上。在薄板振动时，通过傅里叶方法，薄板振动规律可以描述为

$$w = w_0(t) \cdot Z(x, y) \tag{9-18}$$

式中　w_0——薄板中心的振动的位移，是时间的函数；

　　　Z——薄板的绕度，是 x，y 的函数。

中心点的振动特点满足方程

$$\ddot{w}_0 + \omega^2 w_0 = \frac{\bar{P}(t)}{\bar{M}} \tag{9-19}$$

$\bar{P}(t)$ 为换算力，可以表示为

$$\bar{P}(t) = \iint\limits_{y\,x} p(t) Z(x, y) \mathrm{d}x \mathrm{d}y \tag{9-20}$$

$\bar{M}$ 为换算质量，可以表示为

$$\bar{M} = \iint\limits_{y\,x} \rho h Z^2(x, y) \mathrm{d}x \mathrm{d}y \tag{9-21}$$

式中　ω——振动圆周频率；

　　　$p(t)$——薄板动态压强；

　　　ρ——材料密度；

　　　h——薄板厚度。

由于脉冲冲量加载是瞬时的，方程（9-19）转化为解方程

$$\ddot{w}_0 + \omega^2 w_0 = 0 \tag{9-22}$$

初始速度

$$\dot{w}_0(0) = \frac{\bar{I}}{\bar{M}}$$

其中

$$\bar{I} = \iint_{y\ x} IZ(x,y)\mathrm{d}x\mathrm{d}y \qquad (9-23)$$

式中　I——实际动态脉冲冲量。

解的形式为

$$w_0(t) = \frac{\bar{I}}{\bar{M}\omega}\sin \omega t \qquad (9-24)$$

振动幅值

$$w_\mathrm{m} = \frac{\bar{I}}{\bar{M}\omega} \qquad (9-25)$$

等效换算静力载荷 $\bar{P}_\mathrm{eq}$ 为（脉冲冲量 $\bar{I}$ 一样引起弯曲绕度 w_m）

$$\bar{P}_\mathrm{eq} = \bar{c}w_\mathrm{m} \qquad (9-26)$$

式中　$\bar{c}$——等效换算刚度。

由于

$$\omega = \sqrt{\frac{\bar{c}}{\bar{M}}}, \quad \bar{c} = \omega^2\bar{M} \qquad (9-27)$$

那么

$$\bar{P}_\mathrm{eq} = \omega^2\bar{M} \cdot \frac{\bar{I}}{\bar{M}\omega} = \bar{I}\omega \qquad (9-28)$$

等式（9-23）两边乘以 ω，并且与式（9-28）比较，那么

$$\bar{P}_\mathrm{eq} = \bar{I}\omega = \iint_{y\ x} I\omega Z(x,y)\mathrm{d}x\mathrm{d}y \qquad (9-29)$$

式（9-29）中，$I\omega$ 就是等价静载的值

$$q = I\omega \qquad (9-30)$$

根据同样的原理，可以讨论梁、壳体等其他弹性系统等效性转化问题。当然对于很多情况，脉冲冲量载荷不一定是均匀分布。如果脉冲冲量不是均匀的，那么根据式（9-29）和式（9-30）等价静载也不是均匀的。

这样如果弹性系统圆周频率提前已知（比如根据手册确定），那么等价静载就等于振动的圆周频率与脉冲（冲量）的乘积。如果圆周频率不知道，那么要进行运算，参见式（9-17）。在这种情况下，q 正比于脉冲冲量载荷，比例系数近似等于振动的圆周频率。

9.3　脉冲载荷作用下薄壳结构强度的解析分析

9.3.1　计算情况和实现条件

对于薄壳结构，研究强脉冲载荷侧向作用的情况，侧向脉冲冲量 I 有轴对称特性（沿圆柱表面分布）和非对称分布（沿圆周余弦分布）两种情形。对于后一种情况要把非对称的侧向脉冲冲量等价于轴对称。等价后的轴对称脉冲 I_{eq} 为

$$I_{eq} = \frac{I_o}{k} \tag{9-31}$$

式中　I_o——侧向脉冲峰值；

　　　$k=1.41$，经验常数，考虑了非对称作用的系数；

　　　$k=1.0$，径向脉冲的轴对称特性。

余弦脉冲加载圆柱壳体的加载图参见图 9-2（a），轴对称加载参见图 9-2（b）。

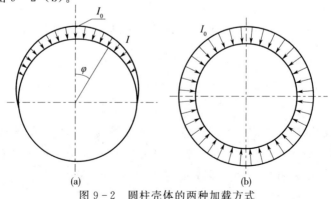

(a)　　　　　　　　　　　　(b)

图 9-2　圆柱壳体的两种加载方式

9.3.2　脉冲冲量载荷计算的数学模型

一般来说，薄壳结构脉冲加载的强度准则由应变的极限值确定，针对层裂破坏和结构塑性大变形两种破坏形式，极限应变的确定根据下列条件选择：

1) 不允许材料产生层破坏；

2) 不允许结构产生塑性变形。

为了解决问题需要建立相应的数学模型，特别之处是需要考虑由于瞬时脉冲作用形成的动能和压缩应变的势能。由前所述，壳体的应变状态通过动能和应变能的守恒确定。另外，根据守恒方程可以确定脉冲载荷的等价静载荷，并进一步通过应力分析确定结构危险截面的应力。

和前述一样，确定壳体的动能有一个假设：结构的每一点都获得相同的速度场，他们可以由脉冲冲量除以质量来确定。而单位面积的动能根据公式

$$\Im_\kappa = \frac{I_э^2}{2M} \qquad (9-32)$$

式中　M——单位面积的质量。

应变能根据公式

$$\Im_\varepsilon = \frac{Eh\varepsilon_0^2(1-\nu^2)}{2} \qquad (9-33)$$

式中　E——材料弹性模量；

　　　h——壳体厚度；

　　　ν——泊松系数；

　　　ε_0——轴对称振动时应变量的最大允许值，可以通过材料力学的相关公式给出。

9.3.3　脉冲载荷作用下圆柱壳体的强度分析

假设弹性壳体结构受到均匀的脉冲载荷作用，参见图 9-3（a），图 9-3（b）表示了其等价静载作用的外部压力 q，由等价静载引起

的最大应变同脉冲载荷作用等同，I 和 q 的等效关系利用前述的基本理论给出。

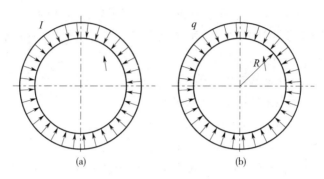

(a)　　　　　　　　　　(b)

图 9 - 3　壳体轴对称应变图

根据式（9 - 32）、式（9 - 33）和条件 $\vartheta_\kappa = \vartheta_\varepsilon$，得到极限脉冲载荷

$$I_{\lim} = \frac{Eh \sqrt{1 - \nu^2}}{c}\varepsilon_0 \qquad (9 - 34)$$

式中 $c = \sqrt{\dfrac{E}{\rho}}$，材料中的声速，$\rho$ 为材料密度。

工程上，如果圆柱壳体用肋加强，那么需要将厚度 h 替换为

$$h_{\mathrm{np}} = h + \frac{S}{a} \qquad (9 - 35)$$

式中　S——单个肋的横截面积；

　　　a——肋之间的距离。

考虑到式（9 - 31）和式（9 - 34），强度裕度系数为

$$\eta = \frac{kI_{\lim}}{fI} \qquad (9 - 36)$$

式中　I——作用的压力脉冲；

　　　f——安全系数。

对于多层圆柱壳体，极限压力脉冲

$$I_{\lim} = \kappa \sqrt{m(B\varepsilon_{\lim}^2 - D)} \qquad (9 - 37)$$

$$m = \sum_{i=1}^{n} \rho_i h_i, \quad B = \sum_{i=1}^{n} E_i h_i \tag{9-38}$$

$$D = E_i h_i (\varepsilon_{\lim} - \varepsilon_{\mathrm{T}})^2, \quad \varepsilon_{\mathrm{T}} = \frac{\sigma_{\mathrm{T}}}{E} \tag{9-39}$$

式中　$\varepsilon_{\lim}$——与 $I_{\lim}$ 对应的极限应变，根据使用条件确定，对环而言，极限变形强度等于圆周方向的变形模量；

　　　ρ_i, E_i, h_i——第 i 层的密度、弹性模量和厚度；

　　　n——层的数量（下标 1 表示承力层）；

　　　ε_{T}，σ_{T}——承力层的屈服极限。

9.4　脉冲载荷作用下梁结构强度的解析分析

9.4.1　悬臂梁

图 9-4（a）为横截面和材料沿长度是相同的悬臂梁，承受沿长度均匀分布的横向瞬时脉冲冲量 I，在弹性范围内，截面内的弯矩

$$M = \frac{qx^2}{2} \tag{9-40}$$

式中　q——等价静载。

最大应变能为

$$\mathbf{\Theta}_{\varepsilon} = \int_0^l \frac{M^2}{2EJ} \mathrm{d}x = \int_0^l \frac{q^2 x^4}{8EJ} \mathrm{d}x = \frac{q^2 l^5}{40EJ} \tag{9-41}$$

式中　EJ——弯曲刚度。

初始动能为

$$\mathbf{\Theta}_{\kappa} = \frac{I^2}{2m} l \tag{9-42}$$

式中　I——单位长度上的压力脉冲（冲量）；

　　　m——单位长度质量。

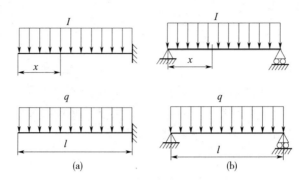

图 9 - 4　加载框图

根据能量守恒

$$\frac{q^2 l^5}{40EJ} = \frac{I^2}{2m}l \tag{9-43}$$

$$q = 4.47 \frac{I}{l^2} \sqrt{\frac{EJ}{m}} \tag{9-44}$$

脉冲冲量载荷转化为静态载荷。下面的计算应用材料力学理论，最大弯矩

$$M_{\max} = \frac{ql^2}{2} \tag{9-45}$$

最大弯曲应力

$$\sigma_{\max} = \frac{M_{\max}}{W} \tag{9-46}$$

式中　W——横向截面阻力（应力）力矩。

最大应变

$$\varepsilon_{\max} = \frac{\sigma_{\max}}{E} \tag{9-47}$$

9.4.2　两支点梁

加载方案参见图 9 - 4（b），支点为铰支。在弹性范围内，截面内的弯矩（截面坐标 x）

$$M = \frac{ql}{2}x - \frac{qx^2}{2} = \frac{q}{2}(lx - x^2) \tag{9-48}$$

应变能

$$\mathbf{Э}_\varepsilon = \int_0^l \frac{M^2}{2EJ} \, \mathrm{d}x = \frac{q^2}{8EJ} \int_0^l (lx - x^2)^2 \, dx = \frac{q^2 l^5}{240EJ} \tag{9-49}$$

动能

$$\mathbf{Э}_\kappa = \frac{I^2}{2m}l \tag{9-50}$$

根据守恒定律

$$\frac{I^2 l}{2m} = \frac{q^2 l^5}{240EJ}$$

$$q = I \frac{10.94}{l^2} \sqrt{\frac{EJ}{m}} \tag{9-51}$$

在梁的中间截面弯矩最大

$$M_{\max} = \frac{ql^2}{8} = 1.37 I \sqrt{\frac{EJ}{m}} \tag{9-52}$$

最大弯曲应力

$$\sigma_{\max} = \frac{M_{\max}}{W} \tag{9-53}$$

最大应变

$$\varepsilon_{\max} = \frac{\sigma_{\max}}{E} \tag{9-54}$$

第 10 章　热-力学效应不确定度分析

数值模拟手段和试验模拟手段是强脉冲 X 光热-力学效应的主要研究方法，无论采取哪个研究手段，由于多种不确定因素影响，都会给研究结果带来误差。随着计算机科学技术和计算数学的不断发展，数值模拟计算在工程、军事和国防等部门中所发挥的作用越来越大。然而，在人们越来越依赖于数值模拟计算的时候，数值模拟模型和数值模拟结果的精度与可靠性等问题也被提到了越来越重要的地位。由于强脉冲 X 光辐射引起的重要力学效应是热击波，而对热击波的产生以及它在材料和结构内部造成的毁伤效应主要依靠数值模拟计算提供数据，所以对热击波数值模拟计算模型进行验证与确认，进而确定其数值模拟结果的不确定度就显得尤为重要。同样，模拟辐照效应试验由于测试系统本身以及测量方法等各种因素的影响，测量结果也存在诸多不确定性，这也是研究 X 光热-力学效应不可回避的内容。

10.1　试验测量不确定分析

10.1.1　试验测量不确定度含义[1]

一切测量结果都不可避免地具有误差或不确定度，所以在完成测量后还需要对测量结果做出综合评定。不确定度是"误差可能数值的测量程度"，表征所得测量结果可信赖的程度。对一个测量的具体数据来说，不确定度是指测量值（近真值）附近的一个范围。不确定度小，测量结果可信赖程度高；不确定度大，测量结果可信赖程度低。在测量工作中，不确定度一词近似于不确知，不明确，不可靠，有质疑，是作为估计而言的；因为误差是未知的，不可能用指出误差的方法去说明可信赖程度，而只能用误差的某种可能的数值去说明可信赖程度，所以不确定度更能表示测量结果的性质和测量的质量。

在完成测量后，还需要将所测结果完整地表示出来。在这个结果中既要包含待测量的近似真实值，又要包含测量结果的不确定度，还要反映出物理量的单位，因此，可写成标准表达形式如下

$$x = \bar{x} \pm \sigma (单位) \tag{10-1}$$

式中　x——待测量；

　　　$\bar{x}$——测量的近似真实值；

　　　σ——可以是标准合成不确定度，也可以是扩展不确定度，一
　　　　　般保留一到两位有效数字。

直接测量时若不需要对被测量进行系统误差的修正，一般就取多次测量的算术平均值 $\bar{x}$ 作为近似真实值；若在实验中有时只需测一次或只能测一次，该次测量值就作为被测量的近似真实值。在间接测量中，$\bar{x}$ 即为被测量的计算值。

在测量结果的标准表达式中，给出了一个范围 $(\bar{x}-\sigma) \sim (\bar{x}+\sigma)$，它表示待测量的真值以一定概率落在 $(\bar{x}-\sigma) \sim (\bar{x}+\sigma)$ 范围内。如果认为误差在 $-\sigma \sim +\sigma$ 之间则是错误的。

在上述标准式中，近似真实值、不确定度、单位 3 个要素缺一不可，否则就不能全面表达测量结果。

实验测量中导致不确定度的根源主要有：

1）被测量量的定义不完善；

2）被测量量复现不理想；

3）测量样本不能代表定义的被测量量；

4）没有充分了解环境条件对测量过程的影响，或环境不完善；

5）模拟式仪表读数时有人为偏离；

6）仪器分辨率或鉴别率有限；

7）测量标准或标准物质的值不确定；

8）根据外部源得出并在数据转化简化计算中使用常数及其他参数不准确；

9）测量方法和测量过程中引入的近似值及假设。

10.1.2　测量不确定度的分类与评定

用标准偏差表示测量结果的不确定度，称为标准不确定度。依据评定方法不同，标准不确定度分为 A 类和 B 类。

能够用统计分析方法计算的称为 A 类不确定度。A 类不确定度可用"贝塞尔公式"计算。假设对物理量 X 进行了 n 次重复独立测量，其测量值分别为 $x_1, x_2, \cdots, x_n$，平均值为 $\bar{x}$，则单次测量的标准差 S_i 为

$$S_i = S(x_i) = \sqrt{\frac{1}{n-1} \sum_{i=1}^{n} (x_i - \bar{x})^2} \qquad (10-2)$$

式中　$i = 1, 2, 3, \cdots, n$，表示测量次数。

平均值的标准差为

$$S = S(\bar{x}) = \frac{S(x_i)}{\sqrt{n}} = \sqrt{\frac{1}{n(n-1)} \sum_{i=1}^{n} (x_i - \bar{x})^2} \qquad (10-3)$$

显然，多次测量的平均值比一次测量值更准确，随着测量次数的增加，平均值收敛于期望值。规范规定，以平均值的标准差作为测量结果的标准不确定度，即 A 类不确定度，常用 u_A 表示，即 $u_A = S$。

用非统计方法求出或评定的不确定度（如测量仪器的不准确性或其基本误差等），称为 B 类不确定度。评定 B 类不确定度的信息来源主要有产品说明文件、校准证书、国家标准和以往的观测数据等。目前常用测量仪器的基本误差表示 B 类不确定度。因仪器误差导致的 B 类不确定度为

$$u_B = \frac{\Delta}{f} \qquad (10-4)$$

式中　Δ ——仪器误差或仪器的基本误差；

f —— 与置信概率和误差分布有关的系数。

一般仪器的误差服从均匀分布，落在基本误差范围内的概率为 100%，这时 f 的值为 $\sqrt{3}$。

合成标准不确定度为

$$u_C = \sqrt{u_A^2 + u_B^2} \qquad (10-5)$$

扩展不确定度有两种表达方式，一种是取合成标准不确定度乘以一个包含因子 k，即

$$U = k u_C \qquad (10-6)$$

可以期望，在 $(\bar{x} - U) \sim (\bar{x} + U)$ 的区间里包含了测量结果可能值的较大部分，k 的取值为 $2 \sim 3$，一般取 2。

另一种表达形式为将合成标准不确定度乘以给定概率 p 的包含因子 k_p，即

$$U_p = k_p u_C \qquad (10-7)$$

可以期望，在 $(\bar{x} - U_p) \sim (\bar{x} + U_p)$ 的区间里以概率 p 包含了测量结果的可能值。一般采用的 p 值为 99% 和 95%，多数情况采用 $p = 95\%$。k_p 的值可从参考文献 [1] 的附录中查出。如果测量次数充分多，可近似认为 $k_{95} = 2$，$k_{99} = 3$。

10.1.3　直接测量量不确定度的评定与表示举例

已知测量结果的获得应包括待测量近似真实值的确定，A、B 两类不确定度以及合成不确定度的计算，并最终采用不确定度来表示测量结果。在实际测量中，增加重复测量次数对于减小平均值的标准误差，提高测量的准确度有利。但是应注意到当次数增大时，平均值标准误差的减小逐渐减慢，当次数大于 10 时平均值的减小便不明显了。通常取测量次数为 5～10 为宜。下面举例说明不确定度的评定与表达。

假设用千分尺测量小钢球的直径 d，5 次的测量值分别为

d (mm) = 11.932, 11.924, 11.928, 11.936, 11.930

1) 求直径 d 的算术平均值

$$\overline{d} = \frac{1}{n} \sum_{i=1}^{5} d_i = \frac{1}{5}(11.932 + 11.924 + 11.928 + 11.936 + 11.930)$$

$$= 11.930(\text{mm})$$

2）计算 A 类不确定度

$$u_\text{A} = \sqrt{\frac{1}{n(n-1)} \sum_{i=1}^{n} (d_i - \overline{d})^2}$$

$$= \sqrt{\frac{(11.932 - 11.930)^2 + (11.924 - 11.930)^2 + \cdots}{5(5-1)}}$$

$$= 0.002 \ (\text{mm})$$

3）计算 B 类不确定度

根据技术规范，千分尺的最大误差为 $\Delta = \pm 0.001$ mm，因此

$$u_\text{B} = \Delta/\sqrt{3} = 0.00058 \ (\text{mm})$$

4）合成不确定度

$$u_\text{C} = \sqrt{u_\text{A}^2 + u_\text{B}^2} = \sqrt{0.002^2 + 0.00058^2} = 0.002 \ (\text{mm})$$

5）测量结果

表示形式 1：$d = 11.930$ mm，合成标准不确定度 $u_\text{C} = 0.002$ mm。

表示形式 2：$d = 11.930$ mm，$U = 0.004$ mm，$k = 2$。

表示形式 3：测量次数为 5，有效自由度 ν_eff 为 4，按 $p = 95\%$，查表有 $k_p = 2.78$，所以有 $d = 11.930$ mm，$U_{95} = 0.006$ mm，$\nu_\text{eff} = 4$。

10.1.4　间接测量量不确定度的评定

间接测量的近似真实值和合成不确定度是由直接测量结果通过函数式计算出来的，既然直接测量有误差，那么间接测量也必有误差，这就是误差的传递。由直接测量值及其误差来计算间接测量值的误差之间的关系式称为误差的传递公式。设间接测量的函数式为

$$N = F(x, y, z, \cdots) \tag{10-8}$$

N 为间接测量的量，它有 K 个直接测量的物理量 $x, y, z, \cdots$，各直接观测量的测量结果分别为 $x = \overline{x} \pm u_x$，$y = \overline{y} \pm u_y$，$z = \overline{z} \pm u_z$，$\cdots$。

1) 若将各个直接测量量的近似真实值 $\bar{x}$ 代入函数表达式中，即可得到间接测量的近似真实值

$$\overline{N} = F(\overline{x}, \overline{y}, \overline{z}, \cdots)$$

2) 求间接测量的合成不确定度，由于不确定度均为微小量，相似于数学中的微小增量，对函数式 $N = F(x, y, z, \cdots)$ 求全微分，即得

$$dN = \frac{\partial F}{\partial x}dx + \frac{\partial F}{\partial y}dy + \frac{\partial F}{\partial z}dz + \cdots$$

式中 $dN, dx, dy, dz, \cdots$ 均为微小量，代表各变量的微小变化，dN 的变化由各自变量的变化决定，$\frac{\partial F}{\partial x}, \frac{\partial F}{\partial y}, \frac{\partial F}{\partial z}, \cdots$ 为函数对自变量的偏导数，记为 $\frac{\partial F}{\partial A_i}$。将上面全微分式中的微分符号 d 改写为不确定度符号 u，并将微分式中的各项求"方和根"，即为间接测量的合成不确定度

$$u_N = \sqrt{\left(\frac{\partial F}{\partial x}u_x\right)^2 + \left(\frac{\partial F}{\partial y}u_y\right)^2 + \left(\frac{\partial F}{\partial z}u_z\right)^2 + \cdots} = \sqrt{\sum_{i=1}^{K}\left(\frac{\partial F}{\partial A_i}u_i\right)^2}$$

$$(10-9)$$

式中　　K—— 直接测量量的个数；

A_i—— 代表 $x, y, z, \cdots$ 各个自变量（直接观测量）。

10.2　数值模拟不确定度问题的提出

10.2.1　数值模拟不确定分析的必要性和意义

在强脉冲 X 光热-力学效应研究中，数值模拟计算发挥着重要作用。采用数值模拟计算解决实际问题时，大致分 3 个步骤：

1) 依靠理论对真实过程进行深入分析，抓住主要矛盾，建立理论模型；

2) 将理论模型（包括初始条件和边界条件）表示为数学方程，

并确定数值求解方法，这个步骤简称为建立计算模型；

3）进行软件开发，软件开发一旦成功，便可对真实过程进行数值模拟，并进行结果分析。

在利用数值模拟计算解决问题时，数值模拟结果并非总是客观可靠，这主要受以下几方面影响。

首先，计算机主要用来求解根据各种理论建立的数学方程，得出实际问题所需要的数值结果，而数学方程要靠专业理论提供，数值模拟结果的正确与否，既要由实践来检验，也要用专业理论来作分析判断。

其次，数值模拟计算的数值方法虽然比理论分析和解析方法适应性强，应用面广，更能满足实际需要，但计算所依赖的基本方程在各种具体问题中都有不同程度的简化和近似。这些方程通常只考虑了主要因素，往往忽略了很多次要因素。然而，主要因素和次要因素往往又带有经验的先验色彩，如果考虑不当，必将带来误差。

再次，由于计算数学的现有理论，如微分方程数值解的收敛性、稳定性理论，还远不能满足各种复杂实际问题的需要，所以在求解实际问题时往往缺乏严格的稳定性分析、误差估计和收敛性证明，甚至连解的存在和唯一性问题都可能没有严格的论证。

因此，必须对相应的数值模拟结果进行不确定度分析，一旦数值模拟软件的不确定度在工程许可范围内，并且被实践证明是合理可靠的，则数值模拟计算就比试验具有更加突出的优点。

第一，利用数值模拟计算进行计算机试验比真实试验省钱省时。

第二，数值模拟计算与真实试验相比，有更大的自由度和灵活性，也很安全，它不存在真实试验中的测量误差和系统误差，没有测试探头的干扰问题，还可以较自由地选取参数。如地下核试验问题，由于不确定性因素太多，有些测量的误差是很难进行分析的。

第三，在真实试验很困难甚至不能进行的场合，仍可进行数值模拟计算。

10.2.2　热击波数值模拟软件的模型分解

在对热击波数值模拟软件（模型）进行不确定度分析之前，首先需要分解出该软件体系的模型结构。为了对热击波数值模拟软件有更清楚的了解，首先给出热击波数值模拟软件的执行流程，如图 10-1 所示。可以看出，获得喷射冲量和热击波传播规律是热击波数值模拟软件的基本目的，为了达到这个目的，首先需要准备材料参数，并确定初始条件、边界条件和相关控制参数，然后进行能量沉积计算和流体动力学计算，这两种计算一开始是同步进行的，但在能量沉积结束以后只进行流体动力学计算，根据控制参数的要求输出喷射冲量和不同时刻、不同位置的热击波参量的计算结果。

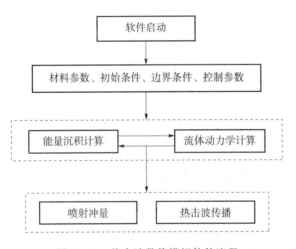

图 10-1　热击波数值模拟软件流程

根据热击波数值模拟软件的基本流程，可找出其中的分层模型系统及其相互关系如图 10-2 所示。从图 10-2 可以看出，对于热击波数值模拟软件，其模型系统可以分为三层，第一层或顶层系统就是我们所关心的热击波数值模拟软件，第二层系统主要包括流体动力学模型和能量沉积模型两个系统，其中流体动力学模型又包括离散模型、网格模型、物态方程模型、本构模型、材料结构模型共 5

个子模型，而能量沉积模型包括光电效应模型、康普顿散射模型、电子与物质相互作用模型和网格模型等 4 个子模型。也就是说，8 个子模型构成了第三层模型系统。

对热击波数值模拟软件进行不确定度分析，应该针对 8 个子模型分别进行，并给出不确定度分析结果。但是应该注意，对于不同的子模型，所采取的方法是不同的。对于有的子模型，采用数学方法，有的子模型，可以采用物理学理论，还有一些子模型，需要采取数学分析与试验相结合的方法。

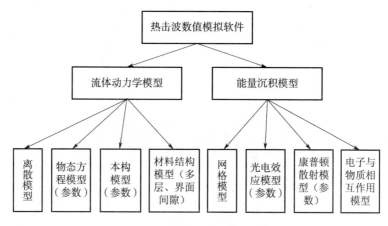

图 10 - 2　热击波数值模拟软件模型结构

10.3　数值模拟不确定度分析

10.3.1　网格模型对不确定度的影响

热击波软件采用有限差分方法进行数值计算，在进行计算之前要进行网格划分。网格模型是指在计算开始时所设定的空间网格的大小和时间网格的大小，有一定的人为性。

从流体动力学差分方法的要求看，为了确保数值计算的稳定有

效，时间网格（即时间步长）与空间网格（即空间步长）要满足一定的条件，即

$$\Delta t \leqslant \frac{\rho_0 \Delta r}{3 c_0 \rho} \qquad (10-10)$$

式中　Δr ——空间步长；

　　　Δt ——时间步长。

但这个条件只能保证得到稳定的数值解，而不能保证得到合理的物理解。

网格模型不仅与流体动力学计算相关，而且与能量沉积的计算相关，不过能量沉积主要与空间步长相关。

从数值分析的基本原理看，网格越小，数值解的精度越高，但网格取小是有限度的，所以网格划分所带来的不确定度总是存在的，网格模型可以采用数值分析的方法进行验证和确认。对于一个确定的问题，可先采用一套符合条件式（10-10）的网格进行计算，并将喷射冲量和热击波压力等典型结果记录下来。然后将网格减小一半重新计算，并将两次计算的典型结果进行对比。如果两次计算结果之间的差别较大，则所用网格模型是不合适的，这时可进一步将网格大小减半，重复进行计算和比较步骤，直到两次计算结果之间的差别在认可的范围内，则网格模型被确认。

10.3.2　离散模型对不确定度的影响

所谓有限差分方法就是将（偏）微分方程的求解近似用差分方程代替，其本质是将微分运算转换为近似的差分运算，但用差分表示微分不是唯一的，不同的近似公式具有不同的精度（也称为截断误差）。差分格式的截断误差反映了差分方程与微分方程在网格节点上的解的接近程度。大量研究表明，具有 2 阶精度的差分格式完全能够给出好的数值解，这个数值解与理论解在网格节点上的误差正比于网格步长的 2 次方。也就是说，只要网格步长取得足够小，一个具有 2 阶精度的离散模型就是一个可靠的离散模型。但在实际的

软件系统中还应注意一点，所有差分格式的精度都是针对内点而言的，边界点的差分格式需要另行处理。如果内点为 2 阶精度的差分格式，而边界点的差分格式达不到 2 阶精度。

纵观目前的数值分析理论，并不能对离散模型的可靠性和不确定度进行定量评价。为此提出一个针对性的评价方法。能量守恒是普遍的物理规律，因此可以认为，能量守恒或者说总能量的变化可以作为采用数值方法对流体动力学数值模拟软件进行验证与确认的依据。具体说来，由于外界注入到分析对象的总能量是确定的，这个能量值应该始终保持不变。由于流体动力学基本方程本身并不会导致能量异常，所以总能量的改变可以认为是由离散模型及其运算所引起的。事实上，离散模型在一定范围内的不确定度是客观存在的。对于每一个时间步长的计算，可以将系统所有网格节点的能量（动能和内能）累计起来，这个能量值必定与外界注入的总能量有一定差异，这个差异是由于离散计算所造成的，因而在某种意义上反映了离散模型的不确定度。在具体操作中可以将实时累计出来的能量随时间的变化提取出来，以此作为离散模型不确定度的评价依据。

10.3.3　物态方程模型对不确定度的影响[2]

从物态方程模型角度来说，数值模拟强脉冲辐射热击波的不确定度主要与热击波形成和热击波传播过程中的压力的描述相关。

（1）热击波形成的压力的描述

当能量沉积发生时，若空间位置 x 处单位质量物质沉积的能量为 $e_X(x)$，这个能量实际上就是点阵热能，根据 Grüneisen 物态方程的本质，点阵热压与点阵热能成正比，因此能量沉积必然导致物质内部产生相应的热压，这就是形成热击波的物理条件。由于能量沉积速度很快，在能量沉积结束的时刻，物质还没有来得及运动，这时的热击波压力可表示为

$$p(x) = \gamma_G \rho e_X(x) \qquad (10 - 11)$$

根据经验关系

$$\gamma_G \rho = \gamma_0 \rho_0 \tag{10-12}$$

所以能量沉积压力为

$$p(x) = \gamma_0 \rho_0 e_X(x) \tag{10-13}$$

根据以上分析和表达式 (10-13)，如果能量沉积刚刚结束时刻的压力存在不确定度，则这个不确定度主要来源于常态 Grüneisen 系数值和常态密度值，当然也可能是由能量沉积引起的。

（2）热击波传播过程中的压力的描述

能量沉积结束后，热击波相靶内材料传播，由于物质被压缩并运动，热击波压力需要用 Grüneisen 方程来描述

$$p = p_H + \frac{\gamma}{v}(e - e_H), \quad v \leqslant v_0 \tag{10-14}$$

式中

$$p_H = \frac{\rho_0 c_0^2 \eta}{(1 - s\eta)^2} \tag{10-15}$$

$$e_H = \frac{1}{2} p_H (v_0 - v) \tag{10-16}$$

$$\eta = 1 - \frac{v}{v_0} \tag{10-17}$$

其中，c_0 和 s 为冲击波速度 D 与质点速度 u 之间的线性关系式中的材料常数

$$D = c_0 + su \tag{10-18}$$

Grüneisen 模型又是以冲击压缩线式 (10-15) 为基础，而冲击压缩线最终归结为 $D-u$ 关系式 (10-18)。

对于膨胀区，PUFF 方程为下面形式

$$p = \rho\Big[H + (\gamma_0 - H)\Big(\frac{\rho}{\rho_0}\Big)^{\frac{1}{2}}\Big]\Big(e - e_s\Big\{1 - \exp\Big[\frac{N\rho_0}{\rho}\Big(1 - \frac{\rho_0}{\rho}\Big)\Big]\Big\}\Big) \tag{10-19}$$

其中

$$H = \bar{\gamma} - 1, \quad N = \frac{c_0^2}{\gamma_0 e_s} \tag{10-20}$$

能量沉积结束以后，热击波要传播，在传播过程中，热击波压

力要变化。从物理上看，热击波压力是根据以冲击压缩线式（10-15）为参考线的 Grüneisen 方程进行计算的，而式（10-15）来源于质量守恒方程、动量守恒方程和式（10-18），其中质量守恒和动量守恒是普遍规律，而式（10-18）是描述具体物质性质的经验规律，所以热击波压力在传播过程中的不确定度将主要来源于式（10-18），从参数角度看，主要受 ρ_0、c_0、s、γ_0 此 4 个参数的影响。另外，冲击波在传播过程中要衰减，其衰减速度与高压声速相关，而高压声速的计算公式为[2]

$$c = \sqrt{\left(\frac{\partial p}{\partial \rho}\right)_{\text{S}}} = c_0(1-\eta)\left[\frac{1+(s-\gamma_0)\eta}{(1-s\eta)^3} + \frac{\gamma_0 v_0}{c_0^2}p\right]^{1/2}$$

$$(10-21)$$

从上式可以看出，影响高压声速的基本参数仍然是 ρ_0、c_0、s、γ_0。

如果靶表面由于剧烈能量沉积而发生了汽化反冲，需要采用式（10-19）计算汽化区域的压力，从方程式（10-19）可以看出，其中一个非常重要的材料参数是升华能 e_s。对于升华能，金属材料的升华能可从物理常数表查出。但对于一些新材料或者复杂材料，目前还没有可靠的试验技术对其进行测量，因此需要建立一套数值分析方法来研究其本身的不确定度给热击波计算所带来的不确定度。

综上所述，影响热击波压力的模型为 Grüneisen 模型以及膨胀气体的物态方程，它们不仅描述了能量沉积结束时的热击波压力，而且还反映了热击波压力在传播过程中的变化。从参数角度看，影响热击波压力的参数主要是 ρ_0、c_0、s、γ_0、e_s。

参 考 文 献

[1]　中华人民共和国国家计量技术规范：测量不确定度评定与表示 JJF1059—1999. 北京：中国计量出版社，1999.

[2]　汤文辉，张若棋. 物态方程理论及计算概论 . 2 版 . 北京：高等教育出版社，2008.

第 11 章　量纲分析及其在结构动力学响应中的应用

11.1　量纲分析基本理论概述[1-4]

11.1.1　量纲的概念

（1）有量纲量与无量纲量

有些量与测量单位无关，如 π 表示圆周长与直径之比，便与测量单位无关，是常数，这种量称为无量纲量。而另一些量则与测量单位有关，称为有量纲量，如密度，需要通过测量物体的质量和体积才能获得，其大小与测量单位有关。因此，对于有量纲量，我们需要引入量纲来描述其大小。量纲是物理量的基本属性，量纲可用符号表示，通常我们用 L 表示长度单位，M 表示质量单位，T 表示时间单位。只有在确定的量度单位制下，方能谈论量纲，例如，在 LMT 单位制里，面积的量纲为 L^2，速度的量纲是 LT^{-1}，力的量纲是 MLT^{-2} 等。

量纲有基本量纲和导出量纲之分，基本量纲和导出量纲的概念是相对的，尽管习惯上人们通常把长度 L、质量 M 和时间 T 取做基本量纲，而将其他物理量的量纲看做它们的导出量纲，但是从认识和揭示问题的物理本质出发，这并不是绝对的和必须的。例如在纯力学问题中，我们也可以把质量 M、速度 V 和时间 T 取做基本量纲，此时长度 L＝VT 就成为它们的导出量纲。问题的关键和核心在于，人们必须搞清楚一个实际问题总共主要涉及多少个物理量，以及在这些所涉及的物理量之中到底又有多少个是量纲独立的；而且，在任何一个实际问题当中不管它所涉及的全部物理量有多少，但是这些物理量之中其量纲独立的物理量个数都是确定的，并且这个量纲独立物理量的个数是由这个物理问题本身的性质所决定的；同时该问题中其他物理量的量纲都可以由这几个基本物理量的量纲所导出。这是建立量纲分析理论核心定理即 Π 定理的基础。在实践上，当我们对某一物理现象进行量纲分析时，首先需要根据我们对这一物理问题本质的认识，抓住主要矛盾，列出影响这一物理现象的全部主要物理量，这是第一步；第二步就是通过对这些所出现的全部物理量量纲的分析，从中选出其中的一组（数目最大的）量纲彼此独立的有量纲量，并将之作为基本量，而将其余物理量作为它们的导出量，这一步是最重要的一步也是量纲分析的基础。当然，从纯理论角度讲，虽然对具体问题而言其中量纲独立量的个数是确定的，但人们对基本量组的选取则带有一定的随意性，选取的方式要视问题的具体情况而定，在不同的问题中可取不同的物理量组作为基本量，而这一基本量组的选取常常会对我们揭示物理问题规律性本质的深度有重要的影响，这需要在实践中不断总结和提高。

（2）量纲的性质

有量纲物理量具有以下几点性质：

1）只有同一量纲的物理量才能比较大小，只有量纲相同的物理量才能相加或相减。

2）任何科学的方程式两端量纲必须相同，或者更准确地讲，任何科学的方程式中各项的量纲必须相同，且与度量单位无关。量纲的这一性质可用来检验一个物理方程式是否科学合理。

3）不同量纲的物理量可以相乘，其积的量纲等于相乘因子量纲之积

$$[ab] = [a][b] \tag{11-1}$$

4）任一物理量量纲都可以由彼此独立的基本量量纲的指数幂乘积来表示，假如基本量的量纲共有 k 个，则物理量 a 的量纲 $[a]$ 便可以表示成

$$[a] = [a_1]^{m_1}[a_2]^{m_2} \cdots [a_k]^{m_k} \tag{11-2}$$

式中　　$m_1, m_2 \cdots, m_k$ ——有理数；

　　　　$[a_1], [a_2], \cdots, [a_k]$ ——彼此独立的基本量量纲。

5）任一导出物理量都可以和基本量的指数幂乘积相组合，构成无量纲量。例如，倘若 b 是导出物理量，$[a_1], [a_2], \cdots, [a_k]$ 为量纲独立的基本量，则由性质 4）知，量纲 $[b]$ 可以表示成

$$[b] = [a_1]^{n_1} [a_2]^{n_2} \cdots [a_k]^{n_k} \qquad (11-3)$$

式中　　$n_1, n_2 \cdots, n_k$ ——有理数；

　　　　$[a_1], [a_2], \cdots, [a_k]$ ——彼此独立的基本量量纲。

由于 b 和 $[a_1], [a_2], \cdots, [a_k]$ 的指数幂乘积具有相同的量纲，因此

$$\Pi = \frac{b}{a_1^{n_1} a_2^{n_2} \cdots a_k^{n_k}} \qquad (11-4)$$

必定为无量纲的数，故 Π 是无量纲量。

11.1.2　Π 定理

科学研究工作者的任务在于用实验、理论或计算的方法确定某一物理现象中各种物理量间的内在关系。更具体地说，就是研究物理问题中的某个响应量或因变量（结果）对影响这一因变量的各种本源量或自变量（原因）的依赖关系。不失一般性，设 a 是我们感兴趣和要研究的某个因变量，而根据我们对问题的认识和分析，认为影响这一因变量 a 的全部主要自变量是（$a_1, a_2 \cdots, a_n$）。则我们要寻求的因变量 a 与自变量（$a_1, a_2 \cdots, a_n$）之间的内在联系，可以用如下的函数关系来表达

$$a = f(a_1, a_2 \cdots, a_n) \qquad (11-5)$$

量纲分析的任务就在于，以前面我们所讲的量纲理论的基本概念为基础，来最大限度地确定加在此关系式上的限制，即最大限度地简化这种依赖关系的可能形式，并加以利用，指导实验、理论分析或模拟计算，从而得出科学的结果和引出规律性结论。引出这个限制所依赖的基础，就是我们所研究的物理量不仅仅是简单的数，

而且是有量纲的量，同时各量之间的量纲是有特定联系的。为此，我们首先在自变量中找出具有量纲独立性质的基本量，而将其余自变量以及要研究的因变量视为由这些基本量导出的导出量。假如物理问题中的基本量共有 k 个，我们不妨把这 k 个基本量排在自变量的最前面，于是 $(a_1, a_2 \cdots, a_k)$ 就是基本量，其余的 $n-k$ 个自变量 $(a_{k+1}, a_{k+2} \cdots, a_n)$ 便是导出量。设基本量的量纲分别为 $(A_1, A_2, \cdots, A_k)$，则由式（11-3）知，导出量的量纲便可以通过这些基本量量纲的指数幂的乘积表示

$$[a_{k+1}] = A_1^{p_1} A_2^{p_2} \cdots A_k^{p_k}$$

$$[a_{k+2}] = A_1^{q_1} A_2^{q_2} \cdots A_k^{q_k}$$

$$\cdots$$

$$[a_n] = A_1^{r_1} A_2^{r_2} \cdots A_k^{r_k}$$

由于因变量 a 也是导出量，因此其量纲也可以表示成基本量量纲的指数幂乘积式

$$[a] = A_1^{m_1} A_2^{m_2} \cdots A_k^{m_k}$$

其中，$p_1, \cdots, p_k; q_1, \cdots, q_k; r_1, \cdots, r_k; m_1, \cdots, m_k$ 等均是相应的幂次值。

用本问题中的基本量 $(a_1, a_2 \cdots, a_k)$ 作为基本单位，按上述指数幂乘积的方式度量各物理量，则结果都是无量纲的纯数，或者说都是无量纲量，即我们可引出与各导出量（包括因变量在内）相对应的无量纲量

$$\Pi = \frac{a}{a_1^{m_1} a_2^{m_2} \cdots a_k^{m_k}}$$

$$\Pi_1 = \frac{a_{k+1}}{a_1^{p_1} a_2^{p_2} \cdots a_k^{p_k}}, \quad \cdots, \quad \Pi_{n-k} = \frac{a_n}{a_1^{r_1} a_2^{r_2} \cdots a_k^{r_k}} \tag{11-6}$$

而我们总可以改变各基本量的测量单位而使其各基本量的数值成为纯数 1，于是前述物理问题中的函数关系式（11-5）便可以表示成如下的无量纲量间的关系

$$\frac{a}{a_1^{m_1} a_2^{m_2} \cdots a_k^{m_k}} = f\left(1, 1, \cdots, 1; \frac{a_{k+1}}{a_1^{p_1} a_2^{p_2} \cdots a_k^{p_k}}, \frac{a_{k+2}}{a_1^{q_1} a_2^{q_2} \cdots a_k^{q_k}}, \cdots, \frac{a_n}{a_1^{r_1} a_2^{r_2} \cdots a_k^{r_k}}\right)$$

$$\tag{11-7a}$$

即

$$\Pi = f(\Pi_1, \Pi_2, \cdots, \Pi_{n-k}) \qquad (11-7b)$$

上式的左端是无量纲因变量，记为 Π；而右端函数 f 中前 k 个量都是常数 1，对因变量 Π 没有影响，起作用的只是后面 $n-k$ 个无量纲自变量，我们将它们分别记作 $(\Pi_1, \Pi_2, \cdots, \Pi_{n-k})$，于是无量纲因变量 Π 便是 $n-k$ 个无量纲自变量 $(\Pi_1, \Pi_2, \cdots, \Pi_{n-k})$ 的函数。可见，$n+1$ 个有量纲量 $(a, a_1, a_2, \cdots, a_n)$ 之间的函数关系，经无量纲化之后，变成了 $n+1-k$ 个无量纲量 $(\Pi, \Pi_1, \Pi_2, \cdots, \Pi_{n-k})$ 之间的关系，变量数减少了 k 个，这就是量纲分析理论中著名的所谓 Π 定理，它是量纲分析理论的核心。Π 定理告诉我们，当一个物理问题的函数关系采用无量纲量表示时，变量的个数可以减少，减少的数目就是独立的基本量个数。因此，采用无量纲量描述物理问题可以简化问题的表述。另一方面，由于无量纲量与测量单位系无关，因此用无量纲量描述物理问题还有助于模拟实验的开展。因为从物理上讲，只要问题的无量纲量相同，原型和模型的函数关系式是一样的，因此我们可以通过实验室模型实验来获得实际问题的解。

通常我们把式（11-7b）中的无量纲量 Π_1，Π_2，$\cdots$，Π_{n-k} 称为相似准数或相似参数（有的人将之称为相似准则）。这样，我们就可以说 Π 定理的物理意义是：任何两个同类但取不同测量单位的物理现象，只要它们的相似准数是各自分别相等的，则它们的无量纲因变量就必然也是相等的，因此这两个现象就是"相似的"，因而其结果是可以相互转化的。所以量纲分析给出的结果也称为相似理论，对不同的物理问题相似理论可以引出各种不同的规律性结论。

对 Π 定理补充说明如下几点。

1）无论物理问题的表述是显式还是隐式，Π 定理给出的结论都是一样的。如果把物理问题的因变量和自变量都统一视为变量，若其总数为 N（这相当于上面显函数表述中的 $n+1$），它们间的关系可以用如下的隐式关系表示

$$f(a_1, a_2, \cdots, a_N) = 0 \qquad (11-8)$$

我们同样可以在 N 个变量中，选出 k 个量纲独立的量作为基本量，假如它们是 $(a_1, a_2, \cdots, a_k)$。不妨将这些基本量置于函数式的前面，则后面的 $N-k$ 个变量便是可以通过这些基本量导出的导出量。将这 k 个基本量取做基本单位，将式（11-8）中的所有变量进行无量纲化，则式（11-8）可以写成

$$f(1,1,\cdots,1;\Pi_1,\Pi_2,\cdots,\Pi_{N-k}) = 0$$

常数 1 在函数关系里不起任何作用，因此上式可进一步写成

$$f(\Pi_1,\Pi_2,\cdots,\Pi_{N-k}) = 0 \qquad\qquad (11-9)$$

从而将原先 N 个变量的隐式函数关系转化为 $N-k$ 个无量纲量间的函数关系，函数的形式并没有改变，但自变量的个数少了 k 个，这当然简化了问题的表述和研究。

总之，Π 定理告诉我们：任何一个物理问题的函数关系都可以在一个基本量作为参考的系统中，将有量纲量转化为无量纲量，将有量纲量间的函数关系转化为无量纲量间的函数关系。由于无量纲量的个数要比有量纲量少，因此采用无量纲量描述物理问题可以使问题得到简化，既可简化函数关系的复杂性，又有利于对物理本质的深入研究，因此量纲分析始终是科学研究中一个非常重要而又行之有效的方法。

2）如果我们在自变量之中引入点的空间坐标 x_i 和时间 t，则我们便可以利用 Π 定理对问题的任何因变量进行分析并得出对该无量纲因变量的时空分布函数的相应简化结论。这一点对问题的理论求解和数值求解的帮助也是很大的，有时会帮助我们得到解的形式的某些特定类型（如自模拟解）。

3）由 Π 定理可见，问题中量纲独立的量的个数 k 越多，则 Π 定理对问题的限制和简化便越大，这对我们研究工作的帮助也便越大。一般而言，在纯力学的问题当中所出现的量纲独立的量的个数是 3（个别问题也可能小于 3），但即使如此 Π 定理的威力也是很大的。

4）除了前面所述的所谓正问题以外，我们也可以将 Π 定理应用于下面的反问题：在对某一因变量提出限定要求时，求解对某一自

变量的相应限定条件。这种反问题的一个例子就是，已知弹、靶的几何及材料特性，求解弹对靶要达到某个侵彻深度时所需要的初始弹速；另一个例子就是，已知载荷和结构的几何和材料特征，求解结构达到某种变形或应力时所需要的外载。

11.2　量纲分析的基本方法[5-9]

11.2.1　Π 定理的工程应用意义

1）在表示物理规律的函数关系

$$a = f(a_1, a_2, \cdots, a_n) \tag{11-10}$$

时，$(a_1, a_2, \cdots, a_n)$ 必须是自变量，不能混入因变量，也不能加入与问题无关的量，这就要求我们事先对物理问题有正确的把握，在正确判断并比较各种因素对物理现象所起作用的基础上，合理决定并取舍相应的物理量。在这里抓住主要矛盾而且不漏掉主要因素是很重要的。

2）尽管 Π 定理可以减少我们要寻求的各量内在关系中独立自变量的个数，但是需要强调指出的是：无量纲型的函数关系

$$\Pi = f(\Pi_1, \Pi_2, \cdots, \Pi_{n-k}) \tag{11-11}$$

的具体形式却是无法直接由 Π 定理而得出的，它的具体形式需要通过实验、计算或者理论研究才能获得。

3）分析无量纲自变量 Π_i 的物理意义和量级很有实际价值。如物体上受到 3 个具有同样量纲的物理量的作用，记为 F_1, F_2, F_3。那么，我们可以取其中任一物理量，如 F_1 取为基本量之一，从而由这 3 个量组成两个无量纲自变量 F_2/F_1 和 F_3/F_1。倘若问题的特点是，F_3 的作用与 F_1 相近（包括它们的数值以及它们对因变量的影响方式和程度），则 $F_3/F_1 \approx 1$，F_3 便基本不起作用，那么在无量纲自变量中，只可保留有 F_2/F_1，从而可简化对问题的研究。

4）采用无量纲形式的函数关系 $\Pi = f(\Pi_1, \Pi_2, \cdots, \Pi_{n-k})$ 研究问

题，要比采用有量纲的函数关系 $a = f(a_1, a_2, \cdots, a_n)$ 研究简便许多。它们不但省去了单位换算的麻烦，而且减少了自变量的个数，从而减少研究的难度和工作量，使得结果更简洁，也更具普遍性。

11.2.2　量纲分析实例

　　量纲分析是研究不同物理量间的函数关系，寻求物理规律的有力工具，其基本依据是：物理量都是有量纲的，但物理规律不随测量单位的改变而改变，因此，用与测量单位无关的无量纲量描述物理现象，不但最简洁，也最科学、最具实际意义。

　　一般说来，在大多数实际力学问题的研究中，只要引入 3 个独立的基本度量单位就够了。通常我们取长度、质量和时间的度量单位为基本度量单位。在研究热力学现象时，则还需要引入另外一个独立的基本量即温度。今以单摆问题为例（参见图 11 - 1），具体说明怎样运用量纲分析方法研究实际物理问题，揭示物理本质，确定各物理量间的因果关系。

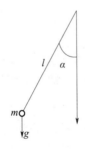

图 11 - 1　单摆模型

　　如图 11 - 1 所示，单摆是由一长为 l 的细绳和一质量为 m 的摆组成。细绳的一端固定不动，另一端悬挂着摆 m。将摆 m 从铅垂的自然位置沿半径为 l 的圆弧挪动到初始角度为 α 的位置后放开，则摆 m 将在重力的作用下以铅垂线为对称线作周期性的往复摆动，我们试图研究物体的自由摆动周期 T。倘若忽略细绳的质量和变形，也忽略空气的阻力和相关链接处的摩擦力，则这一物理问题中出现的物理量主要有：摆的质量 m、细绳的长度 l、重力加速度 g、初始角 α、单摆的摆动周期 T。我们取 T 为因变量，其余各物理量为自变量，则确定周期 T 的函数式便可以一般地写成

$$T = f(m, l, g, \alpha) \qquad (11-12)$$

这是一个简单的力学系统，函数 f 的自变量中存在着 3 个量纲独立的基本量：质量 m、长度 l 和加速度 g，角度 α（可定义为两个长度之比，当以弧度为单位时它本身已是一个无量纲量）和摆动周期 T 可以看成是导出量。

将 m, l 和 g 作为基本量，则问题中的所有物理量可通过这 3 个基本量表示成无量纲量。例如，摆质量 m 就通过自身量无量纲化，$m/m = 1$，周期 T 的量纲是时间，可以用基本量 l 和 g 的某种组合量的量纲来无量纲化，即 $T/(l/g)^{\frac{1}{2}}$。于是有量纲量函数关系式（11-12）便可以等价地写成如下的无量纲量形式

$$T/(l/g)^{\frac{1}{2}} = f(1, 1, 1, \alpha) \qquad (11-13)$$

由于 1 是常数，对函数 f 不起作用，因此单摆摆动周期 T 的无量纲量，$T/(l/g)^{\frac{1}{2}}$，只与摆角 α 有关，即

$$T/(l/g)^{\frac{1}{2}} = f_1(\alpha) \qquad (11-14)$$

于是，研究中我们只需要确定无量纲量 $T/(l/g)^{\frac{1}{2}}$ 与摆角 α 之间的关系就可以了。这样做不但简化了问题的复杂性和研究的难度，同时还能更深刻地揭示物理量间的本质关系。例如对于我们所研究的单摆周期问题，根据上述量纲分析，便可以立即得出如下几点结论。

1）单摆周期 T 与绳长 l 和重力加速度 g 有关，它正比于 $l^{\frac{1}{2}}$，但反比于 $g^{\frac{1}{2}}$。

2）单摆周期 T 与悬挂物质量 m 无关。

3）单摆的无量纲周期 $T/(l/g)^{\frac{1}{2}}$ 只依赖于摆角 α。

但是函数 $f_1(\alpha)$ 的具体形式需要通过试验或理论研究确定，无法直接由量纲分析给出。

量纲分析方法可以简化问题的研究难度和复杂性，这一点是十

分明显的。如果我们试图直接通过实验研究建立有量纲量的函数关系式（11 - 12）的具体形式，$T = f(m,l,g,\alpha)$，则要做数目相当可观的实验工作。为此，我们可以对实验次数作一初步估计：由于问题共有 4 个自变量，因此必须对每一自变量（固定其余自变量）分别进行实验，如果每个自变量做 10 次实验，那么总共要做 10^4 次实验才能达到我们的要求。上万次的实验，不但工作量可观，有时甚至是无法实现的。然而，倘若采用量纲分析的方法进行研究，那么我们只要做 10 次不同大小摆角 α 的实验，得出无量纲量 $T/(l/g)^{\frac{1}{2}}$ 与 α 间的对应数据，并通过对数据的最小二乘法拟合，就可以得出无量纲量 $T/(l/g)^{\frac{1}{2}}$ 与 α 间的函数关系，其精度与有量纲量的上万次实验相同。由此可见，采用量纲分析方法研究问题具有很大的优势。

　　在某些特殊情况下，我们还可以将上述问题作进一步简化。如果初始摆角 α 是个小量，即 $\alpha = 1$。由于在物理上可以判断 $f_1(\alpha)$ 是 α 的偶函数，因此我们可以将 $f_1(\alpha)$ 在 $\alpha = 0$ 处作泰勒展开

$$f_1(\alpha) = f_1(0) + f'_1(0)\frac{\alpha^2}{2} + f^4(0)\frac{\alpha^4}{4 \times 3 \times 2 \times 1} + L \cong f_1(0)$$

$$(11 - 15)$$

忽略高阶小项，则有

$$T = f_1(0)(l/g)^{\frac{1}{2}} \qquad (11 - 16)$$

可见此时只要做一次实验就可确定常数 $f_1(0)$ 的值，从而就可以建立单摆周期 T 与绳长 l 和重力加速度 g 间的函数关系了。小角度 α 下的不同实验一定会测出 $f_1(0) \approx 2\pi$；而由理论上将单摆的运动方程在小角度下进行线性化并求解之，所得出的单摆周期 T 恰恰为 $T = 2\pi(l/g)^{\frac{1}{2}}$，即量纲分析中所引出常数 $f_1(0)$ 其实就是理论研究中给出的常数 2π。

11.2.3　量纲分析的一般步骤

　　Π 定理指出了量纲分析的核心，即任何一个物理问题，当用无量纲量表述时，可以减少问题研究中自变量的个数而大大简化问题，

并有利于揭示问题的物理本质。运用量纲分析方法研究物理问题，通常需要遵循以下几个步骤。

1）首先要对研究对象作系统而深入的分析，对支配物理现象的规律和特性有明确的认识，以便通过在对影响事件的众多因素分析中，忽略次要因素，找出那些基本的、对问题有决定性影响的因素，然后通过对所研究对象物理量的具体分析，确定哪些量是主定量（自变量），哪些量是被定量（因变量）。

例如在上述单摆问题的研究中，我们视摆绳的伸长和绳重等为次要因素而予以忽略，则单摆问题中出现的物理量便只有摆的质量 m、绳长 l、重力加速度 g、初始角 α 和单摆的摆动周期 T，选定周期 T 为因变量，其余物理量就都是自变量，于是单摆的摆动周期 T 便是这些自变量的函数，其有量纲形式的函数关系可以写成

$$T = f(m, l, g, \alpha) \tag{11-17}$$

2）确定一个与所研究对象相对应的测量单位系，写出所有变量的量纲，然后从自变量里选出一组对此问题而言数目最大的量纲彼此独立的自变量作为量纲分析中的基本量组，以便对问题中的所有物理量进行无量纲化。这个量纲彼此独立的基本量组选取的基本原则是：此问题中所涉及的其他所有物理量（包括自变量和因变量）的量纲必须是能够由这个基本量组的量纲所导出的；另外一个原则就是要有利于对本问题物理本质的揭示。这里的前一点是基本原则，第二点则需要很好的知识积累和丰富的经验。

例如在单摆问题里，我们以长度、时间、质量为基本测量单位，并取质量 m、绳长 l、重力加速度 g 为基本量。

3）对所有物理量进行无量纲化，将有量纲量化为无量纲量，例如对于上述单摆问题，我们可以做出如下一些无量纲量：

因变量周期 T 对应的无量纲量　　　　　　　$\Pi = T/(l/g)^{1/2}$

$$\tag{11-18a}$$

自变量单摆质量 m 对应的无量纲量　　　$\Pi_1 = m/m = 1$

$$\tag{11-18b}$$

自变量单摆长度 l 对应的无量纲量　　　　$\Pi_2 = l/l = 1$ (11 - 18c)

自变量重力加速度 g 对应的无量纲量　　$\Pi_3 = g/g = 1$

$$(11 - 18d)$$

自变量初始摆角 α 对应的无量纲量　　　$\Pi_4 = \alpha$　　　(11 - 18e)

式 (11 - 18b)、式 (11 - 18c)、式 (11 - 18d) 的物理意义是，我们总可以调整基本量的测量单位，使得所测得的基本量的数值等于纯数 1。

4）将有量纲量的函数关系式 (11 - 17) 简化为无量纲形式的如下函数关系

$$\Pi = f(1, 1, 1, \Pi_4) \qquad (11 - 19)$$

5）通过实验的方法确定函数 $f(\alpha)$，为了确认这一结果的正确性我们可以通过理论分析或模拟计算来对结果进行分析和核对；如果对某些问题是知道其基本方程组的，则可以通过上述方法将基本方程组无量纲化，并对无量纲化方程组进行理论分析或模拟计算，得出相应的函数关系，然后通过相应的实验对结果进行检验。我们现在所走的就是第二条道路，即：由量纲分析指导模拟计算而得出某些规律性的结论，然后再由相关的实验来进行检验。

11.3　量纲分析科学意义和工程应用价值

可以说，自然科学有两大基石，一是张量分析，二就是量纲分析。量纲分析不但是我们研究问题的基础，而且也是我们研究问题的重要方法和武器。有了前面的基本知识介绍和实例说明以后，我们现在可以对量纲分析和相似理论的科学意义和工程应用价值做简单的概括了。

1）量纲分析和相似理论是指导我们科学地开展模拟实验和合理地分析实验数据的基础。

在科学研究和工程实践中，我们常常需要做大量的实验以获得对问题认识的第一手数据资料和科学认识，如建造飞机、船舶、堤坝以及许多其他复杂的工程结构，都要以事先的大量试验研究为基础。但是，完全做现场试验既费时费力又有很大的经费消耗，这样系列的模型实验就起着重要的作用。如何科学地进行模拟实验才能保证模拟实验与现场试验的相似性和可比性，以及如何将模拟实验的数据合理地转换为对现场试验结果的正确预测，就成为了十分关键和重要的问题。量纲分析和相似理论为我们建立了在模型试验中所应遵循的条件并给出了更加简洁和有效地开展模型实验的方法，这就是：在我们抓住主要矛盾列出影响问题结果的主要因素之后，只要我们能保证模型实验和现场实验的相似准数分别相等，则我们就保证了模型实验结果的可靠性，同时也给出了由模型实验结果向现场试验结果转化的方法。此外，有许多现场试验受客观条件的限制是很难完成的（如有毒、易燃、易爆等因素以及场地条件限制和制造工艺限制等），而我们却可以在量纲分析和相似理论指导下，通过更小尺寸（或更大尺寸），甚至保证相似准数相同的不同材料的模拟实验来完成。

如果我们以下标 m 和下标 p 分别标识模型和原型的相关量，则它们的各相似准数分别相等的相似条件可写为

$$(\varPi_1)_m = (\varPi_1)_p, \ (\varPi_2)_m = (\varPi_2)_p, \ \cdots, \ (\varPi_{n-k})_m = (\varPi_{n-k})_p$$

$$(11-20a)$$

只要这些等式满足，我们就能保证模型和原型的因变量 $\varPi = f(\varPi_1, \varPi_2, \cdots, \varPi_{n-k})$ 也相等，即有

$$(\varPi)_m = (\varPi)_p \qquad (11-20b)$$

由式（11-20a）和式（11-20b）所表达的条件和结果的总和，就是我们由量纲分析和相似理论所得出的该问题所遵循的相似规律，简称相似律或模型律。

两个问题的相似必须是全方位的物理相似，这包括几何相似、运动学相似（如运动学边条件的相似）、动力学相似（如力、冲量或能量沉积边条件的相似）、材料相似（材料本构模型、破坏准则及有关材料参数的相似）等，它们分别由相应的相似准则来反映，各类

相似准则彼此相互联系和相互制约，它们统一在物理相似中，而只有模型和原型的全部相似准数分别相等时，我们才能说二者是物理相似的。根据物理相似的定义，对应点（包括对应的空间和时间）上所有无量纲特征量均相等，所以两个物理相似的问题必有相似的物形、相同的物体安放角（如机翼的攻角，叶片的安装角等），即几何相似（这些由几何相似准则来反映）。所以几何相似只是两个问题物理相似的必要条件之一；同样任何一个相似准数保持不变也只是两种问题物理相似的必要条件之一。

2）在获得某些有关规律的结论时，量纲分析和相似理论可帮助我们大大减少实验的次数，从而提高科学研究的效率，并大大节约研究经费。关于这一点可参见前面单摆周期问题的例子。

3）量纲分析和相似理论所建立的 Π 定理，虽然不能直接帮助我们确定所要寻求的响应函数的具体形式，但却大大地减少了未知函数中自变量的个数，这就大大地简化了理论分析和模拟计算的难度和工作量。说明这一点的最重要的例子就是，在一系列涉及爆炸与冲击响应的复杂问题中，当问题中既不存在特征长度也不存在特征时间时，因为空间坐标 x 和时间 t 必然以组合 x/t 的形式与其他量共同组成有关的无量纲量，这样我们就将任何因变量对 x 和 t 的各自独立依赖转化为对组合 x/t 的依赖，从而将很难求解的偏微分方程组化为相对较易求解的常微分方程组，并得到问题的所谓"自模拟解"，这就大大简化和加深了我们对问题时空分布规律的认识。不考虑前方压力影响时强脉冲炸和炸药强爆炸冲击波传播规律的一维"自模拟解"，炸药平面爆轰、柱面爆轰和球面爆轰波传播规律的一维"自模拟解"，平面一维应力波传播规律的"自模拟解"等，都是很好的例子。

4）对某些过于复杂甚至当前还根本没有对问题精确数学提法的问题，我们可以用量纲分析和相似理论为武器，建立特定无量纲因变量与无量纲自变量间的函数关系，并通过较少的相似模拟实验得到该无量纲因变量与无量纲自变量间的数据对应关系，再经由对数据的最小二乘拟合而求出要求的函数关系。在航空力学、流体力学领域中的许多非常重要的新问题中，在各种结构强度和变形以及材料和结构的动力学响应等问题中，也经常碰到这种情况。

　　总之，量纲分析与相似理论不但是我们研究一切问题的重要基础，而且也是我们研究问题的一种重要手段。然而，我们也不应该过高估计该方法所能起到的作用，因为从原则上讲，它只能简化问题，而并不能单纯地依靠它就完全地解决问题。要完全地解决问题，我们必须将量纲分析方法同实验研究、理论分析或者模拟计算结合起来。

11.4　轴对称结构动力响应问题的量纲分析

11.4.1　正问题的提法

　　结构动力响应问题的正问题是指：给定动态外载荷的特征及结构的几何和材料特征，求解在一定外载下结构的动力响应，如某特征点的应力或应变时程曲线（包括某特征点的最大等效应力或等效应变）、某特征时刻结构中的应力或应变分布（包括某特征时刻结构中的最大等效应力或等效应变）等。

　　作为例子，我们考虑如下的在短脉冲冲击载荷作用下圆柱壳的动力响应问题。设给定一个长度为 L、外半径为 R 的圆柱壳，壳体由两层不同材料的壳环组成（如图 11-2）。为了简单起见，我们假设两层材料都满足各向同性理想塑性材料的 Mises 屈服准则。材料 1 壳环的厚度为 H_1，材料性能参数为 ρ_1（质量密度）、E_1（杨氏模量）、ν_1（泊松比）、Y_1（简单拉压屈服应力）；材料 2 壳环的厚度为 H_2，材料性能参数为 ρ_2（质量密度）、E_2（杨氏模量）、ν_2（泊松比）、Y_2（简单拉压屈服应力）。壳体的任何响应量都是与外载的分布特征和历时特征紧密相连的，即其任何响应量都是外载的空间分布函数和历时函数的泛函，但为了简单和确定起见，我们只考虑如下的一类外载，即：假设壳体在 180°张角的半边外侧受到其径向压力在轴向均匀分布、而沿极角 θ 按半余弦规律分布的载荷 $p(t)\cos\theta$ 的作用（如图 11-3）；同时我们假设载荷在各点随时间的变化规律是以如下特征而在各点同步加载的：其在极角 $\theta = 0°$ 处的压力峰值峰值为 p_0、作用总时间为 τ_0、加卸载规律为等腰三角形（如图 11-4），其数学形式可以表示成

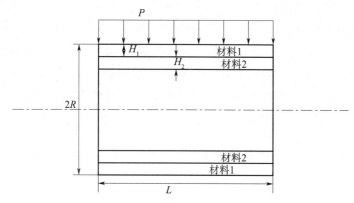

图 11-2　圆柱壳上侧轴向受均布载荷 p 的示意图

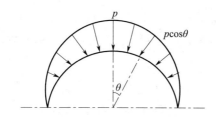

图 11-3　圆柱壳上侧径向受均布载荷 p 的示意图

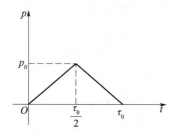

图 11-4　三角形压力脉冲载荷 p

$$p = \begin{cases} 2\dfrac{p_0}{\tau_0}t, & 0 \leqslant t \leqslant \dfrac{\tau_0}{2} \\[2mm] 2p_0\left(1 - \dfrac{t}{\tau_0}\right), & \dfrac{\tau_0}{2} \leqslant t \leqslant \tau_0 \\[2mm] 0, & t \geqslant \tau_0 \end{cases} \qquad (11-21)$$

求柱壳在此种动载荷作用下的动力响应。对于这类特定分布规律和特定时程特点的外部载荷，柱壳的动力响应显然就只依赖于两个参数 p_0 和 τ_0 了。由于计算量很大，为了简单起见，作为第一步我们先考虑柱壳如下的动力响应量：确定在受载区域的中心点 A 和不受载区的对称点 B 处的最大 Mises 等效应力 σ_{max} 和最大 Mises 等效应变 ε_{max} 随外载的变化规律。

11.4.2　问题求解之量纲分析

针对上述物理问题，如果柱壳材料是完全理想弹塑性材料，则我们可以确定如下一些物理量是问题的主定量（自变量）：柱体长度 L，外径 R，壳环厚 H_1 和 H_2；材料性能参数 ρ_1, E_1, ν_1, Y_1 和 ρ_2, E_2, ν_2，Y_2；外载荷参数 p_0 和 τ_0。于是圆柱壳中任何点处（包括 A 点和 B 点）的最大 Mises 等效应变 ε_{max}、最大 Mises 等效应力 σ_{max} 应是这些物理量的函数，即

$$\begin{cases} \varepsilon_{max} = f(L, R, H_1, H_2; \rho_1, E_1, \nu_1, Y_1; \rho_2, E_2, \nu_2, Y_2; p_0, \tau_0) \\ \sigma_{max} = g(L, R, H_1, H_2; \rho_1, E_1, \nu_1, Y_1; \rho_2, E_2, \nu_2, Y_2; p_0, \tau_0) \end{cases}$$

$$(11-22)$$

这里 $f(x)$、$g(x)$ 只表示一种函数关系。采用 LMT 单位制进行分析，则式（11-22）中，因变量应变 ε_{max} 本身已是无量纲；L、R、H_1、H_2 的量纲均是长度 L；ρ_1、ρ_2 表示材料的质量密度，其量纲可以表示为 ML^{-3}；因变量 σ_{max} 和自变量 E_1、E_2、Y_1、Y_2 和 p_0 都具有应力的量纲，可以表示为 $ML^{-1}T^{-2}$；自变量 ν_1 和 ν_2 本身已是无量纲量；自变量 τ_0 的量纲为时间 T。

在上述 2 个函数关系式中，各有 14 个自变量，在 LMT 单位制

里，它们中共有 3 个独立的量纲，我们可以取其中任何 3 个量纲彼此独立的物理量作为其基本量。在这里，我们将基本量组取为：圆柱壳体的半径 R、材料 1 的质量密度 ρ_1 和材料 1 的杨氏模量 E_1。我们这样取是可以的，因为一方面，这 3 个量中的任何一个的量纲都不能由另外两个量的量纲表达出来，即它们是量纲独立的；另一方面，其他的任何因变量和自变量的量纲都可以由它们的量纲表达出来，即可以作为它们的导出量。我们这样取也是比较科学的，因为这样取时我们所得出的有关无量纲量的物理意义会比较清晰。

我们很容易以上述 3 个量为基本量组而写出其他自变量和因变量的无量纲表达式如下。

无量纲因变量

$$\Pi = \varepsilon_{\max} , \quad \frac{\sigma_{\max}}{E_1} \tag{11-23}$$

无量纲自变量

$$\begin{cases} \Pi_1 = \dfrac{L}{R}, \quad \Pi_2 = \dfrac{H_1}{R}, \quad \Pi_3 = \dfrac{H_2}{R} \\[2mm] \Pi_4 = \nu_1, \quad \Pi_5 = \dfrac{Y_1}{E_1}, \quad \Pi_6 = \dfrac{\rho_2}{\rho_1} \\[2mm] \Pi_7 = \dfrac{E_2}{E_1}, \quad \Pi_8 = \nu_2, \quad \Pi_9 = \dfrac{Y_2}{E_1} \\[2mm] \Pi_{10} = \dfrac{p_0}{E_1}, \quad \Pi_{11} = \dfrac{\tau_0}{R}\sqrt{\dfrac{E_1}{\rho_1}} \end{cases} \tag{11-24}$$

于是根据 Π 定理，可以把有量纲量的函数关系式（11-22）写成无量纲形式，即最大 Mises 等效应变 $\varepsilon_{\max}$ 和无量纲最大 Mises 等效应力 $\dfrac{\sigma_{\max}}{E_1}$ 可以表示成

$$\begin{cases} \varepsilon_{\max} = f\left(\dfrac{L}{R}, 1, \dfrac{H_1}{R}, \dfrac{H_2}{R}; 1, 1, \nu_1, \dfrac{Y_1}{E_1}; \dfrac{\rho_2}{\rho_1}, \dfrac{E_2}{E_1}, \nu_2, \dfrac{Y_2}{E_1}; \dfrac{p_0}{E_1}, \dfrac{\tau_0}{R}\sqrt{\dfrac{E_1}{\rho_1}}\right) \\[3mm] \dfrac{\sigma_{\max}}{E_1} = g\left(\dfrac{L}{R}, 1, \dfrac{H_1}{R}, \dfrac{H_2}{R}; 1, 1, \nu_1, \dfrac{Y_1}{E_1}; \dfrac{\rho_2}{\rho_1}, \dfrac{E_2}{E_1}, \nu_2, \dfrac{Y_2}{E_1}; \dfrac{p_0}{E_1}, \dfrac{\tau_0}{R}\sqrt{\dfrac{E_1}{\rho_1}}\right) \end{cases}$$

$$\tag{11-25}$$

即

$$
\begin{cases}
\varepsilon_{\max} = f\left(\dfrac{L}{R}, \dfrac{H_1}{R}, \dfrac{H_2}{R}; \nu_1, \dfrac{Y_1}{E_1}; \dfrac{\rho_2}{\rho_1}, \dfrac{E_2}{E_1}, \nu_2, \dfrac{Y_2}{E_1}; \dfrac{p_0}{E_1}, \dfrac{\tau_0}{R}\sqrt{\dfrac{E_1}{\rho_1}}\right) \\[4mm]
\dfrac{\sigma_{\max}}{E_1} = g\left(\dfrac{L}{R}, \dfrac{H_1}{R}, \dfrac{H_2}{R}; \nu_1, \dfrac{Y_1}{E_1}; \dfrac{\rho_2}{\rho_1}, \dfrac{E_2}{E_1}, \nu_2, \dfrac{Y_2}{E_1}; \dfrac{p_0}{E_1}, \dfrac{\tau_0}{R}\sqrt{\dfrac{E_1}{\rho_1}}\right)
\end{cases}
$$

$$(11-26)$$

在这两个无量纲关系式里,对无量纲因变量起作用的无量纲自变量有 11 个:前 3 个是几何长度之比,即几何相似准数,它们反映了对结构几何尺度的几何相似要求;中间 6 个则是材料归一化力学性能参数,即材料相似准数,它们反映了对结构材料相似性的要求;倒数第 2 个表示以第一种材料的杨氏模量为基准而量度的外载荷归一化强度,即外载的动力学相似准数,它反映了对外载荷强度的动力相似要求;最后 1 个表示以第一种材料杆中弹性纵波波速传过结构特征尺度 R 所需时间为基准而量度的外载荷归一化历时。

在此我们再次强调,函数关系式(11-26)的具体形式并不能单纯地由量纲分析方法而得出,而我们的任务就是通过实验,或者理论分析,或者模拟计算的方法确定上述多元函数的具体形式。

为了说明问题,同时也为了简单和节约计算时间,我们将只讨论柱壳长度 L 足够大,而且整个壳的长度上都受有如上载荷的问题,则三维的柱体响应问题可以视为平面应变问题,此时 L 的大小将不影响柱壳中的归一化最大 Mises 等效应变和归一化最大 Mises 等效应力。(事实上,严格而言当壳体的长度 L 为有限时我们还应该引入壳两端的边界条件及相关的外载参数,但是为节省篇幅我们并未列入。)因此式(11-26)便简化为平面应变问题的动力响应问题,即

$$
\begin{cases}
\varepsilon_{\max} = f\left(\dfrac{H_1}{R}, \dfrac{H_2}{R}; \nu_1, \dfrac{Y_1}{E_1}; \dfrac{\rho_2}{\rho_1}, \dfrac{E_2}{E_1}, \nu_2, \dfrac{Y_2}{E_1}; \dfrac{p_0}{E_1}, \dfrac{\tau_0}{R}\sqrt{\dfrac{E_1}{\rho_1}}\right) \\[4mm]
\dfrac{\sigma_{\max}}{E_1} = g\left(\dfrac{H_1}{R}, \dfrac{H_2}{R}; \nu_1, \dfrac{Y_1}{E_1}; \dfrac{\rho_2}{\rho_1}, \dfrac{E_2}{E_1}, \nu_2, \dfrac{Y_2}{E_1}; \dfrac{p_0}{E_1}, \dfrac{\tau_0}{R}\sqrt{\dfrac{E_1}{\rho_1}}\right)
\end{cases}
$$

$$(11-27)$$

因此在用 Π 定理研究具体问题时，需要针对具体的物理问题进行具体分析，抓住主要因素，忽略次要因素，从而简化问题。

11.4.3　对问题相似律的进一步分析

如果我们要用模型实验或者数值模拟的方法来寻求无量纲函数 f 的具体形式，则必须保证模型问题（用下标 m 表述）和原型问题（用下标 p 表示）的完全物理相似，换言之，要求模型和原型的归一化最大 Mises 等效应变 ε_{max} 与归一化最大 Mises 等效应力 $\dfrac{\sigma_{max}}{E_1}$ 必须分别相等，而且模型和原型的全部无量纲自变量也必须分别相等，即

$$\begin{cases} (\varepsilon_{max})_m = (\varepsilon_{max})_p \\ \left(\dfrac{\sigma_{max}}{E_1}\right)_m = \left(\dfrac{\sigma_{max}}{E_1}\right)_p \end{cases} \tag{11-28}$$

$$\left(\frac{H_1}{R}, \frac{H_2}{R}; \nu_1, \frac{Y_1}{E_1}; \frac{\rho_2}{\rho_1}, \frac{E_2}{E_1}, \nu_2, \frac{Y_2}{E_1}; \frac{p_0}{E_1}, \frac{\tau_0}{R}\sqrt{\frac{E_1}{\rho_1}}\right)_m$$

$$= \left(\frac{H_1}{R}, \frac{H_2}{R}; \nu_1, \frac{Y_1}{E_1}; \frac{\rho_2}{\rho_1}, \frac{E_2}{E_1}, \nu_2, \frac{Y_2}{E_1}; \frac{p_0}{E_1}, \frac{\tau_0}{R}\sqrt{\frac{E_1}{\rho_1}}\right)_p \tag{11-29}$$

或者

$$\begin{cases} \left(\dfrac{H_1}{R}\right)_m = \left(\dfrac{H_1}{R}\right)_p, \qquad \left(\dfrac{H_2}{R}\right)_m = \left(\dfrac{H_2}{R}\right)_p \\[2mm] (\nu_1)_m = (\nu_1)_p, \qquad (\nu_2)_m = (\nu_2)_p, \qquad \left(\dfrac{\rho_2}{\rho_1}\right)_m = \left(\dfrac{\rho_2}{\rho_1}\right)_p \\[2mm] \left(\dfrac{E_2}{E_1}\right)_m = \left(\dfrac{E_2}{E_1}\right)_p, \qquad \left(\dfrac{Y_1}{E_1}\right)_m = \left(\dfrac{Y_1}{E_1}\right)_p, \qquad \left(\dfrac{Y_2}{E_1}\right)_m = \left(\dfrac{Y_2}{E_1}\right)_p \\[2mm] \left(\dfrac{p_0}{E_1}\right)_m = \left(\dfrac{p_0}{E_1}\right)_p, \qquad \left(\dfrac{\tau_0}{R}\sqrt{\dfrac{E_1}{\rho_1}}\right)_m = \left(\dfrac{\tau_0}{R}\sqrt{\dfrac{E_1}{\rho_1}}\right)_p \end{cases}$$

$$\tag{11-30}$$

也就是说，只有当模型中的上式 10 个相关参数的无量纲量与原型中对应的无量纲量数值分别相等时，模型实验所测得的或模拟计算所得到的归一化最大 Mises 等效应力 $\left(\dfrac{\sigma_{max}}{E_1}\right)_m$ 和归一化最大 Mises 等效

应变值 $(\varepsilon_{\max})_m$ 才与原型里的 $\left(\dfrac{\sigma_{\max}}{E_1}\right)_p$ 和 $(\varepsilon_{\max})_p$ 相等。

我们可以进一步将上述问题作如下简化。如果我们在下述条件下开展模拟实验或者进行模拟计算。

1）保持模型和原型满足几何相似条件（这很容易做到），即

$$\begin{cases} \left(\dfrac{H_1}{R}\right)_m = \left(\dfrac{H_1}{R}\right)_p \\[3mm] \left(\dfrac{H_2}{R}\right)_m = \left(\dfrac{H_2}{R}\right)_p \end{cases} \tag{11-31}$$

则几何参数的无量纲量将是常数，可以不再作为独立的自变量，于是上述相似条件式（11-30）中只剩下如下几个等式

$$\begin{cases} (\nu_1)_m = (\nu_1)_p, & (\nu_2)_m = (\nu_2)_p \\[3mm] \left(\dfrac{\rho_2}{\rho_1}\right)_m = \left(\dfrac{\rho_2}{\rho_1}\right)_p, & \left(\dfrac{E_2}{E_1}\right)_m = \left(\dfrac{E_2}{E_1}\right)_p \\[3mm] \left(\dfrac{Y_1}{E_1}\right)_m = \left(\dfrac{Y_1}{E_1}\right)_p, & \left(\dfrac{Y_2}{E_1}\right)_m = \left(\dfrac{Y_2}{E_1}\right)_p \\[3mm] \left(\dfrac{p_0}{E_1}\right)_m = \left(\dfrac{p_0}{E_1}\right)_p, & \left(\dfrac{\tau_0}{R}\sqrt{\dfrac{E_1}{\rho_1}}\right)_m = \left(\dfrac{\tau_0}{R}\sqrt{\dfrac{E_1}{\rho_1}}\right)_p \end{cases} \tag{11-32}$$

此时式（11-27）里的无量纲自变量就只有 9 个，即

$$\begin{cases} \varepsilon_{\max} = f\left(\nu_1, \dfrac{Y_1}{E_1}; \dfrac{\rho_2}{\rho_1}, \dfrac{E_2}{E_1}, \nu_2, \dfrac{Y_2}{E_1}; \dfrac{p_0}{E_1}, \dfrac{\tau_0}{R}\sqrt{\dfrac{E_1}{\rho_1}}\right) \\[3mm] \dfrac{\sigma_{\max}}{E_1} = g\left(\nu_1, \dfrac{Y_1}{E_1}; \dfrac{\rho_2}{\rho_1}, \dfrac{E_2}{E_1}, \nu_2, \dfrac{Y_2}{E_1}; \dfrac{p_0}{E_1}, \dfrac{\tau_0}{R}\sqrt{\dfrac{E_1}{\rho_1}}\right) \end{cases} \tag{11-33}$$

2）倘若我们进一步假定模型和原型使用相同的材料，则自然就保证了材料相似，即有

$$\begin{cases} \left(\dfrac{\rho_2}{\rho_1}\right)_m = \left(\dfrac{\rho_2}{\rho_1}\right)_p, & \left(\dfrac{E_2}{E_1}\right)_m = \left(\dfrac{E_2}{E_1}\right)_p \\[3mm] (\nu_1)_m = (\nu_1)_p, & (\nu_2)_m = (\nu_2)_p \\[3mm] \left(\dfrac{Y_1}{E_1}\right)_m = \left(\dfrac{Y_1}{E_1}\right)_p, & \left(\dfrac{Y_2}{E_1}\right)_m = \left(\dfrac{Y_2}{E_1}\right)_p \end{cases}$$

$$\tag{11-34}$$

这些材料相似准数也便成了常数，因而我们需要考虑的相似准数便只剩下外载的动力相似准数

$$\begin{cases} \left(\dfrac{p_0}{E_1}\right)_{\mathrm{m}} = \left(\dfrac{p_0}{E_1}\right)_{\mathrm{p}} \\ \left(\dfrac{\tau_0}{R}\sqrt{\dfrac{E_1}{\rho_1}}\right)_{\mathrm{m}} = \left(\dfrac{\tau_0}{R}\sqrt{\dfrac{E_1}{\rho_1}}\right)_{\mathrm{p}} \end{cases} \tag{11-35}$$

此时式（11-33）便可以简化为

$$\begin{cases} \varepsilon_{\max} = f\left(\dfrac{p_0}{E_1}, \dfrac{\tau_0}{R}\sqrt{\dfrac{E_1}{\rho_1}}\right) \\ \dfrac{\sigma_{\max}}{E_1} = g\left(\dfrac{p_0}{E_1}, \dfrac{\tau_0}{R}\sqrt{\dfrac{E_1}{\rho_1}}\right) \end{cases} \tag{11-36}$$

前面这二小段的论述和简化所得出的结论有重要的意义，它的含义就是：在我们保证模型与原型几何相似和材料完全相同（因之材料相似）的前提下，我们要研究结构的响应规律，如某点的无量纲化最大 Mises 等效应力 $\left(\dfrac{\sigma_{\max}}{E_1}\right)_{\mathrm{m}}$ 和最大 Mises 等效应变值 $(\varepsilon_{\max})_{\mathrm{m}}$，只需通过模拟实验或者模拟计算的方法求出二元函数式（11-36）的相应数据，并通过最小二乘拟合而求出这两个二元函数所表达的曲面就行了。

为了得到这个二元函数所表达的曲面，我们可以对两个载荷无量纲参数 $\left(\dfrac{p_0}{E_1}, \dfrac{\tau_0}{R}\sqrt{\dfrac{E_1}{\rho_1}}\right)$ 分别取若干个（比如 5 个）常数值，并分别进行模拟实验或进行模拟计算，然后将我们所得到的无量纲因变量数据与所取的这些无量纲自变量数据之间的对应关系，以某种经分析认为是比较恰当的数学形式写出（含有若干待定常数），并经由最小二乘拟合求出其中的待定常数，这样我们就得到了二元函数 f 或 g 的具体数学形式。这种方法的实质也就是，在两个无量纲自变量之一为若干个不同常数的条件下求取无量纲因变量随另一个无量纲自变量而变化的数据，并将这些数据通过最小二乘拟合成若干个一元函数所表达的曲线，这些一元函数所表达的曲线的集合即是上述

二元函数式（11-36）所表达的曲面。由以上的分析可以知道，如果我们对两个载荷无量纲参数 $\left(\dfrac{p_0}{E_1}, \dfrac{\tau_0}{R}\sqrt{\dfrac{E_1}{\rho_1}}\right)$ 分别取 5 个常数值，进行模拟实验或者模拟计算的话，我们共需进行 5^2 次模拟实验或者模拟计算，尽管工作量仍然很大，但这在实践上完全是可行的。

有一个问题我们在此需要特别加以说明，这就是：我们前面所作的叙述以及所得出的"在保持模型和原型几何相似及所选材料完全相同因之也自然满足了材料相似的前提下，无量纲因变量与无量纲自变量的依赖关系可由二元函数式（11-36）所表达"的结论，无论对弹性材料还是对理想塑性材料（甚至我们不难证明对含有硬化效应的弹塑性材料也一样）都是成立的，即我们只需通过模拟实验或者模拟计算求出一个二元函数即可。这样似乎产生一个问题：难道材料的屈服应力 Y 对因变量没有影响吗？其实当然是有影响的。问题的实质在于，尽管对弹性和弹塑性材料我们都能将问题归结为求出二元函数 f 或 g 的问题，但是对弹性材料和弹塑性材料，当我们按上述方法进行模拟实验或模拟计算的时候，我们所得出的二元函数 f 或 g 的形式则必然是不同的。因为对弹性问题的模拟实验和模拟计算，我们应要求材料不进入屈服，所以屈服应力 Y 不会发生作用；而对弹塑性问题的模拟实验和模拟计算，我们应要求材料进入屈服，所以屈服应力 Y 自然会发生作用。这样我们所得到的无量纲因变量和无量纲自变量的对应数据，对于弹性材料和弹塑性材料自然就是不同的，于是所得出的二元函数 f 或 g 也就自然是不同的。

这里面隐含着另两个无量纲参数 $\dfrac{Y_1}{E_1}$ 和 $\dfrac{Y_2}{E_1}$ 的作用，但是在保持模型和原型材料完全一样的前提下，它们就是绝对常数，并不增加函数的复杂性，所以我们要寻求的仍然是二元函数。

为了说明前面论述的意义，我们再专门对表示载荷历时的无量纲相似准数加以特别说明。设模型问题和原型问题完全物理相似，则我们除了应有

$$\left(\frac{p_0}{E_1}\right)_{\mathrm{m}} = \left(\frac{p_0}{E_1}\right)_{\mathrm{p}} \tag{11-37}$$

之外，我们还应该有表示外载持续时间相似的动力学相似条件

$$\left(\frac{\tau_0}{R}\sqrt{\frac{E_1}{\rho_1}}\right)_{\mathrm{m}} = \left(\frac{\tau_0}{R}\sqrt{\frac{E_1}{\rho_1}}\right)_{\mathrm{p}} \tag{11-38}$$

由这个条件我们可以得出下面一个很重要的结论。假设原型和模型的几何缩比为

$$n = \frac{(R)_{\mathrm{p}}}{(R)_{\mathrm{m}}} \tag{11-39}$$

则相似条件式（11-38）将给出

$$\frac{(\tau_0)_{\mathrm{p}}}{(\tau_0)_{\mathrm{m}}} = \frac{(R)_{\mathrm{p}}}{(R)_{\mathrm{m}}} = n \tag{11-40}$$

这就是说，只有当载荷加载时间相应地缩小 n 倍时，我们才能保证模型和原型的相似；或者反过来说，在其他的相似准数都满足模型和原型分别相等的条件下，当我们把结构的几何尺度缩小 n 倍而同时把载荷的持续时间也缩小 n 倍时，所得到的结构的动力响应的无量纲量是完全相等的，即

$$\begin{cases} (\varepsilon_{\max})_{\mathrm{m}} = (\varepsilon_{\max})_{\mathrm{p}} \\ \left(\dfrac{\sigma_{\max}}{E_1}\right)_{\mathrm{m}} = \left(\dfrac{\sigma_{\max}}{E_1}\right)_{\mathrm{p}} \end{cases} \tag{11-41}$$

这对我们进行模拟实验和模拟计算是一个很有用的指导。

11.4.4　反问题的提出

科学研究或工程实际问题中常常需要解决所谓的"反问题"，而且根据研究目的的不同对同一个问题可以提出不同的反问题。对我们的柱壳动力响应问题而言，其中的一个反问题的提法是：当柱壳的几何尺寸和材料给定后，如果已知材料的破坏应变（如 Mises 等效破坏应变）和破坏应力（如 Mises 等效破坏应力），而又要求在结构的某个关键点处其最大 Mises 等效应力或最大 Mises 等效应变不能超过相应的破坏值，试确定对外加载荷的大小和形式的限制，例

如对于我们所讨论的三角形脉冲载荷而言，那就是确定中心点最大压力和载荷作用时间（p_0, τ_0）。或者用更一般的提法：当柱壳的几何尺寸和材料给定后，试求解要在结构的某个关键点处其最大 Mises 等效应变（或最大 Mises 等效应力）要达到某一给定的临界值 ε_{max}（或 σ_{max}）时所需要的外载最大压力和作用时间（p_0, τ_0）。

11.4.5　反问题求解之量纲分析

假如物理问题和前所述完全相同，则我们完全可以引用上面的一些讨论，将物理量及其表达方式原封不动地拿过来，只要将那里的被定响应量（因变量）——最大 Mises 等效应变 ε_{max} 和最大 Mises 等效应力 σ_{max} 之一，改为主定量（自变量），同时将那里的主定量（自变量）——外载荷参数 p_0 和 τ_0 之一，改为被定响应量（因变量）就可以了。以求解在结构中某特征点达到给定的最大 Mises 等效应变 ε_{max} 所需的外载参数 p_0 和 τ_0 的反问题为例，反问题相应的函数关系将是

$$\begin{cases} p_0 = F(\varepsilon_{max}; L, R, H_1, H_2; \rho_1, E_1, \nu_1, Y_1; \rho_2, E_2, \nu_2, Y_2; \tau_0) \\ \tau_0 = G(\varepsilon_{max}; L, R, H_1, H_2; \rho_1, E_1, \nu_1, Y_1; \rho_2, E_2, \nu_2, Y_2; p_0) \end{cases}$$

$$(11-42)$$

同样，上式里的 $F(x), G(x)$ 只表示一种函数关系。应变 ε_{max} 是无量纲量；L, R, H_1, H_2 的量纲均是长度量纲 L；ρ_1，ρ_2 表示物体的密度，其量纲为 ML^{-3}；E_1, E_2, Y_1, Y_2 和 p_0 的量纲是 $ML^{-1}T^{-2}$；ν_1 和 ν_2 为无量纲量；τ_0 的量纲为时间量纲 T。

与正问题的分析一样，当柱壳很长时，问题成为平面应变问题，其长度 L 不影响结果，这表示载荷参数与 L 无关。因此，式（11-42）简化为

$$\begin{cases} p_0 = F(\varepsilon_{max}; R, H_1, H_2; \rho_1, E_1, \nu_1, Y_1; \rho_2, E_2, \nu_2, Y_2; \tau_0) \\ \tau_0 = G(\varepsilon_{max}; R, H_1, H_2; \rho_1, E_1, \nu_1, Y_1; \rho_2, E_2, \nu_2, Y_2; p_0) \end{cases}$$

$$(11-43)$$

上述函数关系出现 2 个因变量和 13 个自变量，在纯力学问题

里，只有 3 个独立量纲，因此可从自变量里选取 3 个量纲彼此独立的物理量作为基本量，这里我们不妨取 R，ρ_1，E_1 为基本量。类似地，我们可以以这 3 个基本量为基础，将式（11 - 43）里出现的全部物理量无量纲化，由 Π 定理可知，上面有两个形式的函数关系式（11 - 43）可以写成无量纲量的形式

$$
\begin{cases}
\dfrac{p_0}{E_1} = F\left(\varepsilon_{\max};1,\dfrac{H_1}{R},\dfrac{H_2}{R};1,1,\nu_1,\dfrac{Y_1}{E_1};\dfrac{\rho_2}{\rho_1},\dfrac{E_2}{E_1},\nu_2,\dfrac{Y_2}{E_1};\dfrac{\tau_0}{R}\sqrt{\dfrac{E_1}{\rho_1}}\right) \\[3mm]
\dfrac{\tau_0}{R}\sqrt{\dfrac{E_1}{\rho_1}} = G\left(\varepsilon_{\max};1,\dfrac{H_1}{R},\dfrac{H_2}{R};1,1,\nu_1,\dfrac{Y_1}{E_1};\dfrac{\rho_2}{\rho_1},\dfrac{E_2}{E_1},\nu_2,\dfrac{Y_2}{E_1};\dfrac{p_0}{E_1}\right)
\end{cases}
$$

$$(11 - 44)$$

或

$$
\begin{cases}
\dfrac{p_0}{E_1} = F\left(\varepsilon_{\max};\dfrac{H_1}{R},\dfrac{H_2}{R};\nu_1,\dfrac{Y_1}{E_1};\dfrac{\rho_2}{\rho_1},\dfrac{E_2}{E_1},\nu_2,\dfrac{Y_2}{E_1};\dfrac{\tau_0}{R}\sqrt{\dfrac{E_1}{\rho_1}}\right) \\[3mm]
\dfrac{\tau_0}{R}\sqrt{\dfrac{E_1}{\rho_1}} = G\left(\varepsilon_{\max};\dfrac{H_1}{R},\dfrac{H_2}{R};\nu_1,\dfrac{Y_1}{E_1};\dfrac{\rho_2}{\rho_1},\dfrac{E_2}{E_1},\nu_2,\dfrac{Y_2}{E_1};\dfrac{p_0}{E_1}\right)
\end{cases}
$$

$$(11 - 45)$$

与前面对正问题的分析一样，我们也可以在适当条件下将上述函数关系作进一步简化。

1）如果模型和原型满足几何相似，即

$$
\begin{cases}
\left(\dfrac{H_1}{R}\right)_{\mathrm{m}} = \left(\dfrac{H_1}{R}\right)_{\mathrm{p}} \\[3mm]
\left(\dfrac{H_2}{R}\right)_{\mathrm{m}} = \left(\dfrac{H_2}{R}\right)_{\mathrm{p}}
\end{cases}
$$

$$(11 - 46)$$

则式（11 - 45）中的几何相似准数为常数，故式（11 - 45）简化成为

$$
\begin{cases}
\dfrac{p_0}{E_1} = F\left(\varepsilon_{\max};\nu_1,\dfrac{Y_1}{E_1};\dfrac{\rho_2}{\rho_1},\dfrac{E_2}{E_1},\nu_2,\dfrac{Y_2}{E_1};\dfrac{\tau_0}{R}\sqrt{\dfrac{E_1}{\rho_1}}\right) \\[3mm]
\dfrac{\tau_0}{R}\sqrt{\dfrac{E_1}{\rho_1}} = G\left(\varepsilon_{\max};\nu_1,\dfrac{Y_1}{E_1};\dfrac{\rho_2}{\rho_1},\dfrac{E_2}{E_1},\nu_2,\dfrac{Y_2}{E_1};\dfrac{p_0}{E_1}\right)
\end{cases}
$$

$$(11 - 47)$$

2）如果模型和原型的材料相同（因而自然满足材料相似），即

$$\begin{cases} \left(\dfrac{\rho_2}{\rho_1}\right)_m = \left(\dfrac{\rho_2}{\rho_1}\right)_p, \quad \left(\dfrac{E_2}{E_1}\right)_m = \left(\dfrac{E_2}{E_1}\right)_p \\[3mm] (\nu_1)_m = (\nu_1)_p, \quad (\nu_2)_m = (\nu_2)_p \\[3mm] \left(\dfrac{Y_1}{E_1}\right)_m = \left(\dfrac{Y_1}{E_1}\right)_p, \quad \left(\dfrac{Y_2}{E_1}\right)_m = \left(\dfrac{Y_2}{E_1}\right)_p \end{cases}$$

$$(11-48)$$

则这些材料相似准数也成为常数，故式（11-47）进一步简化成为

$$\begin{cases} \dfrac{p_0}{E_1} = F\left(\varepsilon_{max}; \dfrac{\tau_0}{R}\sqrt{\dfrac{E_1}{\rho_1}}\right) \\[4mm] \dfrac{\tau_0}{R}\sqrt{\dfrac{E_1}{\rho_1}} = G\left(\varepsilon_{max}; \dfrac{p_0}{E_1}\right) \end{cases}$$

$$(11-49)$$

前面的推理说明，对反问题而言和正问题一样，在我们保证模型与原型几何相似和材料完全相同（因之材料相似）的前提下，我们要研究结构达到给定数值的最大 Mises 等效应变 ε_{max} 所需要的外载强度 p_0 或 τ_0 也都归结为求出一个二元函数 F 或 G 的问题。我们也只需通过模拟实验或者模拟计算的方法求出二元函数式（11-49）的相应数据，并通过最小二乘拟合而求出这两个二元函数所表达的曲面就行了。

此外，如果我们不把载荷参数 p_0 和 τ_0 看做两个独立的量，而只是关心它们的乘积 $I_0 = p_0\tau_0$，即求解要达到给定最大 Mises 等效应变 ε_{max} 所需要的结构上单位面积上的冲量 I_0，则可以利用以上方法类似地对问题进行量纲分析。由于 I_0 具有量纲 $ML^{-1}T^{-1}$，所以与它相对应的无量纲量将是

$$\frac{p_0}{E_1}\frac{\tau_0}{R}\sqrt{\frac{E_1}{\rho_1}} = \frac{I_0}{R\sqrt{E_1\rho_1}} \qquad (11-50)$$

于是从量纲分析的 Π 定理出发可以得出

$$\frac{I_0}{R\sqrt{E_1\rho_1}} = f\left(\varepsilon_{max}; \frac{H_1}{R}, \frac{H_2}{R}; \nu_1, \frac{Y_1}{E_1}; \frac{\rho_2}{\rho_1}, \frac{E_2}{E_1}, \nu_2, \frac{Y_2}{E_1}\right) \quad (11-51)$$

在模型与原型几何相似和材料完全相同（因之材料相似）的前提下，

相似律式（11-51）就简化为

$$\frac{I_0}{R \sqrt{E_1 \rho_1}} = f(\varepsilon_{max}) \qquad (11-52)$$

相似律式（11-52）只是一个一元函数，我们只需要通过更少的模拟实验或模拟计算就可以求出它的形式了。

由以上所得到的相似律式（11-49）和式（11-52）可知，当模型与原型几何相似且材料相同时，则要使结构达到给定的最大 Mises 等效应变 ε_{max} ，对外载的相似要求如下。

1）当模型与原型的外载荷 p_0 相等时，如果从原型到模型的几何缩比为 n，将要求

$$\frac{(\tau_0)_p}{(\tau_0)_m} = \frac{(R)_p}{(R)_m} = n \qquad （由式（11-49）之第 2 式得）$$

$$(11-53)$$

2）当原型与模型的外载荷加载时间之比为 n，如果从原型到模型的几何缩比为 n，则要求

$$(P_0)_m = (P_0)_p \qquad （由式（11-49）之第 1 式得）(11-54)$$

3）如果从原型到模型的几何缩比为 n 时，则要求

$$\frac{(I_0)_p}{(I_0)_m} = \frac{(R)_p}{(R)_m} = n \qquad （由式（11-52）得） \qquad (11-55)$$

参 考 文 献

[1] 谢多夫 Л И. 力学中的相似方法与量纲理论 . 沈青，译 . 北京：科学出版社，1982.

[2] 郑哲敏，杨振声，等 . 爆炸加工 . 北京：国防工业出版社，1981.

[3] 谈庆明 . 量纲分析 . 合肥：中国科学技术大学出版社，1981.

[4] Седов ЛИ. Распространение силъной убарной волны. ПММ，1946，10(2)：241 - 250.

[5] TAYLOR G I. The Formation of a Blast Wave by a Very Intense Explosion. Proc. Roy. Soc. A 1950. CCI：159 - 174；175 - 186.

[6] 高举贤，乐茂康，吕德业，等 . 穿甲过程模型律 . 兵工学报，1985，1：33 - 39.

[7] 高举贤，郑哲敏，等 . 聚能射流侵彻过程模型律 . 力学，1974，1：1- 10.

[8] 谈庆明 . 高速冲击模型律//王礼立，余同希，李永池 . 冲击动力学进展 . 合肥：中国科学技术大学出版社，1992：303 - 320.

[9] 郑哲敏 . 从数量级和量纲分析看煤与瓦斯突出的机理 . 力学与生产建设 . 北京：北京大学出版社，1982：128 - 137//郑哲敏文集 . 北京：科学出版社，2004：382 - 392.

附录 各元素的光电效应参数

光电效应的质量吸收系数 $\left(\dfrac{\mu}{\rho}\right)_{ep}$ 可由实验数据拟合的半经验公式来计算

$$\ln\left[\left(\frac{\mu}{\rho}\right)_{ep}/\sigma_0\right] = a_1 + a_2 x + a_3 x^2 + a_4 x^3 \tag{1}$$

其中

$$x = \ln(511\alpha)\,,\ \alpha = \frac{h}{m_0 c\lambda}\,,\ \sigma_0 = 0.602252/A\quad (\text{cm}^2/\text{g})$$

式中 h——普朗克常数；

c——光速；

λ——X 光波长；

m_0——电子静止质量；

A——原子量；

$a_i(i=1,2,3,4)$——某吸收限内的拟合系数。

设 X 光子的能量为 E，元素各吸收限的能量分别为 E_K、E_{L1}、E_{L2}、E_{L3}、E_{M1}、E_{M2}、E_{M3}、E_{M4}、E_{M5}、E_{N1}、E_{N2}、E_{N3}、E_{N4}（其值见表 2-2），各元素在不同吸收限范围内的系数 a_i 的值如下。

H （$Z=1$）

当 $E \geqslant E_K$：$a_1 = 0.2439\text{E}+01$，$a_2 = -0.3354\text{E}+01$，$a_3 = -0.2391\text{E}-01$，$a_4 = 0.1406\text{E}-02$

当 $E < E_K$：$a_1 = 0$，$a_2 = 0$，$a_3 = 0$，$a_4 = 0$

He （$Z=2$）

当 $E \geqslant E_K$：$a_1 = 0.6023\text{E}+01$，$a_2 = -0.3252\text{E}+01$，$a_3 = -0.4124\text{E}-01$，$a_4 = 0.3056\text{E}-02$

当 $E < E_K$：$a_1 = 0$，$a_2 = 0$，$a_3 = 0$，$a_4 = 0$

Li（$Z=3$）

当 $E \geqslant E_K$：$a_1 = 0.7903E+01$，$a_2 = -0.3152E+01$，$a_3 = -0.5267E-01$，$a_4 = 0.3648E-02$

当 $E < E_K$：$a_1 = 0$，$a_2 = 0$，$a_3 = 0$，$a_4 = 0$

Be（$Z=4$）

当 $E \geqslant E_K$：$a_1 = 0.9136E+01$，$a_2 = -0.3014E+01$，$a_3 = -0.8149E-01$，$a_4 = 0.5965E-02$

当 $E < E_K$：$a_1 = 0$，$a_2 = 0$，$a_3 = 0$，$a_4 = 0$

B（$Z=5$）

当 $E \geqslant E_K$：$a_1 = 0.1003E+02$，$a_2 = -0.2954E+01$，$a_3 = -0.8164E-01$，$a_4 = 0.5580E-02$

当 $E < E_K$：$a_1 = 0$，$a_2 = 0$，$a_3 = 0$，$a_4 = 0$

C（$Z=6$）

当 $E \geqslant E_K$：$a_1 = 0.1070E+02$，$a_2 = -0.2843E+01$，$a_3 = -0.1046E+00$，$a_4 = 0.7783E-02$

当 $E < E_K$：$a_1 = 0$，$a_2 = 0$，$a_3 = 0$，$a_4 = 0$

N（$Z=7$）

当 $E \geqslant E_K$：$a_1 = 0.1130E+02$，$a_2 = -0.2784E+01$，$a_3 = -0.1086E+00$，$a_4 = 0.7499E-02$

当 $E < E_K$：$a_1 = 0$，$a_2 = 0$，$a_3 = 0$，$a_4 = 0$

O（$Z=8$）

当 $E \geqslant E_K$：$a_1 = 0.1175E+02$，$a_2 = -0.2682E+01$，$a_3 = -0.1307E+00$，$a_4 = 0.9344E-02$

当 $E < E_K$：$a_1 = 0$，$a_2 = 0$，$a_3 = 0$，$a_4 = 0$

F（$Z=9$）

当 $E \geqslant E_K$：$a_1 = 0.1217E+02$，$a_2 = -0.2656E+01$，$a_3 = -0.1256E+00$，

$a_4 = 0.8602E-02$

当 $E < E_K$: $a_1 = 0$, $a_2 = 0$, $a_3 = 0$, $a_4 = 0$

Ne ($Z = 10$)

当 $E \geqslant E_K$: $a_1 = 0.1249E+02$, $a_2 = -0.2570E+01$, $a_3 = -0.1420E+00$, $a_4 = 0.9874E-02$

当 $E < E_K$: $a_1 = 0$, $a_2 = 0$, $a_3 = 0$, $a_4 = 0$

Na ($Z = 11$)

当 $E \geqslant E_K$: $a_1 = 0.1283E+02$, $a_2 = -0.2560E+01$, $a_3 = -0.1351E+00$, $a_4 = 0.9088E-02$

当 $E_{L1} \leqslant E < E_K$: $a_1 = 0.1013E+02$, $a_2 = -0.2560E+01$, $a_3 = 0.0000E+00$, $a_4 = 0.0000E+00$

当 $E < E_{L1}$: $a_1 = 0$, $a_2 = 0$, $a_3 = 0$, $a_4 = 0$

Mg ($Z = 12$)

当 $E \geqslant E_K$: $a_1 = 0.1308E+02$, $a_2 = -0.2475E+01$, $a_3 = -0.1562E+00$, $a_4 = 0.1099E-01$

当 $E_{L1} \leqslant E < E_K$: $a_1 = 0.1056E+02$, $a_2 = -0.2868E+01$, $a_3 = 0.0000E+00$, $a_4 = 0.0000E+00$

当 $E < E_{L1}$: $a_1 = 0$, $a_2 = 0$, $a_3 = 0$, $a_4 = 0$

Al ($Z = 13$)

当 $E \geqslant E_K$: $a_1 = 0.1330E+02$, $a_2 = -0.2367E+01$, $a_3 = -0.1816E+00$, $a_4 = 0.1307E-01$

当 $E_{L1} \leqslant E < E_K$: $a_1 = 0.1088E+02$, $a_2 = -0.2741E+01$, $a_3 = 0.0000E+00$, $a_4 = 0.0000E+00$

当 $E < E_{L1}$: $a_1 = 0$, $a_2 = 0$, $a_3 = 0$, $a_4 = 0$

Si ($Z = 14$)

当 $E \geqslant E_K$: $a_1 = 0.1360E+02$, $a_2 = -0.2423E+01$, $a_3 = -0.1606E+00$, $a_4 = 0.1136E-01$

当 $E_{L1} \leqslant E < E_K$：$a_1 = 0.1121E+02$，$a_2 = -0.2702E+01$，$a_3 = 0.0000E+00$，$a_4 = 0.0000E+00$

当 $E < E_{L1}$：$a_1 = 0$，$a_2 = 0$，$a_3 = 0$，$a_4 = 0$

P（$Z = 15$）

当 $E \geqslant E_K$：$a_1 = 0.1380E+02$，$a_2 = -0.2380E+01$，$a_3 = -0.1611E+00$，$a_4 = 0.1094E-01$

当 $E_{L1} \leqslant E < E_K$：$a_1 = 0.1151E+02$，$a_2 = -0.2674E+01$，$a_3 = 0.0000E+00$，$a_4 = 0.0000E+00$

当 $E < E_{L1}$：$a_1 = 0$，$a_2 = 0$，$a_3 = 0$，$a_4 = 0$

S（$Z = 16$）

当 $E \geqslant E_K$：$a_1 = 0.1399E+02$，$a_2 = -0.2346E+01$，$a_3 = -0.1655E+00$，$a_4 = 0.1129E-01$

当 $E_{L1} \leqslant E < E_K$：$a_1 = 0.1178E+02$，$a_2 = -0.2675E+01$，$a_3 = 0.0000E+00$，$a_4 = 0.0000E+00$

当 $E < E_{L1}$：$a_1 = 0$，$a_2 = 0$，$a_3 = 0$，$a_4 = 0$

Cl（$Z = 17$）

当 $E \geqslant E_K$：$a_1 = 0.1417E+02$，$a_2 = -0.2309E+01$，$a_3 = -0.1697E+00$，$a_4 = 0.1151E-01$

当 $E_{L1} \leqslant E < E_K$：$a_1 = 0.1204E+02$，$a_2 = -0.2655E+01$，$a_3 = 0.0000E+00$，$a_4 = 0.0000E+00$

当 $E < E_{L1}$：$a_1 = 0$，$a_2 = 0$，$a_3 = 0$，$a_4 = 0$

Ar（$Z = 18$）

当 $E \geqslant E_K$：$a_1 = 0.1440E+02$，$a_2 = -0.2313E+01$，$a_3 = -0.1674E+00$，$a_4 = 0.1143E-01$

当 $E_{L1} \leqslant E < E_K$：$a_1 = 0.1229E+02$，$a_2 = -0.2684E+01$，$a_3 = 0.0000E+00$，$a_4 = 0.0000E+00$

当 $E < E_{L1}$：$a_1 = 0$，$a_2 = 0$，$a_3 = 0$，$a_4 = 0$

K （$Z=19$）

当 $E \geqslant E_K$：$a_1=0.1450E+02$，$a_2=-0.2273E+01$，$a_3=-0.1679E+00$，$a_4=0.1113E-01$

当 $E_{L1} \leqslant E < E_K$：$a_1=0.1251E+02$，$a_2=-0.2661E+01$，$a_3=0.0000E+00$，$a_4=0.0000E+00$

当 $E < E_{L1}$：$a_1=0$，$a_2=0$，$a_3=0$，$a_4=0$

Ca （$Z=20$）

当 $E \geqslant E_K$：$a_1=0.1459E+02$，$a_2=-0.2185E+01$，$a_3=-0.1890E+00$，$a_4=0.1288E-01$

当 $E_{L1} \leqslant E < E_K$：$a_1=0.1272E+02$，$a_2=-0.2669E+01$，$a_3=0.0000E+00$，$a_4=0.0000E+00$

当 $E < E_{L1}$：$a_1=0$，$a_2=0$，$a_3=0$，$a_4=0$

Sc （$Z=21$）

当 $E \geqslant E_K$：$a_1=0.1468E+02$，$a_2=-0.2117E+01$，$a_3=-0.2025E+00$，$a_4=0.1390E-01$

当 $E_{L1} \leqslant E < E_K$：$a_1=0.1293E+02$，$a_2=-0.2673E+01$，$a_3=0.0000E+00$，$a_4=0.0000E+00$

当 $E < E_{L1}$：$a_1=0$，$a_2=0$，$a_3=0$，$a_4=0$

Ti （$Z=22$）

当 $E \geqslant E_K$：$a_1=0.1461E+02$，$a_2=-0.1915E+01$，$a_3=-0.2494E+00$，$a_4=0.1741E-01$

当 $E_{L1} \leqslant E < E_K$：$a_1=0.1314E+02$，$a_2=-0.2692E+01$，$a_3=0.0000E+00$，$a_4=0.0000E+00$

当 $E < E_{L1}$：$a_1=0$，$a_2=0$，$a_3=0$，$a_4=0$

V （$Z=23$）

当 $E \geqslant E_K$：$a_1=0.1486E+02$，$a_2=-0.2012E+01$，$a_3=-0.2214E+00$，$a_4=0.1525E-01$

当 $E_{L1} \leqslant E < E_K$：$a_1=0.1331E+02$，$a_2=-0.2704E+01$，$a_3=0.0000E$

$+00$, $a_4 = 0.0000E+00$

当 $E < E_{L1}$：$a_1 = 0$，$a_2 = 0$，$a_3 = 0$，$a_4 = 0$

Cr（$Z = 24$）

当 $E \geqslant E_K$：$a_1 = 0.1499E+02$，$a_2 = -0.1984E+01$，$a_3 = -0.2264E+00$，$a_4 = 0.1565E-01$

当 $E_{L1} \leqslant E < E_K$：$a_1 = 0.1348E+02$，$a_2 = -0.2689E+01$，$a_3 = 0.0000E+00$，$a_4 = 0.0000E+00$

当 $E < E_{L1}$：$a_1 = 0$，$a_2 = 0$，$a_3 = 0$，$a_4 = 0$

Mn（$Z = 25$）

当 $E \geqslant E_K$：$a_1 = 0.1512E+02$，$a_2 = -0.1999E+01$，$a_3 = -0.2176E+00$，$a_4 = 0.1488E-01$

当 $E_{L1} \leqslant E < E_K$：$a_1 = 0.1365E+02$，$a_2 = -0.2699E+01$，$a_3 = 0.0000E+00$，$a_4 = 0.0000E+00$

当 $E < E_{L1}$：$a_1 = 0$，$a_2 = 0$，$a_3 = 0$，$a_4 = 0$

Fe（$Z = 26$）

当 $E \geqslant E_K$：$a_1 = 0.1508E+02$，$a_2 = -0.1869E+01$，$a_3 = -0.2442E+00$，$a_4 = 0.1668E-01$

当 $E_{L1} \leqslant E < E_K$：$a_1 = 0.1382E+02$，$a_2 = -0.2708E+01$，$a_3 = 0.0000E+00$，$a_4 = 0.0000E+00$

当 $E < E_{L1}$：$a_1 = 0$，$a_2 = 0$，$a_3 = 0$，$a_4 = 0$

Co（$Z = 27$）

当 $E \geqslant E_K$：$a_1 = 0.1538E+02$，$a_2 = -0.1965E+01$，$a_3 = -0.2257E+00$，$a_4 = 0.1574E-01$

当 $E_{L1} \leqslant E < E_K$：$a_1 = 0.1397E+02$，$a_2 = -0.2701E+01$，$a_3 = 0.0000E+00$，$a_4 = 0.0000E+00$

当 $E < E_{L1}$：$a_1 = 0$，$a_2 = 0$，$a_3 = 0$，$a_4 = 0$

Ni（$Z=28$）

当 $E \geqslant E_K$：$a_1=0.1500E+02$，$a_2=-0.1639E+01$，$a_3=-0.2901E+00$，$a_4=0.1992E-01$

当 $E_{L1} \leqslant E < E_K$：$a_1=0.1412E+02$，$a_2=-0.2711E+01$，$a_3=0.0000E+00$，$a_4=0.0000E+00$

当 $E_{L2} \leqslant E < E_{L1}$：$a_1=0.1393E+02$，$a_2=-0.2711E+01$，$a_3=0.0000E+00$，$a_4=0.0000E+00$

当 $E < E_{L2}$：$a_1=0$，$a_2=0$，$a_3=0$，$a_4=0$

Cu（$Z=29$）

当 $E \geqslant E_K$：$a_1=0.1513E+02$，$a_2=-0.1642E+01$，$a_3=-0.2879E+00$，$a_4=0.1979E-01$

当 $E_{L1} \leqslant E < E_K$：$a_1=0.1426E+02$，$a_2=-0.2705E+01$，$a_3=0.0000E+00$，$a_4=0.0000E+00$

当 $E_{L2} \leqslant E < E_{L1}$：$a_1=0.1408E+02$，$a_2=-0.2705E+01$，$a_3=0.0000E+00$，$a_4=0.0000E+00$

当 $E<E_{L2}$：$a_1=0$，$a_2=0$，$a_3=0$，$a_4=0$

Zn（$Z=30$）

当 $E \geqslant E_K$：$a_1=0.1534E+02$，$a_2=-0.1694E+01$，$a_3=-0.2761E+00$，$a_4=0.1904E-01$

当 $E_{L1} \leqslant E < E_K$：$a_1=0.1435E+02$，$a_2=-0.2678E+01$，$a_3=0.0000E+00$，$a_4=0.0000E+00$

当 $E_{L2} \leqslant E < E_{L1}$：$a_1=0.1417E+02$，$a_2=-0.2678E+01$，$a_3=0.0000E+00$，$a_4=0.0000E+00$

当 $E_{L3} \leqslant E < E_{L2}$：$a_1=0.1383E+02$，$a_2=-0.2678E+01$，$a_3=0.0000E+00$，$a_4=0.0000E+00$

当 $E_{M1} \leqslant E < E_{L3}$：$a_1=0.1197E+02$，$a_2=-0.2678E+01$，$a_3=0.0000E+00$，$a_4=0.0000E+00$

当 $E<E_{M1}$：$a_1=0$，$a_2=0$，$a_3=0$，$a_4=0$

Ga（$Z=31$）

当 $E \geqslant E_K$：$a_1=0.1540E+02$，$a_2=-0.1685E+01$，$a_3=-0.2739E+00$，

$a_4 = 0.1884E-01$

当 $E_{L1} \leqslant E < E_K$：$a_1 = 0.1452E+02$，$a_2 = -0.2703E+01$，$a_3 = 0.0000E+00$，$a_4 = 0.0000E+00$

当 $E_{L2} \leqslant E < E_{L1}$：$a_1 = 0.1434E+02$，$a_2 = -0.2703E+01$，$a_3 = 0.0000E+00$，$a_4 = 0.0000E+00$

当 $E_{L3} \leqslant E < E_{L2}$：$a_1 = 0.1400E+02$，$a_2 = -0.2703E+01$，$a_3 = 0.0000E+00$，$a_4 = 0.0000E+00$

当 $E_{M1} \leqslant E < E_{L3}$：$a_1 = 0.1221E+02$，$a_2 = -0.2703E+01$，$a_3 = 0.0000E+00$，$a_4 = 0.0000E+00$

当 $E < E_{M1}$：$a_1 = 0$，$a_2 = 0$，$a_3 = 0$，$a_4 = 0$

Ge（$Z=32$）

当 $E \geqslant E_K$：$a_1 = 0.1537E+02$，$a_2 = -0.1614E+01$，$a_3 = -0.2844E+00$，$a_4 = 0.1946E-01$

当 $E_{L1} \leqslant E < E_K$：$a_1 = 0.1467E+02$，$a_2 = -0.2718E+01$，$a_3 = 0.0000E+00$，$a_4 = 0.0000E+00$

当 $E_{L2} \leqslant E < E_{L1}$：$a_1 = 0.1448E+02$，$a_2 = -0.2718E+01$，$a_3 = 0.0000E+00$，$a_4 = 0.0000E+00$

当 $E_{L3} \leqslant E < E_{L2}$：$a_1 = 0.1415E+02$，$a_2 = -0.2718E+01$，$a_3 = 0.0000E+00$，$a_4 = 0.0000E+00$

当 $E_{M1} \leqslant E < E_{L3}$：$a_1 = 0.1241E+02$，$a_2 = -0.2718E+01$，$a_3 = 0.0000E+00$，$a_4 = 0.0000E+00$

当 $E < E_{M1}$：$a_1 = 0$，$a_2 = 0$，$a_3 = 0$，$a_4 = 0$

As（$Z=33$）

当 $E \geqslant E_K$：$a_1 = 0.1551E+02$，$a_2 = -0.1617E+01$，$a_3 = -0.2852E+00$，$a_4 = 0.1963E-01$

当 $E_{L1} \leqslant E < E_K$：$a_1 = 0.1478E+02$，$a_2 = -0.2708E+01$，$a_3 = 0.0000E+00$，$a_4 = 0.0000E+00$

当 $E_{L2} \leqslant E < E_{L1}$：$a_1 = 0.1460E+02$，$a_2 = -0.2708E+01$，$a_3 = 0.0000E+00$，$a_4 = 0.0000E+00$

当 $E_{L3} \leqslant E < E_{L2}$：$a_1 = 0.1426E+02$，$a_2 = -0.2708E+01$，$a_3 = 0.0000E+00$，$a_4 = 0.0000E+00$

当 $E_{M1} \leqslant E < E_{L3}$：$a_1 = 0.1277E+02$，$a_2 = -0.2728E+01$，$a_3 = 0.0000E+00$，$a_4 = 0.0000E+00$

当 $E < E_{M1}$：$a_1 = 0$，$a_2 = 0$，$a_3 = 0$，$a_4 = 0$

Se（$Z=34$）

当 $E \geqslant E_K$：$a_1 = 0.1551E+02$，$a_2 = -0.1534E+01$，$a_3 = -0.3024E+00$，$a_4 = 0.2087E-01$

当 $E_{L1} \leqslant E < E_K$：$a_1 = 0.1490E+02$，$a_2 = -0.2706E+01$，$a_3 = 0.0000E+00$，$a_4 = 0.0000E+00$

当 $E_{L2} \leqslant E < E_{L1}$：$a_1 = 0.1472E+02$，$a_2 = -0.2706E+01$，$a_3 = 0.0000E+00$，$a_4 = 0.0000E+00$

当 $E_{L3} \leqslant E < E_{L2}$：$a_1 = 0.1438E+02$，$a_2 = -0.2706E+01$，$a_3 = 0.0000E+00$，$a_4 = 0.0000E+00$

当 $E_{M1} \leqslant E < E_{L3}$：$a_1 = 0.1287E+02$，$a_2 = -0.2743E+01$，$a_3 = 0.0000E+00$，$a_4 = 0.0000E+00$

当 $E < E_{M1}$：$a_1 = 0$，$a_2 = 0$，$a_3 = 0$，$a_4 = 0$

Br（$Z=35$）

当 $E \geqslant E_K$：$a_1 = 0.1556E+02$，$a_2 = -0.1514E+01$，$a_3 = -0.3039E+00$，$a_4 = 0.2092E-01$

当 $E_{L1} \leqslant E < E_K$：$a_1 = 0.1503E+02$，$a_2 = -0.2714E+01$，$a_3 = 0.0000E+00$，$a_4 = 0.0000E+00$

当 $E_{L2} \leqslant E < E_{L1}$：$a_1 = 0.1484E+02$，$a_2 = -0.2714E+01$，$a_3 = 0.0000E+00$，$a_4 = 0.0000E+00$

当 $E_{L3} \leqslant E < E_{L2}$：$a_1 = 0.1451E+02$，$a_2 = -0.2714E+01$，$a_3 = 0.0000E+00$，$a_4 = 0.0000E+00$

当 $E_{M1} \leqslant E < E_{L3}$：$a_1 = 0.1298E+02$，$a_2 = -0.2710E+01$，$a_3 = 0.0000E+00$，$a_4 = 0.0000E+00$

当 $E < E_{M1}$：$a_1 = 0$，$a_2 = 0$，$a_3 = 0$，$a_4 = 0$

Kr（$Z=36$）

当 $E \geqslant E_K$：$a_1 = 0.1553E+02$，$a_2 = -0.1443E+01$，$a_3 = -0.3158E+00$，$a_4 = 0.2166E-01$

当 $E_{L1} \leqslant E < E_K$：$a_1 = 0.1512E+02$，$a_2 = -0.2704E+01$，$a_3 = 0.0000E+00$，$a_4 = 0.0000E+00$

当 $E_{L2} \leqslant E < E_{L1}$：$a_1 = 0.1494E+02$，$a_2 = -0.2704E+01$，$a_3 = 0.0000E+00$，$a_4 = 0.0000E+00$

当 $E_{L3} \leqslant E < E_{L2}$：$a_1 = 0.1460E+02$，$a_2 = -0.2704E+01$，$a_3 = 0.0000E+00$，$a_4 = 0.0000E+00$

当 $E_{M1} \leqslant E < E_{L3}$：$a_1 = 0.1305E+02$，$a_2 = -0.2821E+01$，$a_3 = 0.0000E+00$，$a_4 = 0.0000E+00$

当 $E < E_{M1}$：$a_1 = 0$，$a_2 = 0$，$a_3 = 0$，$a_4 = 0$

Rb（$Z = 37$）

当 $E \geqslant E_K$：$a_1 = 0.1550E+02$，$a_2 = -0.1364E+01$，$a_3 = -0.3310E+00$，$a_4 = 0.2271E-01$

当 $E_{L1} \leqslant E < E_K$：$a_1 = 0.1528E+02$，$a_2 = -0.2734E+01$，$a_3 = 0.0000E+00$，$a_4 = 0.0000E+00$

当 $E_{L2} \leqslant E < E_{L1}$：$a_1 = 0.1510E+02$，$a_2 = -0.2734E+01$，$a_3 = 0.0000E+00$，$a_4 = 0.0000E+00$

当 $E_{L3} \leqslant E < E_{L2}$：$a_1 = 0.1476E+02$，$a_2 = -0.2734E+01$，$a_3 = 0.0000E+00$，$a_4 = 0.0000E+00$

当 $E_{M1} \leqslant E < E_{L3}$：$a_1 = 0.1319E+02$，$a_2 = -0.2757E+01$，$a_3 = 0.0000E+00$，$a_4 = 0.0000E+00$

当 $E < E_{M1}$：$a_1 = 0$，$a_2 = 0$，$a_3 = 0$，$a_4 = 0$

Sr（$Z = 38$）

当 $E \geqslant E_K$：$a_1 = 0.1552E+02$，$a_2 = -0.1322E+01$，$a_3 = -0.3385E+00$，$a_4 = 0.2324E-01$

当 $E_{L1} \leqslant E < E_K$：$a_1 = 0.1539E+02$，$a_2 = -0.2735E+01$，$a_3 = 0.0000E+00$，$a_4 = 0.0000E+00$

当 $E_{L2} \leqslant E < E_{L1}$：$a_1 = 0.1521E+02$，$a_2 = -0.2735E+01$，$a_3 = 0.0000E+00$，$a_4 = 0.0000E+00$

当 $E_{L3} \leqslant E < E_{L2}$：$a_1 = 0.1487E+02$，$a_2 = -0.2735E+01$，$a_3 = 0.0000E+00$，$a_4 = 0.0000E+00$

当 $E_{M1} \leqslant E < E_{L3}$：$a_1 = 0.1329E+02$，$a_2 = -0.2688E+01$，$a_3 = 0.0000E+

00，$a_4 = 0.0000E+00$

当 $E < E_{M1}$：$a_1 = 0$，$a_2 = 0$，$a_3 = 0$，$a_4 = 0$

Y（$Z=39$）

当 $E \geqslant E_K$：$a_1 = 0.1557E+02$，$a_2 = -0.1293E+01$，$a_3 = -0.3432E+00$，$a_4 = 0.2357E-01$

当 $E_{L1} \leqslant E < E_K$：$a_1 = 0.1550E+02$，$a_2 = -0.2736E+01$，$a_3 = 0.0000E+00$，$a_4 = 0.0000E+00$

当 $E_{L2} \leqslant E < E_{L1}$：$a_1 = 0.1532E+02$，$a_2 = -0.2736E+01$，$a_3 = 0.0000E+00$，$a_4 = 0.0000E+00$

当 $E_{L3} \leqslant E < E_{L2}$：$a_1 = 0.1498E+02$，$a_2 = -0.2736E+01$，$a_3 = 0.0000E+00$，$a_4 = 0.0000E+00$

当 $E_{M1} \leqslant E < E_{L3}$：$a_1 = 0.1339E+02$，$a_2 = -0.2614E+01$，$a_3 = 0.0000E+00$，$a_4 = 0.0000E+00$

当 $E < E_{M1}$：$a_1 = 0$，$a_2 = 0$，$a_3 = 0$，$a_4 = 0$

Zr（$Z=40$）

当 $E \geqslant E_K$：$a_1 = 0.1478E+02$，$a_2 = -0.7617E+00$，$a_3 = -0.4466E+00$，$a_4 = 0.3017E-01$

当 $E_{L1} \leqslant E < E_K$：$a_1 = 0.1563E+02$，$a_2 = -0.2750E+01$，$a_3 = 0.0000E+00$，$a_4 = 0.0000E+00$

当 $E_{L2} \leqslant E < E_{L1}$：$a_1 = 0.1544E+02$，$a_2 = -0.2750E+01$，$a_3 = 0.0000E+00$，$a_4 = 0.0000E+00$

当 $E_{L3} \leqslant E < E_{L2}$：$a_1 = 0.1511E+02$，$a_2 = -0.2750E+01$，$a_3 = 0.0000E+00$，$a_4 = 0.0000E+00$

当 $E_{M1} \leqslant E < E_{L3}$：$a_1 = 0.1349E+02$，$a_2 = -0.2564E+01$，$a_3 = 0.0000E+00$，$a_4 = 0.0000E+00$

当 $E < E_{M1}$：$a_1 = 0$，$a_2 = 0$，$a_3 = 0$，$a_4 = 0$

Nb（$Z=41$）

当 $E \geqslant E_K$：$a_1 = 0.1479E+02$，$a_2 = -0.7733E+00$，$a_3 = -0.4303E+00$，$a_4 = 0.2834E-01$

当 $E_{L1} \leqslant E < E_K$：$a_1 = 0.1574E+02$，$a_2 = -0.2751E+01$，$a_3 = 0.0000E+$

00，$a_4 = 0.0000E+00$

　　当 $E_{L2} \leqslant E < E_{L1}$：$a_1 = 0.1555E+02$，$a_2 = -0.2751E+01$，$a_3 = 0.0000E+00$，$a_4 = 0.0000E+00$

　　当 $E_{L3} \leqslant E < E_{L2}$：$a_1 = 0.1522E+02$，$a_2 = -0.2751E+01$，$a_3 = 0.0000E+00$，$a_4 = 0.0000E+00$

　　当 $E_{M1} \leqslant E < E_{L3}$：$a_1 = 0.1360E+02$，$a_2 = -0.2572E+01$，$a_3 = 0.0000E+00$，$a_4 = 0.0000E+00$

　　当 $E < E_{M1}$：$a_1 = 0$，$a_2 = 0$，$a_3 = 0$，$a_4 = 0$

Mo（$Z = 42$）

　　当 $E \geqslant E_K$：$a_1 = 0.1513E+02$，$a_2 = -0.9299E+00$，$a_3 = -0.3987E+00$，$a_4 = 0.2637E-01$

　　当 $E_{L1} \leqslant E < E_K$：$a_1 = 0.1585E+02$，$a_2 = -0.2763E+01$，$a_3 = 0.0000E+00$，$a_4 = 0.0000E+00$

　　当 $E_{L2} \leqslant E < E_{L1}$：$a_1 = 0.1567E+02$，$a_2 = -0.2763E+01$，$a_3 = 0.0000E+00$，$a_4 = 0.0000E+00$

　　当 $E_{L3} \leqslant E < E_{L2}$：$a_1 = 0.1533E+02$，$a_2 = -0.2763E+01$，$a_3 = 0.0000E+00$，$a_4 = 0.0000E+00$

　　当 $E_{M1} \leqslant E < E_{L3}$：$a_1 = 0.1370E+02$，$a_2 = -0.2511E+01$，$a_3 = 0.0000E+00$，$a_4 = 0.0000E+00$

　　当 $E < E_{M1}$：$a_1 = 0$，$a_2 = 0$，$a_3 = 0$，$a_4 = 0$

Tc（$Z = 43$）

　　当 $E \geqslant E_K$：$a_1 = 0.1564E+02$，$a_2 = -0.1138E+01$，$a_3 = -0.3702E+00$，$a_4 = 0.2544E-01$

　　当 $E_{L1} \leqslant E < E_K$：$a_1 = 0.1591E+02$，$a_2 = -0.2745E+01$，$a_3 = 0.0000E+00$，$a_4 = 0.0000E+00$

　　当 $E_{L2} \leqslant E < E_{L1}$：$a_1 = 0.1573E+02$，$a_2 = -0.2745E+01$，$a_3 = 0.0000E+00$，$a_4 = 0.0000E+00$

　　当 $E_{L3} \leqslant E < E_{L2}$：$a_1 = 0.1539E+02$，$a_2 = -0.2745E+01$，$a_3 = 0.0000E+00$，$a_4 = 0.0000E+00$

　　当 $E_{M1} \leqslant E < E_{L3}$：$a_1 = 0.1381E+02$，$a_2 = -0.2501E+01$，$a_3 = 0.0000E+00$，$a_4 = 0.0000E+00$

当 $E < E_{M1}$ ： $a_1 = 0$ ， $a_2 = 0$ ， $a_3 = 0$ ， $a_4 = 0$

Ru （$Z = 44$）

当 $E \geqslant E_K$ ： $a_1 = 0.1568E + 02$ ， $a_2 = -0.1110E + 01$ ， $a_3 = -0.3749E + 00$ ，$a_4 = 0.2577E - 01$

当 $E_{L1} \leqslant E < E_K$ ： $a_1 = 0.1600E + 02$ ， $a_2 = -0.2744E + 01$ ， $a_3 = 0.0000E + 00$ ， $a_4 = 0.0000E + 00$

当 $E_{L2} \leqslant E < E_{L1}$ ： $a_1 = 0.1582E + 02$ ， $a_2 = -0.2744E + 01$ ， $a_3 = 0.0000E + 00$ ， $a_4 = 0.0000E + 00$

当 $E_{L3} \leqslant E < E_{L2}$ ： $a_1 = 0.1548E + 02$ ， $a_2 = -0.2744E + 01$ ， $a_3 = 0.0000E + 00$ ， $a_4 = 0.0000E + 00$

当 $E_{M1} \leqslant E < E_{L3}$ ： $a_1 = 0.1391E + 02$ ， $a_2 = -0.2495E + 01$ ， $a_3 = 0.0000E + 00$ ， $a_4 = 0.0000E + 00$

当 $E < E_{M1}$ ： $a_1 = 0$ ， $a_2 = 0$ ， $a_3 = 0$ ， $a_4 = 0$

Rh （$Z = 45$）

当 $E \geqslant E_K$ ： $a_1 = 0.1522E + 02$ ， $a_2 = -0.8019E + 00$ ， $a_3 = -0.4327E + 00$ ，$a_4 = 0.2938E - 01$

当 $E_{L1} \leqslant E < E_K$ ： $a_1 = 0.1606E + 02$ ， $a_2 = -0.2730E + 01$ ， $a_3 = 0.0000E + 00$ ， $a_4 = 0.0000E + 00$

当 $E_{L2} \leqslant E < E_{L1}$ ： $a_1 = 0.1588E + 02$ ， $a_2 = -0.2730E + 01$ ， $a_3 = 0.0000E + 00$ ， $a_4 = 0.0000E + 00$

当 $E_{L3} \leqslant E < E_{L2}$ ： $a_1 = 0.1554E + 02$ ， $a_2 = -0.2730E + 01$ ， $a_3 = 0.0000E + 00$ ， $a_4 = 0.0000E + 00$

当 $E_{M1} \leqslant E < E_{L3}$ ： $a_1 = 0.1402E + 02$ ， $a_2 = -0.2494E + 01$ ， $a_3 = 0.0000E + 00$ ， $a_4 = 0.0000E + 00$

当 $E < E_{M1}$ ： $a_1 = 0$ ， $a_2 = 0$ ， $a_3 = 0$ ， $a_4 = 0$

Pd （$Z = 46$）

当 $E \geqslant E_K$ ： $a_1 = 0.1507E + 02$ ， $a_2 = -0.6915E + 00$ ， $a_3 = -0.4487E + 00$ ，$a_4 = 0.3016E - 01$

当 $E_{L1} \leqslant E < E_K$ ： $a_1 = 0.1621E + 02$ ， $a_2 = -0.2759E + 01$ ， $a_3 = 0.0000E + 00$ ， $a_4 = 0.0000E + 00$

当 $E_{L2} \leqslant E < E_{L1}$: $a_1 = 0.1603E+02$，$a_2 = -0.2759E+01$，$a_3 = 0.0000E+00$，$a_4 = 0.0000E+00$

当 $E_{L3} \leqslant E < E_{L2}$: $a_1 = 0.1569E+02$，$a_2 = -0.2759E+01$，$a_3 = 0.0000E+00$，$a_4 = 0.0000E+00$

当 $E_{M1} \leqslant E < E_{L3}$: $a_1 = 0.1413E+02$，$a_2 = -0.2532E+01$，$a_3 = 0.0000E+00$，$a_4 = 0.0000E+00$

当 $E < E_{M1}$: $a_1 = 0$，$a_2 = 0$，$a_3 = 0$，$a_4 = 0$

Ag （$Z=47$）

当 $E \geqslant E_K$: $a_1 = 0.1479E+02$，$a_2 = -0.5060E+00$，$a_3 = -0.4782E+00$，$a_4 = 0.3169E-01$

当 $E_{L1} \leqslant E < E_K$: $a_1 = 0.1628E+02$，$a_2 = -0.2749E+01$，$a_3 = 0.0000E+00$，$a_4 = 0.0000E+00$

当 $E_{L2} \leqslant E < E_{L1}$: $a_1 = 0.1609E+02$，$a_2 = -0.2749E+01$，$a_3 = 0.0000E+00$，$a_4 = 0.0000E+00$

当 $E_{L3} \leqslant E < E_{L2}$: $a_1 = 0.1576E+02$，$a_2 = -0.2749E+01$，$a_3 = 0.0000E+00$，$a_4 = 0.0000E+00$

当 $E_{M1} \leqslant E < E_{L3}$: $a_1 = 0.1422E+02$，$a_2 = -0.2527E+01$，$a_3 = 0.0000E+00$，$a_4 = 0.0000E+00$

当 $E < E_{M1}$: $a_1 = 0$，$a_2 = 0$，$a_3 = 0$，$a_4 = 0$

Cd （$Z=48$）

当 $E \geqslant E_K$: $a_1 = 0.1483E+02$，$a_2 = -0.4601E+00$，$a_3 = -0.4923E+00$，$a_4 = 0.3297E-01$

当 $E_{L1} \leqslant E < E_K$: $a_1 = 0.1638E+02$，$a_2 = -0.2760E+01$，$a_3 = 0.0000E+00$，$a_4 = 0.0000E+00$

当 $E_{L2} \leqslant E < E_{L1}$: $a_1 = 0.1620E+02$，$a_2 = -0.2760E+01$，$a_3 = 0.0000E+00$，$a_4 = 0.0000E+00$

当 $E_{L3} \leqslant E < E_{L2}$: $a_1 = 0.1587E+02$，$a_2 = -0.2760E+01$，$a_3 = 0.0000E+00$，$a_4 = 0.0000E+00$

当 $E_{M1} \leqslant E < E_{L3}$: $a_1 = 0.1433E+02$，$a_2 = -0.2501E+01$，$a_3 = 0.0000E+00$，$a_4 = 0.0000E+00$

当 $E < E_{M1}$: $a_1 = 0$，$a_2 = 0$，$a_3 = 0$，$a_4 = 0$

In （$Z=49$）

当 $E \geqslant E_K$： $a_1 = 0.1618E+02$， $a_2 = -0.1191E+01$， $a_3 = -0.3558E+00$， $a_4 = 0.2471E-01$

当 $E_{L1} \leqslant E < E_K$： $a_1 = 0.1644E+02$， $a_2 = -0.2747E+01$， $a_3 = 0.0000E+00$， $a_4 = 0.0000E+00$

当 $E_{L2} \leqslant E < E_{L1}$： $a_1 = 0.1626E+02$， $a_2 = -0.2747E+01$， $a_3 = 0.0000E+00$， $a_4 = 0.0000E+00$

当 $E_{L3} \leqslant E < E_{L2}$： $a_1 = 0.1592E+02$， $a_2 = -0.2747E+01$， $a_3 = 0.0000E+00$， $a_4 = 0.0000E+00$

当 $E_{M1} \leqslant E < E_{L3}$： $a_1 = 0.1442E+02$， $a_2 = -0.2505E+01$， $a_3 = 0.0000E+00$， $a_4 = 0.0000E+00$

当 $E < E_{M1}$： $a_1 = 0$， $a_2 = 0$， $a_3 = 0$， $a_4 = 0$

Sn （$Z=50$）

当 $E \geqslant E_K$： $a_1 = 0.1347E+02$， $a_2 = 0.4875E+00$， $a_3 = -0.6873E+00$， $a_4 = 0.4614E-01$

当 $E_{L1} \leqslant E < E_K$： $a_1 = 0.1656E+02$， $a_2 = -0.2761E+01$， $a_3 = 0.0000E+00$， $a_4 = 0.0000E+00$

当 $E_{L2} \leqslant E < E_{L1}$： $a_1 = 0.1638E+02$， $a_2 = -0.2761E+01$， $a_3 = 0.0000E+00$， $a_4 = 0.0000E+00$

当 $E_{L3} \leqslant E < E_{L2}$： $a_1 = 0.1604E+02$， $a_2 = -0.2761E+01$， $a_3 = 0.0000E+00$， $a_4 = 0.0000E+00$

当 $E_{M1} \leqslant E < E_{L3}$： $a_1 = 0.1453E+02$， $a_2 = -0.2513E+01$， $a_3 = 0.0000E+00$， $a_4 = 0.0000E+00$

当 $E < E_{M1}$： $a_1 = 0$， $a_2 = 0$， $a_3 = 0$， $a_4 = 0$

Sb （$Z=51$）

当 $E \geqslant E_K$： $a_1 = 0.1557E+02$， $a_2 = -0.7324E+00$， $a_3 = -0.4451E+00$， $a_4 = 0.3049E-01$

当 $E_{L1} \leqslant E < E_K$： $a_1 = 0.1653E+02$， $a_2 = -0.2712E+01$， $a_3 = 0.0000E+00$， $a_4 = 0.0000E+00$

当 $E_{L2} \leqslant E < E_{L1}$： $a_1 = 0.1634E+02$， $a_2 = -0.2712E+01$， $a_3 = 0.0000E+00$， $a_4 = 0.0000E+00$

当 $E_{L3} \leqslant E < E_{L2}$：$a_1 = 0.1601E+02$，$a_2 = -0.2712E+01$，$a_3 = 0.0000E+00$，$a_4 = 0.0000E+00$

当 $E_{M1} \leqslant E < E_{L3}$：$a_1 = 0.1463E+02$，$a_2 = -0.2537E+01$，$a_3 = 0.0000E+00$，$a_4 = 0.0000E+00$

当 $E < E_{M1}$：$a_1 = 0$，$a_2 = 0$，$a_3 = 0$，$a_4 = 0$

Te（$Z=52$）

当 $E \geqslant E_K$：$a_1 = 0.1496E+02$，$a_2 = -0.3165E+00$，$a_3 = -0.5258E+00$，$a_4 = 0.3561E-01$

当 $E_{L1} \leqslant E < E_K$：$a_1 = 0.1662E+02$，$a_2 = -0.2714E+01$，$a_3 = 0.0000E+00$，$a_4 = 0.0000E+00$

当 $E_{L2} \leqslant E < E_{L1}$：$a_1 = 0.1643E+02$，$a_2 = -0.2714E+01$，$a_3 = 0.0000E+00$，$a_4 = 0.0000E+00$

当 $E_{L3} \leqslant E < E_{L2}$：$a_1 = 0.1610E+02$，$a_2 = -0.2714E+01$，$a_3 = 0.0000E+00$，$a_4 = 0.0000E+00$

当 $E_{M1} \leqslant E < E_{L3}$：$a_1 = 0.1472E+02$，$a_2 = -0.2539E+01$，$a_3 = 0.0000E+00$，$a_4 = 0.0000E+00$

当 $E_{M2} \leqslant E < E_{M1}$：$a_1 = 0.1462E+02$，$a_2 = -0.2539E+01$，$a_3 = 0.0000E+00$，$a_4 = 0.0000E+00$

当 $E < E_{M2}$：$a_1 = 0$，$a_2 = 0$，$a_3 = 0$，$a_4 = 0$

I（$Z=53$）

当 $E \geqslant E_K$：$a_1 = 0.1621E+02$，$a_2 = -0.1045E+01$，$a_3 = -0.3833E+00$，$a_4 = 0.2670E-01$

当 $E_{L1} \leqslant E < E_K$：$a_1 = 0.1671E+02$，$a_2 = -0.2725E+01$，$a_3 = 0.0000E+00$，$a_4 = 0.0000E+00$

当 $E_{L2} \leqslant E < E_{L1}$：$a_1 = 0.1653E+02$，$a_2 = -0.2725E+01$，$a_3 = 0.0000E+00$，$a_4 = 0.0000E+00$

当 $E_{L3} \leqslant E < E_{L2}$：$a_1 = 0.1619E+02$，$a_2 = -0.2725E+01$，$a_3 = 0.0000E+00$，$a_4 = 0.0000E+00$

当 $E_{M1} \leqslant E < E_{L3}$：$a_1 = 0.1480E+02$，$a_2 = -0.2541E+01$，$a_3 = 0.0000E+00$，$a_4 = 0.0000E+00$

当 $E_{M2} \leqslant E < E_{M1}$：$a_1 = 0.1470E+02$，$a_2 = -0.2541E+01$，$a_3 = 0.0000E$

$+00$, $a_4 = 0.0000E+00$

当 $E < E_{M2}$: $a_1 = 0$, $a_2 = 0$, $a_3 = 0$, $a_4 = 0$

Xe $(Z=54)$

当 $E \geqslant E_K$: $a_1 = 0.1565E+02$, $a_2 = -0.7018E+00$, $a_3 = -0.4452E+00$, $a_4 = 0.3046E-01$

当 $E_{L1} \leqslant E < E_K$: $a_1 = 0.1675E+02$, $a_2 = -0.2715E+01$, $a_3 = 0.0000E+00$, $a_4 = 0.0000E+00$

当 $E_{L2} \leqslant E < E_{L1}$: $a_1 = 0.1657E+02$, $a_2 = -0.2715E+01$, $a_3 = 0.0000E+00$, $a_4 = 0.0000E+00$

当 $E_{L3} \leqslant E < E_{L2}$: $a_1 = 0.1623E+02$, $a_2 = -0.2715E+01$, $a_3 = 0.0000E+00$, $a_4 = 0.0000E+00$

当 $E_{M1} \leqslant E < E_{L3}$: $a_1 = 0.1479E+02$, $a_2 = -0.2494E+01$, $a_3 = 0.0000E+00$, $a_4 = 0.0000E+00$

当 $E_{M2} \leqslant E < E_{M1}$: $a_1 = 0.1470E+02$, $a_2 = -0.2494E+01$, $a_3 = 0.0000E+00$, $a_4 = 0.0000E+00$

当 $E < E_{M2}$: $a_1 = 0$, $a_2 = 0$, $a_3 = 0$, $a_4 = 0$

Cs $(Z=55)$

当 $E \geqslant E_K$: $a_1 = 0.1659E+02$, $a_2 = -0.1189E+01$, $a_3 = -0.3559E+00$, $a_4 = 0.2513E-01$

当 $E_{L1} \leqslant E < E_K$: $a_1 = 0.1685E+02$, $a_2 = -0.2721E+01$, $a_3 = 0.0000E+00$, $a_4 = 0.0000E+00$

当 $E_{L2} \leqslant E < E_{L1}$: $a_1 = 0.1667E+02$, $a_2 = -0.2721E+01$, $a_3 = 0.0000E+00$, $a_4 = 0.0000E+00$

当 $E_{L3} \leqslant E < E_{L2}$: $a_1 = 0.1633E+02$, $a_2 = -0.2721E+01$, $a_3 = 0.0000E+00$, $a_4 = 0.0000E+00$

当 $E_{M1} \leqslant E < E_{L3}$: $a_1 = 0.1498E+02$, $a_2 = -0.2562E+01$, $a_3 = 0.0000E+00$, $a_4 = 0.0000E+00$

当 $E_{M2} \leqslant E < E_{M1}$: $a_1 = 0.1488E+02$, $a_2 = -0.2562E+01$, $a_3 = 0.0000E+00$, $a_4 = 0.0000E+00$

当 $E_{M3} \leqslant E < E_{M2}$: $a_1 = 0.1479E+02$, $a_2 = -0.2562E+01$, $a_3 = 0.0000E+00$, $a_4 = 0.0000E+00$

当 $E < E_{M3}$：$a_1 = 0$，$a_2 = 0$，$a_3 = 0$，$a_4 = 0$

Ba（$Z = 56$）

当 $E \geqslant E_K$：$a_1 = 0.1668E + 02$，$a_2 = -0.1213E + 01$，$a_3 = -0.3498E + 00$，$a_4 = 0.2474E - 01$

当 $E_{L1} \leqslant E < E_K$：$a_1 = 0.1693E + 02$，$a_2 = -0.2721E + 01$，$a_3 = 0.0000E + 00$，$a_4 = 0.0000E + 00$

当 $E_{L2} \leqslant E < E_{L1}$：$a_1 = 0.1674E + 02$，$a_2 = -0.2721E + 01$，$a_3 = 0.0000E + 00$，$a_4 = 0.0000E + 00$

当 $E_{L3} \leqslant E < E_{L2}$：$a_1 = 0.1641E + 02$，$a_2 = -0.2721E + 01$，$a_3 = 0.0000E + 00$，$a_4 = 0.0000E + 00$

当 $E_{M1} \leqslant E < E_{L3}$：$a_1 = 0.1504E + 02$，$a_2 = -0.2552E + 01$，$a_3 = 0.0000E + 00$，$a_4 = 0.0000E + 00$

当 $E_{M2} \leqslant E < E_{M1}$：$a_1 = 0.1495E + 02$，$a_2 = -0.2552E + 01$，$a_3 = 0.0000E + 00$，$a_4 = 0.0000E + 00$

当 $E_{M3} \leqslant E < E_{M2}$：$a_1 = 0.1485E + 02$，$a_2 = -0.2552E + 01$，$a_3 = 0.0000E + 00$，$a_4 = 0.0000E + 00$

当 $E_{M4} \leqslant E < E_{M3}$：$a_1 = 0.1467E + 02$，$a_2 = -0.2552E + 01$，$a_3 = 0.0000E + 00$，$a_4 = 0.0000E + 00$

当 $E < E_{M4}$：$a_1 = 0$，$a_2 = 0$，$a_3 = 0$，$a_4 = 0$

La（$Z = 57$）

当 $E \geqslant E_K$：$a_1 = 0.1596E + 02$，$a_2 = -0.7890E + 00$，$a_3 = -0.4234E + 00$，$a_4 = 0.2897E - 01$

当 $E_{L1} \leqslant E < E_K$：$a_1 = 0.1704E + 02$，$a_2 = -0.2740E + 01$，$a_3 = 0.0000E + 00$，$a_4 = 0.0000E + 00$

当 $E_{L2} \leqslant E < E_{L1}$：$a_1 = 0.1686E + 02$，$a_2 = -0.2740E + 01$，$a_3 = 0.0000E + 00$，$a_4 = 0.0000E + 00$

当 $E_{L3} \leqslant E < E_{L2}$：$a_1 = 0.1652E + 02$，$a_2 = -0.2740E + 01$，$a_3 = 0.0000E + 00$，$a_4 = 0.0000E + 00$

当 $E_{M1} \leqslant E < E_{L3}$：$a_1 = 0.1512E + 02$，$a_2 = -0.2555E + 01$，$a_3 = 0.0000E + 00$，$a_4 = 0.0000E + 00$

当 $E_{M2} \leqslant E < E_{M1}$：$a_1 = 0.1502E + 02$，$a_2 = -0.2555E + 01$，$a_3 = 0.0000E$

$+00$，$a_4 = 0.0000E + 00$

当 $E_{M3} \leqslant E < E_{M2}$：$a_1 = 0.1493E + 02$，$a_2 = -0.2555E + 01$，$a_3 = 0.0000E + 00$，$a_4 = 0.0000E + 00$

当 $E_{M4} \leqslant E < E_{M3}$：$a_1 = 0.1475E + 02$，$a_2 = -0.2555E + 01$，$a_3 = 0.0000E + 00$，$a_4 = 0.0000E + 00$

当 $E < E_{M4}$：$a_1 = 0$，$a_2 = 0$，$a_3 = 0$，$a_4 = 0$

Ce（$Z = 58$）

当 $E \geqslant E_K$：$a_1 = 0.1745E + 02$，$a_2 = -0.1560E + 01$，$a_3 = -0.2878E + 00$，$a_4 = 0.2122E - 01$

当 $E_{L1} \leqslant E < E_K$：$a_1 = 0.1708E + 02$，$a_2 = -0.2726E + 01$，$a_3 = 0.0000E + 00$，$a_4 = 0.0000E + 00$

当 $E_{L2} \leqslant E < E_{L1}$：$a_1 = 0.1690E + 02$，$a_2 = -0.2726E + 01$，$a_3 = 0.0000E + 00$，$a_4 = 0.0000E + 00$

当 $E_{L3} \leqslant E < E_{L2}$：$a_1 = 0.1656E + 02$，$a_2 = -0.2726E + 01$，$a_3 = 0.0000E + 00$，$a_4 = 0.0000E + 00$

当 $E_{M1} \leqslant E < E_{L3}$：$a_1 = 0.1520E + 02$，$a_2 = -0.2557E + 01$，$a_3 = 0.0000E + 00$，$a_4 = 0.0000E + 00$

当 $E_{M2} \leqslant E < E_{M1}$：$a_1 = 0.1510E + 02$，$a_2 = -0.2557E + 01$，$a_3 = 0.0000E + 00$，$a_4 = 0.0000E + 00$

当 $E_{M3} \leqslant E < E_{M2}$：$a_1 = 0.1500E + 02$，$a_2 = -0.2557E + 01$，$a_3 = 0.0000E + 00$，$a_4 = 0.0000E + 00$

当 $E_{M4} \leqslant E < E_{M3}$：$a_1 = 0.1482E + 02$，$a_2 = -0.2557E + 01$，$a_3 = 0.0000E + 00$，$a_4 = 0.0000E + 00$

当 $E < E_{M4}$：$a_1 = 0$，$a_2 = 0$，$a_3 = 0$，$a_4 = 0$

Pr（$Z = 59$）

当 $E \geqslant E_K$：$a_1 = 0.1751E + 02$，$a_2 = -0.1564E + 01$，$a_3 = -0.2866E + 00$，$a_4 = 0.2119E - 01$

当 $E_{L1} \leqslant E < E_K$：$a_1 = 0.1715E + 02$，$a_2 = -0.2727E + 01$，$a_3 = 0.0000E + 00$，$a_4 = 0.0000E + 00$

当 $E_{L2} \leqslant E < E_{L1}$：$a_1 = 0.1696E + 02$，$a_2 = -0.2727E + 01$，$a_3 = 0.0000E + 00$，$a_4 = 0.0000E + 00$

当 $E_{L3} \leqslant E < E_{L2}$: $a_1 = 0.1663E+02$, $a_2 = -0.2727E+01$, $a_3 = 0.0000E+00$, $a_4 = 0.0000E+00$

当 $E_{M1} \leqslant E < E_{L3}$: $a_1 = 0.1528E+02$, $a_2 = -0.2575E+01$, $a_3 = 0.0000E+00$, $a_4 = 0.0000E+00$

当 $E_{M2} \leqslant E < E_{M1}$: $a_1 = 0.1519E+02$, $a_2 = -0.2575E+01$, $a_3 = 0.0000E+00$, $a_4 = 0.0000E+00$

当 $E_{M3} \leqslant E < E_{M2}$: $a_1 = 0.1509E+02$, $a_2 = -0.2575E+01$, $a_3 = 0.0000E+00$, $a_4 = 0.0000E+00$

当 $E_{M4} \leqslant E < E_{M3}$: $a_1 = 0.1491E+02$, $a_2 = -0.2575E+01$, $a_3 = 0.0000E+00$, $a_4 = 0.0000E+00$

当 $E < E_{M4}$: $a_1 = 0$, $a_2 = 0$, $a_3 = 0$, $a_4 = 0$

Nu ($Z=60$)

当 $E \geqslant E_K$: $a_1 = 0.1731E+02$, $a_2 = -0.1433E+01$, $a_3 = -0.3085E+00$, $a_4 = 0.2245E-01$

当 $E_{L1} \leqslant E < E_K$: $a_1 = 0.1724E+02$, $a_2 = -0.2737E+01$, $a_3 = 0.0000E+00$, $a_4 = 0.0000E+00$

当 $E_{L2} \leqslant E < E_{L1}$: $a_1 = 0.1706E+02$, $a_2 = -0.2737E+01$, $a_3 = 0.0000E+00$, $a_4 = 0.0000E+00$

当 $E_{L3} \leqslant E < E_{L2}$: $a_1 = 0.1672E+02$, $a_2 = -0.2737E+01$, $a_3 = 0.0000E+00$, $a_4 = 0.0000E+00$

当 $E_{M1} \leqslant E < E_{L3}$: $a_1 = 0.1534E+02$, $a_2 = -0.2558E+01$, $a_3 = 0.0000E+00$, $a_4 = 0.0000E+00$

当 $E_{M2} \leqslant E < E_{M1}$: $a_1 = 0.1524E+02$, $a_2 = -0.2558E+01$, $a_3 = 0.0000E+00$, $a_4 = 0.0000E+00$

当 $E_{M3} \leqslant E < E_{M2}$: $a_1 = 0.1515E+02$, $a_2 = -0.2558E+01$, $a_3 = 0.0000E+00$, $a_4 = 0.0000E+00$

当 $E_{M4} \leqslant E < E_{M3}$: $a_1 = 0.1497E+02$, $a_2 = -0.2558E+01$, $a_3 = 0.0000E+00$, $a_4 = 0.0000E+00$

当 $E < E_{M4}$: $a_1 = 0$, $a_2 = 0$, $a_3 = 0$, $a_4 = 0$

Pm ($Z=61$)

当 $E \geqslant E_K$: $a_1 = 0.1763E+02$, $a_2 = -0.1566E+01$, $a_3 = -0.2855E+00$,

$a_4 = 0.2120E-01$

当 $E_{L1} \leqslant E < E_K$：$a_1 = 0.1729E+02$，$a_2 = -0.2730E+01$，$a_3 = 0.0000E+00$，$a_4 = 0.0000E+00$

当 $E_{L2} \leqslant E < E_{L1}$：$a_1 = 0.1711E+02$，$a_2 = -0.2730E+01$，$a_3 = 0.0000E+00$，$a_4 = 0.0000E+00$

当 $E_{L3} \leqslant E < E_{L2}$：$a_1 = 0.1677E+02$，$a_2 = -0.2730E+01$，$a_3 = 0.0000E+00$，$a_4 = 0.0000E+00$

当 $E_{M1} \leqslant E < E_{L3}$：$a_1 = 0.1541E+02$，$a_2 = -0.2562E+01$，$a_3 = 0.0000E+00$，$a_4 = 0.0000E+00$

当 $E_{M2} \leqslant E < E_{M1}$：$a_1 = 0.1532E+02$，$a_2 = -0.2562E+01$，$a_3 = 0.0000E+00$，$a_4 = 0.0000E+00$

当 $E_{M3} \leqslant E < E_{M2}$：$a_1 = 0.1522E+02$，$a_2 = -0.2562E+01$，$a_3 = 0.0000E+00$，$a_4 = 0.0000E+00$

当 $E_{M4} \leqslant E < E_{M3}$：$a_1 = 0.1504E+02$，$a_2 = -0.2562E+01$，$a_3 = 0.0000E+00$，$a_4 = 0.0000E+00$

当 $E_{M5} \leqslant E < E_{M4}$：$a_1 = 0.1463E+02$，$a_2 = -0.2562E+01$，$a_3 = 0.0000E+00$，$a_4 = 0.0000E+00$

当 $E_{N1} \leqslant E < E_{M5}$：$a_1 = 0.1344E+02$，$a_2 = -0.2562E+01$，$a_3 = 0.0000E+00$，$a_4 = 0.0000E+00$

当 $E < E_{N1}$：$a_1 = 0$，$a_2 = 0$，$a_3 = 0$，$a_4 = 0$

Sm （$Z=62$）

当 $E \geqslant E_K$：$a_1 = 0.1767E+02$，$a_2 = -0.1558E+01$，$a_3 = -0.2868E+00$，$a_4 = 0.2133E-01$

当 $E_{L1} \leqslant E < E_K$：$a_1 = 0.1737E+02$，$a_2 = -0.2733E+01$，$a_3 = 0.0000E+00$，$a_4 = 0.0000E+00$

当 $E_{L2} \leqslant E < E_{L1}$：$a_1 = 0.1718E+02$，$a_2 = -0.2733E+01$，$a_3 = 0.0000E+00$，$a_4 = 0.0000E+00$

当 $E_{L3} \leqslant E < E_{L2}$：$a_1 = 0.1685E+02$，$a_2 = -0.2733E+01$，$a_3 = 0.0000E+00$，$a_4 = 0.0000E+00$

当 $E_{M1} \leqslant E < E_{L3}$：$a_1 = 0.1548E+02$，$a_2 = -0.2559E+01$，$a_3 = 0.0000E+00$，$a_4 = 0.0000E+00$

当 $E_{M2} \leqslant E < E_{M1}$：$a_1 = 0.1538E+02$，$a_2 = -0.2559E+01$，$a_3 = 0.0000E$

$+00$，$a_4 = 0.0000E+00$

当 $E_{M3} \leqslant E < E_{M2}$：$a_1 = 0.1529E+02$，$a_2 = -0.2559E+01$，$a_3 = 0.0000E+00$，$a_4 = 0.0000E+00$

当 $E_{M4} \leqslant E < E_{M3}$：$a_1 = 0.1510E+02$，$a_2 = -0.2559E+01$，$a_3 = 0.0000E+00$，$a_4 = 0.0000E+00$

当 $E_{M5} \leqslant E < E_{M4}$：$a_1 = 0.1470E+02$，$a_2 = -0.2559E+01$，$a_3 = 0.0000E+00$，$a_4 = 0.0000E+00$

当 $E_{N1} \leqslant E < E_{M5}$：$a_1 = 0.1351E+02$，$a_2 = -0.2559E+01$，$a_3 = 0.0000E+00$，$a_4 = 0.0000E+00$

当 $E < E_{N1}$：$a_1 = 0$，$a_2 = 0$，$a_3 = 0$，$a_4 = 0$

Eu（$Z = 63$）

当 $E \geqslant E_K$：$a_1 = 0.1773E+02$，$a_2 = -0.1562E+01$，$a_3 = -0.2858E+00$，$a_4 = 0.2131E-01$

当 $E_{L1} \leqslant E < E_K$：$a_1 = 0.1743E+02$，$a_2 = -0.2733E+01$，$a_3 = 0.0000E+00$，$a_4 = 0.0000E+00$

当 $E_{L2} \leqslant E < E_{L1}$：$a_1 = 0.1725E+02$，$a_2 = -0.2733E+01$，$a_3 = 0.0000E+00$，$a_4 = 0.0000E+00$

当 $E_{L3} \leqslant E < E_{L2}$：$a_1 = 0.1691E+02$，$a_2 = -0.2733E+01$，$a_3 = 0.0000E+00$，$a_4 = 0.0000E+00$

当 $E_{M1} \leqslant E < E_{L3}$：$a_1 = 0.1555E+02$，$a_2 = -0.2568E+01$，$a_3 = 0.0000E+00$，$a_4 = 0.0000E+00$

当 $E_{M2} \leqslant E < E_{M1}$：$a_1 = 0.1546E+02$，$a_2 = -0.2568E+01$，$a_3 = 0.0000E+00$，$a_4 = 0.0000E+00$

当 $E_{M3} \leqslant E < E_{M2}$：$a_1 = 0.1536E+02$，$a_2 = -0.2568E+01$，$a_3 = 0.0000E+00$，$a_4 = 0.0000E+00$

当 $E_{M4} \leqslant E < E_{M3}$：$a_1 = 0.1518E+02$，$a_2 = -0.2568E+01$，$a_3 = 0.0000E+00$，$a_4 = 0.0000E+00$

当 $E_{M5} \leqslant E < E_{M4}$：$a_1 = 0.1477E+02$，$a_2 = -0.2568E+01$，$a_3 = 0.0000E+00$，$a_4 = 0.0000E+00$

当 $E_{N1} \leqslant E < E_{M5}$：$a_1 = 0.1361E+02$，$a_2 = -0.2568E+01$，$a_3 = 0.0000E+00$，$a_4 = 0.0000E+00$

当 $E < E_{N1}$：$a_1 = 0$，$a_2 = 0$，$a_3 = 0$，$a_4 = 0$

Gd（$Z=64$）

当 $E \geqslant E_K$：$a_1 = 0.1599E+02$，$a_2 = -0.5889E+00$，$a_3 = -0.4582E+00$，$a_4 = 0.3140E-01$

当 $E_{L1} \leqslant E < E_K$：$a_1 = 0.1750E+02$，$a_2 = -0.2736E+01$，$a_3 = 0.0000E+00$，$a_4 = 0.0000E+00$

当 $E_{L2} \leqslant E < E_{L1}$：$a_1 = 0.1732E+02$，$a_2 = -0.2736E+01$，$a_3 = 0.0000E+00$，$a_4 = 0.0000E+00$

当 $E_{L3} \leqslant E < E_{L2}$：$a_1 = 0.1698E+02$，$a_2 = -0.2736E+01$，$a_3 = 0.0000E+00$，$a_4 = 0.0000E+00$

当 $E_{M1} \leqslant E < E_{L3}$：$a_1 = 0.1562E+02$，$a_2 = -0.2572E+01$，$a_3 = 0.0000E+00$，$a_4 = 0.0000E+00$

当 $E_{M2} \leqslant E < E_{M1}$：$a_1 = 0.1553E+02$，$a_2 = -0.2572E+01$，$a_3 = 0.0000E+00$，$a_4 = 0.0000E+00$

当 $E_{M3} \leqslant E < E_{M2}$：$a_1 = 0.1543E+02$，$a_2 = -0.2572E+01$，$a_3 = 0.0000E+00$，$a_4 = 0.0000E+00$

当 $E_{M4} \leqslant E < E_{M3}$：$a_1 = 0.1525E+02$，$a_2 = -0.2572E+01$，$a_3 = 0.0000E+00$，$a_4 = 0.0000E+00$

当 $E_{M5} \leqslant E < E_{M4}$：$a_1 = 0.1484E+02$，$a_2 = -0.2572E+01$，$a_3 = 0.0000E+00$，$a_4 = 0.0000E+00$

当 $E_{N1} \leqslant E < E_{M5}$：$a_1 = 0.1368E+02$，$a_2 = -0.2572E+01$，$a_3 = 0.0000E+00$，$a_4 = 0.0000E+00$

当 $E < E_{N1}$：$a_1 = 0$，$a_2 = 0$，$a_3 = 0$，$a_4 = 0$

Tb（$Z=65$）

当 $E \geqslant E_K$：$a_1 = 0.1839E+02$，$a_2 = -0.1866E+01$，$a_3 = -0.2306E+00$，$a_4 = 0.1813E-01$

当 $E_{L1} \leqslant E < E_K$：$a_1 = 0.1756E+02$，$a_2 = -0.2736E+01$，$a_3 = 0.0000E+00$，$a_4 = 0.0000E+00$

当 $E_{L2} \leqslant E < E_{L1}$：$a_1 = 0.1738E+02$，$a_2 = -0.2736E+01$，$a_3 = 0.0000E+00$，$a_4 = 0.0000E+00$

当 $E_{L3} \leqslant E < E_{L2}$：$a_1 = 0.1704E+02$，$a_2 = -0.2736E+01$，$a_3 = 0.0000E+00$，$a_4 = 0.0000E+00$

当 $E_{M1} \leqslant E < E_{L3}$：$a_1 = 0.1568E+02$，$a_2 = -0.2570E+01$，$a_3 = 0.0000E+00$，$a_4 = 0.0000E+00$

当 $E_{M2} \leqslant E < E_{M1}$：$a_1 = 0.1559E+02$，$a_2 = -0.2570E+01$，$a_3 = 0.0000E+00$，$a_4 = 0.0000E+00$

当 $E_{M3} \leqslant E < E_{M2}$：$a_1 = 0.1549E+02$，$a_2 = -0.2570E+01$，$a_3 = 0.0000E+00$，$a_4 = 0.0000E+00$

当 $E_{M4} \leqslant E < E_{M3}$：$a_1 = 0.1531E+02$，$a_2 = -0.2570E+01$，$a_3 = 0.0000E+00$，$a_4 = 0.0000E+00$

当 $E_{M5} \leqslant E < E_{M4}$：$a_1 = 0.1491E+02$，$a_2 = -0.2570E+01$，$a_3 = 0.0000E+00$，$a_4 = 0.0000E+00$

当 $E_{N1} \leqslant E < E_{M5}$：$a_1 = 0.1377E+02$，$a_2 = -0.2570E+01$，$a_3 = 0.0000E+00$，$a_4 = 0.0000E+00$

当 $E < E_{N1}$：$a_1 = 0$，$a_2 = 0$，$a_3 = 0$，$a_4 = 0$

Dy $(Z=66)$

当 $E \geqslant E_K$：$a_1 = 0.1845E+02$，$a_2 = -0.1868E+01$，$a_3 = -0.2303E+00$，$a_4 = 0.1817E-01$

当 $E_{L1} \leqslant E < E_K$：$a_1 = 0.1762E+02$，$a_2 = -0.2734E+01$，$a_3 = 0.0000E+00$，$a_4 = 0.0000E+00$

当 $E_{L2} \leqslant E < E_{L1}$：$a_1 = 0.1744E+02$，$a_2 = -0.2734E+01$，$a_3 = 0.0000E+00$，$a_4 = 0.0000E+00$

当 $E_{L3} \leqslant E < E_{L2}$：$a_1 = 0.1710E+02$，$a_2 = -0.2734E+01$，$a_3 = 0.0000E+00$，$a_4 = 0.0000E+00$

当 $E_{M1} \leqslant E < E_{L3}$：$a_1 = 0.1576E+02$，$a_2 = -0.2581E+01$，$a_3 = 0.0000E+00$，$a_4 = 0.0000E+00$

当 $E_{M2} \leqslant E < E_{M1}$：$a_1 = 0.1567E+02$，$a_2 = -0.2581E+01$，$a_3 = 0.0000E+00$，$a_4 = 0.0000E+00$

当 $E_{M3} \leqslant E < E_{M2}$：$a_1 = 0.1557E+02$，$a_2 = -0.2581E+01$，$a_3 = 0.0000E+00$，$a_4 = 0.0000E+00$

当 $E_{M4} \leqslant E < E_{M3}$：$a_1 = 0.1539E+02$，$a_2 = -0.2581E+01$，$a_3 = 0.0000E+00$，$a_4 = 0.0000E+00$

当 $E_{M5} \leqslant E < E_{M4}$：$a_1 = 0.1498E+02$，$a_2 = -0.2581E+01$，$a_3 = 0.0000E+00$，$a_4 = 0.0000E+00$

当 $E_{N1} \leqslant E < E_{M5}$：$a_1 = 0.1382E+02$，$a_2 = -0.2134E+01$，$a_3 = 0.0000E+00$，$a_4 = 0.0000E+00$

当 $E < E_{N1}$：$a_1 = 0$，$a_2 = 0$，$a_3 = 0$，$a_4 = 0$

Ho（$Z=67$）

当 $E \geqslant E_K$：$a_1 = 0.1816E+02$，$a_2 = -0.1684E+01$，$a_3 = -0.2632E+00$，$a_4 = 0.2015E-01$

当 $E_{L1} \leqslant E < E_K$：$a_1 = 0.1766E+02$，$a_2 = -0.2727E+01$，$a_3 = 0.0000E+00$，$a_4 = 0.0000E+00$

当 $E_{L2} \leqslant E < E_{L1}$：$a_1 = 0.1747E+02$，$a_2 = -0.2727E+01$，$a_3 = 0.0000E+00$，$a_4 = 0.0000E+00$

当 $E_{L3} \leqslant E < E_{L2}$：$a_1 = 0.1714E+02$，$a_2 = -0.2727E+01$，$a_3 = 0.0000E+00$，$a_4 = 0.0000E+00$

当 $E_{M1} \leqslant E < E_{L3}$：$a_1 = 0.1582E+02$，$a_2 = -0.2581E+01$，$a_3 = 0.0000E+00$，$a_4 = 0.0000E+00$

当 $E_{M2} \leqslant E < E_{M1}$：$a_1 = 0.1573E+02$，$a_2 = -0.2581E+01$，$a_3 = 0.0000E+00$，$a_4 = 0.0000E+00$

当 $E_{M3} \leqslant E < E_{M2}$：$a_1 = 0.1563E+02$，$a_2 = -0.2581E+01$，$a_3 = 0.0000E+00$，$a_4 = 0.0000E+00$

当 $E_{M4} \leqslant E < E_{M3}$：$a_1 = 0.1545E+02$，$a_2 = -0.2581E+01$，$a_3 = 0.0000E+00$，$a_4 = 0.0000E+00$

当 $E_{M5} \leqslant E < E_{M4}$：$a_1 = 0.1504E+02$，$a_2 = -0.2581E+01$，$a_3 = 0.0000E+00$，$a_4 = 0.0000E+00$

当 $E_{N1} \leqslant E < E_{M5}$：$a_1 = 0.1389E+02$，$a_2 = -0.2344E+01$，$a_3 = 0.0000E+00$，$a_4 = 0.0000E+00$

当 $E < E_{N1}$：$a_1 = 0$，$a_2 = 0$，$a_3 = 0$，$a_4 = 0$

Er（$Z=68$）

当 $E \geqslant E_K$：$a_1 = 0.1857E+02$，$a_2 = -0.1881E+01$，$a_3 = -0.2272E+00$，$a_4 = 0.1806E-01$

当 $E_{L1} \leqslant E < E_K$：$a_1 = 0.1771E+02$，$a_2 = -0.2726E+01$，$a_3 = 0.0000E+00$，$a_4 = 0.0000E+00$

当 $E_{L2} \leqslant E < E_{L1}$：$a_1 = 0.1753E+02$，$a_2 = -0.2726E+01$，$a_3 = 0.0000E$

$+00$，$a_4 = 0.0000E+00$

当 $E_{L3} \leqslant E < E_{L2}$：$a_1 = 0.1719E+02$，$a_2 = -0.2726E+01$，$a_3 = 0.0000E+$
00，$a_4 = 0.0000E+00$

当 $E_{M1} \leqslant E < E_{L3}$：$a_1 = 0.1591E+02$，$a_2 = -0.2596E+01$，$a_3 = 0.0000E+$
00，$a_4 = 0.0000E+00$

当 $E_{M2} \leqslant E < E_{M1}$：$a_1 = 0.1581E+02$，$a_2 = -0.2596E+01$，$a_3 = 0.0000E$
$+00$，$a_4 = 0.0000E+00$

当 $E_{M3} \leqslant E < E_{M2}$：$a_1 = 0.1572E+02$，$a_2 = -0.2596E+01$，$a_3 = 0.0000E$
$+00$，$a_4 = 0.0000E+00$

当 $E_{M4} \leqslant E < E_{M3}$：$a_1 = 0.1553E+02$，$a_2 = -0.2596E+01$，$a_3 = 0.0000E$
$+00$，$a_4 = 0.0000E+00$

当 $E_{M5} \leqslant E < E_{M4}$：$a_1 = 0.1513E+02$，$a_2 = -0.2596E+01$，$a_3 = 0.0000E$
$+00$，$a_4 = 0.0000E+00$

当 $E_{N1} \leqslant E < E_{M5}$：$a_1 = 0.1396E+02$，$a_2 = -0.2388E+01$，$a_3 = 0.0000E+$
00，$a_4 = 0.0000E+00$

当 $E < E_{N1}$：$a_1 = 0$，$a_2 = 0$，$a_3 = 0$，$a_4 = 0$

Tm（$Z=69$）

当 $E \geqslant E_K$：$a_1 = 0.1863E+02$，$a_2 = -0.1885E+01$，$a_3 = -0.2264E+00$，
$a_4 = 0.1806E-01$

当 $E_{L1} \leqslant E < E_K$：$a_1 = 0.1778E+02$，$a_2 = -0.2730E+01$，$a_3 = 0.0000E+$
00，$a_4 = 0.0000E+00$

当 $E_{L2} \leqslant E < E_{L1}$：$a_1 = 0.1760E+02$，$a_2 = -0.2730E+01$，$a_3 = 0.0000E$
$+00$，$a_4 = 0.0000E+00$

当 $E_{L3} \leqslant E < E_{L2}$：$a_1 = 0.1726E+02$，$a_2 = -0.2730E+01$，$a_3 = 0.0000E+$
00，$a_4 = 0.0000E+00$

当 $E_{M1} \leqslant E < E_{L3}$：$a_1 = 0.1595E+02$，$a_2 = -0.2587E+01$，$a_3 = 0.0000E+$
00，$a_4 = 0.0000E+00$

当 $E_{M2} \leqslant E < E_{M1}$：$a_1 = 0.1586E+02$，$a_2 = -0.2587E+01$，$a_3 = 0.0000E$
$+00$，$a_4 = 0.0000E+00$

当 $E_{M3} \leqslant E < E_{M2}$：$a_1 = 0.1576E+02$，$a_2 = -0.2587E+01$，$a_3 = 0.0000E$
$+00$，$a_4 = 0.0000E+00$

当 $E_{M4} \leqslant E < E_{M3}$：$a_1 = 0.1558E+02$，$a_2 = -0.2587E+01$，$a_3 = 0.0000E$

$+00$, $a_4 = 0.0000E+00$

当 $E_{M5} \leqslant E < E_{M4}$：$a_1 = 0.1517E+02$, $a_2 = -0.2587E+01$, $a_3 = 0.0000E+00$, $a_4 = 0.0000E+00$

当 $E_{N1} \leqslant E < E_{M5}$：$a_1 = 0.1403E+02$, $a_2 = -0.2486E+01$, $a_3 = 0.0000E+00$, $a_4 = 0.0000E+00$

当 $E < E_{N1}$：$a_1 = 0$, $a_2 = 0$, $a_3 = 0$, $a_4 = 0$

Yb（$Z=70$）

当 $E \geqslant E_K$：$a_1 = 0.1728E+02$, $a_2 = -0.1155E+01$, $a_3 = -0.3520E+00$, $a_4 = 0.2523E-01$

当 $E_{L1} \leqslant E < E_K$：$a_1 = 0.1785E+02$, $a_2 = -0.2734E+01$, $a_3 = 0.0000E+00$, $a_4 = 0.0000E+00$

当 $E_{L2} \leqslant E < E_{L1}$：$a_1 = 0.1767E+02$, $a_2 = -0.2734E+01$, $a_3 = 0.0000E+00$, $a_4 = 0.0000E+00$

当 $E_{L3} \leqslant E < E_{L2}$：$a_1 = 0.1733E+02$, $a_2 = -0.2734E+01$, $a_3 = 0.0000E+00$, $a_4 = 0.0000E+00$

当 $E_{M1} \leqslant E < E_{L3}$：$a_1 = 0.1601E+02$, $a_2 = -0.2586E+01$, $a_3 = 0.0000E+00$, $a_4 = 0.0000E+00$

当 $E_{M2} \leqslant E < E_{M1}$：$a_1 = 0.1592E+02$, $a_2 = -0.2586E+01$, $a_3 = 0.0000E+00$, $a_4 = 0.0000E+00$

当 $E_{M3} \leqslant E < E_{M2}$：$a_1 = 0.1582E+02$, $a_2 = -0.2586E+01$, $a_3 = 0.0000E+00$, $a_4 = 0.0000E+00$

当 $E_{M4} \leqslant E < E_{M3}$：$a_1 = 0.1564E+02$, $a_2 = -0.2586E+01$, $a_3 = 0.0000E+00$, $a_4 = 0.0000E+00$

当 $E_{M5} \leqslant E < E_{M4}$：$a_1 = 0.1523E+02$, $a_2 = -0.2586E+01$, $a_3 = 0.0000E+00$, $a_4 = 0.0000E+00$

当 $E_{N1} \leqslant E < E_{M5}$：$a_1 = 0.1409E+02$, $a_2 = -0.2677E+01$, $a_3 = 0.0000E+00$, $a_4 = 0.0000E+00$

当 $E < E_{N1}$：$a_1 = 0$, $a_2 = 0$, $a_3 = 0$, $a_4 = 0$

Lu（$Z=71$）

当 $E \geqslant E_K$：$a_1 = 0.1871E+02$, $a_2 = -0.1877E+01$, $a_3 = -0.2274E+00$, $a_4 = 0.1820E-01$

当 $E_{L1} \leqslant E < E_K$: $a_1 = 0.1790E+02$, $a_2 = -0.2733E+01$, $a_3 = 0.0000E+00$, $a_4 = 0.0000E+00$

当 $E_{L2} \leqslant E < E_{L1}$: $a_1 = 0.1772E+02$, $a_2 = -0.2733E+01$, $a_3 = 0.0000E+00$, $a_4 = 0.0000E+00$

当 $E_{L3} \leqslant E < E_{L2}$: $a_1 = 0.1738E+02$, $a_2 = -0.2733E+01$, $a_3 = 0.0000E+00$, $a_4 = 0.0000E+00$

当 $E_{M1} \leqslant E < E_{L3}$: $a_1 = 0.1608E+02$, $a_2 = -0.2595E+01$, $a_3 = 0.0000E+00$, $a_4 = 0.0000E+00$

当 $E_{M2} \leqslant E < E_{M1}$: $a_1 = 0.1599E+02$, $a_2 = -0.2595E+01$, $a_3 = 0.0000E+00$, $a_4 = 0.0000E+00$

当 $E_{M3} \leqslant E < E_{M2}$: $a_1 = 0.1589E+02$, $a_2 = -0.2595E+01$, $a_3 = 0.0000E+00$, $a_4 = 0.0000E+00$

当 $E_{M4} \leqslant E < E_{M3}$: $a_1 = 0.1571E+02$, $a_2 = -0.2595E+01$, $a_3 = 0.0000E+00$, $a_4 = 0.0000E+00$

当 $E_{M5} \leqslant E < E_{M4}$: $a_1 = 0.1530E+02$, $a_2 = -0.2595E+01$, $a_3 = 0.0000E+00$, $a_4 = 0.0000E+00$

当 $E_{N1} \leqslant E < E_{M5}$: $a_1 = 0.1415E+02$, $a_2 = -0.2672E+01$, $a_3 = 0.0000E+00$, $a_4 = 0.0000E+00$

当 $E < E_{N1}$: $a_1 = 0$, $a_2 = 0$, $a_3 = 0$, $a_4 = 0$

Hf $(Z = 72)$

当 $E \geqslant E_K$: $a_1 = 0.1836E+02$, $a_2 = -0.1703E+01$, $a_3 = -0.2523E+00$, $a_4 = 0.1943E-01$

当 $E_{L1} \leqslant E < E_K$: $a_1 = 0.1798E+02$, $a_2 = -0.2737E+01$, $a_3 = 0.0000E+00$, $a_4 = 0.0000E+00$

当 $E_{L2} \leqslant E < E_{L1}$: $a_1 = 0.1779E+02$, $a_2 = -0.2737E+01$, $a_3 = 0.0000E+00$, $a_4 = 0.0000E+00$

当 $E_{L3} \leqslant E < E_{L2}$: $a_1 = 0.1746E+02$, $a_2 = -0.2737E+01$, $a_3 = 0.0000E+00$, $a_4 = 0.0000E+00$

当 $E_{M1} \leqslant E < E_{L3}$: $a_1 = 0.1615E+02$, $a_2 = -0.2600E+01$, $a_3 = 0.0000E+00$, $a_4 = 0.0000E+00$

当 $E_{M2} \leqslant E < E_{M1}$: $a_1 = 0.1605E+02$, $a_2 = -0.2600E+01$, $a_3 = 0.0000E+00$, $a_4 = 0.0000E+00$

当 $E_{M3} \leqslant E < E_{M2}$： $a_1 = 0.1596E+02$，$a_2 = -0.2600E+01$，$a_3 = 0.0000E+00$，$a_4 = 0.0000E+00$

当 $E_{M4} \leqslant E < E_{M3}$： $a_1 = 0.1577E+02$，$a_2 = -0.2600E+01$，$a_3 = 0.0000E+00$，$a_4 = 0.0000E+00$

当 $E_{M5} \leqslant E < E_{M4}$： $a_1 = 0.1537E+02$，$a_2 = -0.2600E+01$，$a_3 = 0.0000E+00$，$a_4 = 0.0000E+00$

当 $E_{N1} \leqslant E < E_{M5}$： $a_1 = 0.1421E+02$，$a_2 = -0.2679E+01$，$a_3 = 0.0000E+00$，$a_4 = 0.0000E+00$

当 $E < E_{N1}$： $a_1 = 0$，$a_2 = 0$，$a_3 = 0$，$a_4 = 0$

Ta （Z=73）

当 $E \geqslant E_K$： $a_1 = 0.1714E+02$，$a_2 = -0.1090E+01$，$a_3 = -0.3502E+00$，$a_4 = 0.2466E-01$

当 $E_{L1} \leqslant E < E_K$： $a_1 = 0.1791E+02$，$a_2 = -0.2705E+01$，$a_3 = 0.0000E+00$，$a_4 = 0.0000E+00$

当 $E_{L2} \leqslant E < E_{L1}$： $a_1 = 0.1772E+02$，$a_2 = -0.2705E+01$，$a_3 = 0.0000E+00$，$a_4 = 0.0000E+00$

当 $E_{L3} \leqslant E < E_{L2}$： $a_1 = 0.1739E+02$，$a_2 = -0.2705E+01$，$a_3 = 0.0000E+00$，$a_4 = 0.0000E+00$

当 $E_{M1} \leqslant E < E_{L3}$： $a_1 = 0.1623E+02$，$a_2 = -0.2622E+01$，$a_3 = 0.0000E+00$，$a_4 = 0.0000E+00$

当 $E_{M2} \leqslant E < E_{M1}$： $a_1 = 0.1614E+02$，$a_2 = -0.2622E+01$，$a_3 = 0.0000E+00$，$a_4 = 0.0000E+00$

当 $E_{M3} \leqslant E < E_{M2}$： $a_1 = 0.1604E+02$，$a_2 = -0.2622E+01$，$a_3 = 0.0000E+00$，$a_4 = 0.0000E+00$

当 $E_{M4} \leqslant E < E_{M3}$： $a_1 = 0.1586E+02$，$a_2 = -0.2622E+01$，$a_3 = 0.0000E+00$，$a_4 = 0.0000E+00$

当 $E_{M5} \leqslant E < E_{M4}$： $a_1 = 0.1546E+02$，$a_2 = -0.2622E+01$，$a_3 = 0.0000E+00$，$a_4 = 0.0000E+00$

当 $E_{N1} \leqslant E < E_{M5}$： $a_1 = 0.1427E+02$，$a_2 = -0.2680E+01$，$a_3 = 0.0000E+00$，$a_4 = 0.0000E+00$

当 $E < E_{N1}$： $a_1 = 0$，$a_2 = 0$，$a_3 = 0$，$a_4 = 0$

W （$Z=74$）

当 $E \geqslant E_K$：$a_1 = 0.1563E+02$，$a_2 = -0.2247E+00$，$a_3 = -0.5082E+00$，$a_4 = 0.3419E-01$

当 $E_{L1} \leqslant E < E_K$：$a_1 = 0.1809E+02$，$a_2 = -0.2740E+01$，$a_3 = 0.0000E+00$，$a_4 = 0.0000E+00$

当 $E_{L2} \leqslant E < E_{L1}$：$a_1 = 0.1791E+02$，$a_2 = -0.2740E+01$，$a_3 = 0.0000E+00$，$a_4 = 0.0000E+00$

当 $E_{L3} \leqslant E < E_{L2}$：$a_1 = 0.1758E+02$，$a_2 = -0.2740E+01$，$a_3 = 0.0000E+00$，$a_4 = 0.0000E+00$

当 $E_{M1} \leqslant E < E_{L3}$：$a_1 = 0.1627E+02$，$a_2 = -0.2608E+01$，$a_3 = 0.0000E+00$，$a_4 = 0.0000E+00$

当 $E_{M2} \leqslant E < E_{M1}$：$a_1 = 0.1617E+02$，$a_2 = -0.2608E+01$，$a_3 = 0.0000E+00$，$a_4 = 0.0000E+00$

当 $E_{M3} \leqslant E < E_{M2}$：$a_1 = 0.1608E+02$，$a_2 = -0.2608E+01$，$a_3 = 0.0000E+00$，$a_4 = 0.0000E+00$

当 $E_{M4} \leqslant E < E_{M3}$：$a_1 = 0.1590E+02$，$a_2 = -0.2608E+01$，$a_3 = 0.0000E+00$，$a_4 = 0.0000E+00$

当 $E_{M5} \leqslant E < E_{M4}$：$a_1 = 0.1549E+02$，$a_2 = -0.2608E+01$，$a_3 = 0.0000E+00$，$a_4 = 0.0000E+00$

当 $E_{N1} \leqslant E < E_{M5}$：$a_1 = 0.1433E+02$，$a_2 = -0.2702E+01$，$a_3 = 0.0000E+00$，$a_4 = 0.0000E+00$

当 $E < E_{N1}$：$a_1 = 0$，$a_2 = 0$，$a_3 = 0$，$a_4 = 0$

Re （$Z=75$）

当 $E \geqslant E_K$：$a_1 = 0.1918E+02$，$a_2 = -0.2033E+01$，$a_3 = -0.1989E+00$，$a_4 = 0.1669E-01$

当 $E_{L1} \leqslant E < E_K$：$a_1 = 0.1810E+02$，$a_2 = -0.2725E+01$，$a_3 = 0.0000E+00$，$a_4 = 0.0000E+00$

当 $E_{L2} \leqslant E < E_{L1}$：$a_1 = 0.1792E+02$，$a_2 = -0.2725E+01$，$a_3 = 0.0000E+00$，$a_4 = 0.0000E+00$

当 $E_{L3} \leqslant E < E_{L2}$：$a_1 = 0.1758E+02$，$a_2 = -0.2725E+01$，$a_3 = 0.0000E+00$，$a_4 = 0.0000E+00$

当 $E_{M1} \leqslant E < E_{L3}$：$a_1 = 0.1632E+02$，$a_2 = -0.2601E+01$，$a_3 = 0.0000E+$

00，$a_4 = 0.0000E+00$

当 $E_{M2} \leqslant E < E_{M1}$：$a_1 = 0.1622E+02$，$a_2 = -0.2601E+01$，$a_3 = 0.0000E+00$，$a_4 = 0.0000E+00$

当 $E_{M3} \leqslant E < E_{M2}$：$a_1 = 0.1612E+02$，$a_2 = -0.2601E+01$，$a_3 = 0.0000E+00$，$a_4 = 0.0000E+00$

当 $E_{M4} \leqslant E < E_{M3}$：$a_1 = 0.1594E+02$，$a_2 = -0.2601E+01$，$a_3 = 0.0000E+00$，$a_4 = 0.0000E+00$

当 $E_{M5} \leqslant E < E_{M4}$：$a_1 = 0.1554E+02$，$a_2 = -0.2601E+01$，$a_3 = 0.0000E+00$，$a_4 = 0.0000E+00$

当 $E_{N1} \leqslant E < E_{M5}$：$a_1 = 0.1437E+02$，$a_2 = -0.2609E+01$，$a_3 = 0.0000E+00$，$a_4 = 0.0000E+00$

当 $E < E_{N1}$：$a_1 = 0$，$a_2 = 0$，$a_3 = 0$，$a_4 = 0$

Os $(Z=76)$

当 $E \geqslant E_{K}$：$a_1 = 0.1917E+02$，$a_2 = -0.2004E+01$，$a_3 = -0.2039E+00$，$a_4 = 0.1703E-01$

当 $E_{L1} \leqslant E < E_{K}$：$a_1 = 0.1813E+02$，$a_2 = -0.2720E+01$，$a_3 = 0.0000E+00$，$a_4 = 0.0000E+00$

当 $E_{L2} \leqslant E < E_{L1}$：$a_1 = 0.1795E+02$，$a_2 = -0.2720E+01$，$a_3 = 0.0000E+00$，$a_4 = 0.0000E+00$

当 $E_{L3} \leqslant E < E_{L2}$：$a_1 = 0.1762E+02$，$a_2 = -0.2720E+01$，$a_3 = 0.0000E+00$，$a_4 = 0.0000E+00$

当 $E_{M1} \leqslant E < E_{L3}$：$a_1 = 0.1637E+02$，$a_2 = -0.2601E+01$，$a_3 = 0.0000E+00$，$a_4 = 0.0000E+00$

当 $E_{M2} \leqslant E < E_{M1}$：$a_1 = 0.1627E+02$，$a_2 = -0.2601E+01$，$a_3 = 0.0000E+00$，$a_4 = 0.0000E+00$

当 $E_{M3} \leqslant E < E_{M2}$：$a_1 = 0.1618E+02$，$a_2 = -0.2601E+01$，$a_3 = 0.0000E+00$，$a_4 = 0.0000E+00$

当 $E_{M4} \leqslant E < E_{M3}$：$a_1 = 0.1599E+02$，$a_2 = -0.2601E+01$，$a_3 = 0.0000E+00$，$a_4 = 0.0000E+00$

当 $E_{M5} \leqslant E < E_{M4}$：$a_1 = 0.1559E+02$，$a_2 = -0.2601E+01$，$a_3 = 0.0000E+00$，$a_4 = 0.0000E+00$

当 $E_{N1} \leqslant E < E_{M5}$：$a_1 = 0.1442E+02$，$a_2 = -0.2590E+01$，$a_3 = 0.0000E+$

00，$a_4 = 0.0000E+00$

　当 $E < E_{N1}$：$a_1 = 0$，$a_2 = 0$，$a_3 = 0$，$a_4 = 0$

　Ir（$Z=77$）

　当 $E \geqslant E_K$：$a_1 = 0.1929E+02$，$a_2 = -0.2048E+01$，$a_3 = -0.1959E+00$，$a_4 = 0.1659E-01$

　当 $E_{L1} \leqslant E < E_K$：$a_1 = 0.1818E+02$，$a_2 = -0.2717E+01$，$a_3 = 0.0000E+00$，$a_4 = 0.0000E+00$

　当 $E_{L2} \leqslant E < E_{L1}$：$a_1 = 0.1799E+02$，$a_2 = -0.2717E+01$，$a_3 = 0.0000E+00$，$a_4 = 0.0000E+00$

　当 $E_{L3} \leqslant E < E_{L2}$：$a_1 = 0.1766E+02$，$a_2 = -0.2717E+01$，$a_3 = 0.0000E+00$，$a_4 = 0.0000E+00$

　当 $E_{M1} \leqslant E < E_{L3}$：$a_1 = 0.1642E+02$，$a_2 = -0.2599E+01$，$a_3 = 0.0000E+00$，$a_4 = 0.0000E+00$

　当 $E_{M2} \leqslant E < E_{M1}$：$a_1 = 0.1632E+02$，$a_2 = -0.2599E+01$，$a_3 = 0.0000E+00$，$a_4 = 0.0000E+00$

　当 $E_{M3} \leqslant E < E_{M2}$：$a_1 = 0.1623E+02$，$a_2 = -0.2599E+01$，$a_3 = 0.0000E+00$，$a_4 = 0.0000E+00$

　当 $E_{M4} \leqslant E < E_{M3}$：$a_1 = 0.1604E+02$，$a_2 = -0.2599E+01$，$a_3 = 0.0000E+00$，$a_4 = 0.0000E+00$

　当 $E_{M5} \leqslant E < E_{M4}$：$a_1 = 0.1564E+02$，$a_2 = -0.2599E+01$，$a_3 = 0.0000E+00$，$a_4 = 0.0000E+00$

　当 $E_{N1} \leqslant E < E_{M5}$：$a_1 = 0.1447E+02$，$a_2 = -0.2545E+01$，$a_3 = 0.0000E+00$，$a_4 = 0.0000E+00$

　当 $E < E_{N1}$：$a_1 = 0$，$a_2 = 0$，$a_3 = 0$，$a_4 = 0$

　Pt（$Z=78$）

　当 $E \geqslant E_K$：$a_1 = 0.2456E+02$，$a_2 = -0.4946E+01$，$a_3 = 0.3293E+00$，$a_4 = -0.1449E-01$

　当 $E_{L1} \leqslant E < E_K$：$a_1 = 0.1823E+02$，$a_2 = -0.2718E+01$，$a_3 = 0.0000E+00$，$a_4 = 0.0000E+00$

　当 $E_{L2} \leqslant E < E_{L1}$：$a_1 = 0.1805E+02$，$a_2 = -0.2718E+01$，$a_3 = 0.0000E+00$，$a_4 = 0.0000E+00$

当 $E_{L3} \leqslant E < E_{L2}$：$a_1 = 0.1771E + 02$，$a_2 = -0.2718E + 01$，$a_3 = 0.0000E + 00$，$a_4 = 0.0000E + 00$

当 $E_{M1} \leqslant E < E_{L3}$：$a_1 = 0.1651E + 02$，$a_2 = -0.2624E + 01$，$a_3 = 0.0000E + 00$，$a_4 = 0.0000E + 00$

当 $E_{M2} \leqslant E < E_{M1}$：$a_1 = 0.1642E + 02$，$a_2 = -0.2624E + 01$，$a_3 = 0.0000E + 00$，$a_4 = 0.0000E + 00$

当 $E_{M3} \leqslant E < E_{M2}$：$a_1 = 0.1632E + 02$，$a_2 = -0.2624E + 01$，$a_3 = 0.0000E + 00$，$a_4 = 0.0000E + 00$

当 $E_{M4} \leqslant E < E_{M3}$：$a_1 = 0.1614E + 02$，$a_2 = -0.2624E + 01$，$a_3 = 0.0000E + 00$，$a_4 = 0.0000E + 00$

当 $E_{M5} \leqslant E < E_{M4}$：$a_1 = 0.1573E + 02$，$a_2 = -0.2624E + 01$，$a_3 = 0.0000E + 00$，$a_4 = 0.0000E + 00$

当 $E_{N1} \leqslant E < E_{M5}$：$a_1 = 0.1452E + 02$，$a_2 = -0.2522E + 01$，$a_3 = 0.0000E + 00$，$a_4 = 0.0000E + 00$

当 $E < E_{N1}$：$a_1 = 0$，$a_2 = 0$，$a_3 = 0$，$a_4 = 0$

Au（$Z = 79$）

当 $E \geqslant E_K$：$a_1 = 0.1521E + 02$，$a_2 = 0.2936E - 01$，$a_3 = -0.5391E + 00$，$a_4 = 0.3553E - 01$

当 $E_{L1} \leqslant E < E_K$：$a_1 = 0.1819E + 02$，$a_2 = -0.2693E + 01$，$a_3 = 0.0000E + 00$，$a_4 = 0.0000E + 00$

当 $E_{L2} \leqslant E < E_{L1}$：$a_1 = 0.1801E + 02$，$a_2 = -0.2693E + 01$，$a_3 = 0.0000E + 00$，$a_4 = 0.0000E + 00$

当 $E_{L3} \leqslant E < E_{L2}$：$a_1 = 0.1767E + 02$，$a_2 = -0.2693E + 01$，$a_3 = 0.0000E + 00$，$a_4 = 0.0000E + 00$

当 $E_{M1} \leqslant E < E_{L3}$：$a_1 = 0.1646E + 02$，$a_2 = -0.2567E + 01$，$a_3 = 0.0000E + 00$，$a_4 = 0.0000E + 00$

当 $E_{M2} \leqslant E < E_{M1}$：$a_1 = 0.1637E + 02$，$a_2 = -0.2567E + 01$，$a_3 = 0.0000E + 00$，$a_4 = 0.0000E + 00$

当 $E_{M3} \leqslant E < E_{M2}$：$a_1 = 0.1627E + 02$，$a_2 = -0.2567E + 01$，$a_3 = 0.0000E + 00$，$a_4 = 0.0000E + 00$

当 $E_{M4} \leqslant E < E_{M3}$：$a_1 = 0.1609E + 02$，$a_2 = -0.2567E + 01$，$a_3 = 0.0000E + 00$，$a_4 = 0.0000E + 00$

当 $E_{M5} \leqslant E < E_{M4}$：$a_1 = 0.1568E+02$，$a_2 = -0.2567E+01$，$a_3 = 0.0000E+00$，$a_4 = 0.0000E+00$

当 $E_{N1} \leqslant E < E_{M5}$：$a_1 = 0.1455E+02$，$a_2 = -0.2470E+01$，$a_3 = 0.0000E+00$，$a_4 = 0.0000E+00$

当 $E < E_{N1}$：$a_1 = 0$，$a_2 = 0$，$a_3 = 0$，$a_4 = 0$

Hg（z=80）

当 $E \geqslant E_K$：$a_1 = 0.2120E+02$，$a_2 = -0.2945E+01$，$a_3 = -0.4921E-01$，$a_4 = 0.8893E-02$

当 $E_{L1} \leqslant E < E_K$：$a_1 = 0.1828E+02$，$a_2 = -0.2702E+01$，$a_3 = 0.0000E+00$，$a_4 = 0.0000E+00$

当 $E_{L2} \leqslant E < E_{L1}$：$a_1 = 0.1810E+02$，$a_2 = -0.2702E+01$，$a_3 = 0.0000E+00$，$a_4 = 0.0000E+00$

当 $E_{L3} \leqslant E < E_{L2}$：$a_1 = 0.1776E+02$，$a_2 = -0.2702E+01$，$a_3 = 0.0000E+00$，$a_4 = 0.0000E+00$

当 $E_{M1} \leqslant E < E_{L3}$：$a_1 = 0.1655E+02$，$a_2 = -0.2589E+01$，$a_3 = 0.0000E+00$，$a_4 = 0.0000E+00$

当 $E_{M2} \leqslant E < E_{M1}$：$a_1 = 0.1646E+02$，$a_2 = -0.2589E+01$，$a_3 = 0.0000E+00$，$a_4 = 0.0000E+00$

当 $E_{M3} \leqslant E < E_{M2}$：$a_1 = 0.1636E+02$，$a_2 = -0.2589E+01$，$a_3 = 0.0000E+00$，$a_4 = 0.0000E+00$

当 $E_{M4} \leqslant E < E_{M3}$：$a_1 = 0.1618E+02$，$a_2 = -0.2589E+01$，$a_3 = 0.0000E+00$，$a_4 = 0.0000E+00$

当 $E_{M5} \leqslant E < E_{M4}$：$a_1 = 0.1578E+02$，$a_2 = -0.2589E+01$，$a_3 = 0.0000E+00$，$a_4 = 0.0000E+00$

当 $E_{N1} \leqslant E < E_{M5}$：$a_1 = 0.1463E+02$，$a_2 = -0.2469E+01$，$a_3 = 0.0000E+00$，$a_4 = 0.0000E+00$

当 $E < E_{N1}$：$a_1 = 0$，$a_2 = 0$，$a_3 = 0$，$a_4 = 0$

Tl（Z=81）

当 $E \geqslant E_K$：$a_1 = 0.2313E+02$，$a_2 = -0.4051E+01$，$a_3 = 0.1620E+00$，$a_4 = -0.4194E-02$

当 $E_{L1} \leqslant E < E_K$：$a_1 = 0.1830E+02$，$a_2 = -0.2695E+01$，$a_3 = 0.0000E+$

00，$a_4 = 0.0000\text{E}+00$

当 $E_{L2} \leqslant E < E_{L1}$：$a_1 = 0.1812\text{E}+02$，$a_2 = -0.2695\text{E}+01$，$a_3 = 0.0000\text{E}+00$，$a_4 = 0.0000\text{E}+00$

当 $E_{L3} \leqslant E < E_{L2}$：$a_1 = 0.1779\text{E}+02$，$a_2 = -0.2695\text{E}+01$，$a_3 = 0.0000\text{E}+00$，$a_4 = 0.0000\text{E}+00$

当 $E_{M1} \leqslant E < E_{L3}$：$a_1 = 0.1660\text{E}+02$，$a_2 = -0.2587\text{E}+01$，$a_3 = 0.0000\text{E}+00$，$a_4 = 0.0000\text{E}+00$

当 $E_{M2} \leqslant E < E_{M1}$：$a_1 = 0.1651\text{E}+02$，$a_2 = -0.2587\text{E}+01$，$a_3 = 0.0000\text{E}+00$，$a_4 = 0.0000\text{E}+00$

当 $E_{M3} \leqslant E < E_{M2}$：$a_1 = 0.1641\text{E}+02$，$a_2 = -0.2587\text{E}+01$，$a_3 = 0.0000\text{E}+00$，$a_4 = 0.0000\text{E}+00$

当 $E_{M4} \leqslant E < E_{M3}$：$a_1 = 0.1623\text{E}+02$，$a_2 = -0.2587\text{E}+01$，$a_3 = 0.0000\text{E}+00$，$a_4 = 0.0000\text{E}+00$

当 $E_{M5} \leqslant E < E_{M4}$：$a_1 = 0.1582\text{E}+02$，$a_2 = -0.2587\text{E}+01$，$a_3 = 0.0000\text{E}+00$，$a_4 = 0.0000\text{E}+00$

当 $E_{N1} \leqslant E < E_{M5}$：$a_1 = 0.1468\text{E}+02$，$a_2 = -0.2439\text{E}+01$，$a_3 = 0.0000\text{E}+00$，$a_4 = 0.0000\text{E}+00$

当 $E < E_{N1}$：$a_1 = 0$，$a_2 = 0$，$a_3 = 0$，$a_4 = 0$

Pb （$Z=82$）

当 $E \geqslant E_K$：$a_1 = 0.1422\text{E}+02$，$a_2 = 0.5872\text{E}+00$，$a_3 = -0.6337\text{E}+00$，$a_4 = 0.4115\text{E}-01$

当 $E_{L1} \leqslant E < E_K$：$a_1 = 0.1848\text{E}+02$，$a_2 = -0.2728\text{E}+01$，$a_3 = 0.0000\text{E}+00$，$a_4 = 0.0000\text{E}+00$

当 $E_{L2} \leqslant E < E_{L1}$：$a_1 = 0.1830\text{E}+02$，$a_2 = -0.2728\text{E}+01$，$a_3 = 0.0000\text{E}+00$，$a_4 = 0.0000\text{E}+00$

当 $E_{L3} \leqslant E < E_{L2}$：$a_1 = 0.1796\text{E}+02$，$a_2 = -0.2728\text{E}+01$，$a_3 = 0.0000\text{E}+00$，$a_4 = 0.0000\text{E}+00$

当 $E_{M1} \leqslant E < E_{L3}$：$a_1 = 0.1664\text{E}+02$，$a_2 = -0.2579\text{E}+01$，$a_3 = 0.0000\text{E}+00$，$a_4 = 0.0000\text{E}+00$

当 $E_{M2} \leqslant E < E_{M1}$：$a_1 = 0.1655\text{E}+02$，$a_2 = -0.2579\text{E}+01$，$a_3 = 0.0000\text{E}+00$，$a_4 = 0.0000\text{E}+00$

当 $E_{M3} \leqslant E < E_{M2}$：$a_1 = 0.1645\text{E}+02$，$a_2 = -0.2579\text{E}+01$，$a_3 = 0.0000\text{E}$

$+00$，$a_4 = 0.0000\text{E}+00$

当 $E_{M4} \leqslant E < E_{M3}$：$a_1 = 0.1627\text{E}+02$，$a_2 = -0.2579\text{E}+01$，$a_3 = 0.0000\text{E}+00$，$a_4 = 0.0000\text{E}+00$

当 $E_{M5} \leqslant E < E_{M4}$：$a_1 = 0.1586\text{E}+02$，$a_2 = -0.2579\text{E}+01$，$a_3 = 0.0000\text{E}+00$，$a_4 = 0.0000\text{E}+00$

当 $E_{N1} \leqslant E < E_{M5}$：$a_1 = 0.1472\text{E}+02$，$a_2 = -0.2421\text{E}+01$，$a_3 = 0.0000\text{E}+00$，$a_4 = 0.0000\text{E}+00$

当 $E < E_{N1}$：$a_1 = 0$，$a_2 = 0$，$a_3 = 0$，$a_4 = 0$

Bi （$Z = 83$）

当 $E \geqslant E_K$：$a_1 = 0.2276\text{E}+02$，$a_2 = -0.3766\text{E}+01$，$a_3 = 0.1071\text{E}+00$，$a_4 = -0.6623\text{E}-03$

当 $E_{L1} \leqslant E < E_K$：$a_1 = 0.1831\text{E}+02$，$a_2 = -0.2669\text{E}+01$，$a_3 = 0.0000\text{E}+00$，$a_4 = 0.0000\text{E}+00$

当 $E_{L2} \leqslant E < E_{L1}$：$a_1 = 0.1813\text{E}+02$，$a_2 = -0.2669\text{E}+01$，$a_3 = 0.0000\text{E}+00$，$a_4 = 0.0000\text{E}+00$

当 $E_{L3} \leqslant E < E_{L2}$：$a_1 = 0.1780\text{E}+02$，$a_2 = -0.2669\text{E}+01$，$a_3 = 0.0000\text{E}+00$，$a_4 = 0.0000\text{E}+00$

当 $E_{M1} \leqslant E < E_{L3}$：$a_1 = 0.1669\text{E}+02$，$a_2 = -0.2578\text{E}+01$，$a_3 = 0.0000\text{E}+00$，$a_4 = 0.0000\text{E}+00$

当 $E_{M2} \leqslant E < E_{M1}$：$a_1 = 0.1659\text{E}+02$，$a_2 = -0.2578\text{E}+01$，$a_3 = 0.0000\text{E}+00$，$a_4 = 0.0000\text{E}+00$

当 $E_{M3} \leqslant E < E_{M2}$：$a_1 = 0.1650\text{E}+02$，$a_2 = -0.2578\text{E}+01$，$a_3 = 0.0000\text{E}+00$，$a_4 = 0.0000\text{E}+00$

当 $E_{M4} \leqslant E < E_{M3}$：$a_1 = 0.1631\text{E}+02$，$a_2 = -0.2578\text{E}+01$，$a_3 = 0.0000\text{E}+00$，$a_4 = 0.0000\text{E}+00$

当 $E_{M5} \leqslant E < E_{M4}$：$a_1 = 0.1591\text{E}+02$，$a_2 = -0.2578\text{E}+01$，$a_3 = 0.0000\text{E}+00$，$a_4 = 0.0000\text{E}+00$

当 $E_{N1} \leqslant E < E_{M5}$：$a_1 = 0.1479\text{E}+02$，$a_2 = -0.2410\text{E}+01$，$a_3 = 0.0000\text{E}+00$，$a_4 = 0.0000\text{E}+00$

当 $E < E_{N1}$：$a_1 = 0$，$a_2 = 0$，$a_3 = 0$，$a_4 = 0$

Po（$Z=84$）

当 $E \geqslant E_K$：$a_1=0.1934E+02$，$a_2=-0.1923E+01$，$a_3=-0.2161E+00$，$a_4=0.1800E-01$

当 $E_{L1} \leqslant E < E_K$：$a_1=0.1837E+02$，$a_2=-0.2672E+01$，$a_3=0.0000E+00$，$a_4=0.0000E+00$

当 $E_{L2} \leqslant E < E_{L1}$：$a_1=0.1819E+02$，$a_2=-0.2672E+01$，$a_3=0.0000E+00$，$a_4=0.0000E+00$

当 $E_{L3} \leqslant E < E_{L2}$：$a_1=0.1785E+02$，$a_2=-0.2672E+01$，$a_3=0.0000E+00$，$a_4=0.0000E+00$

当 $E_{M1} \leqslant E < E_{L3}$：$a_1=0.1673E+02$，$a_2=-0.2577E+01$，$a_3=0.0000E+00$，$a_4=0.0000E+00$

当 $E_{M2} \leqslant E < E_{M1}$：$a_1=0.1663E+02$，$a_2=-0.2577E+01$，$a_3=0.0000E+00$，$a_4=0.0000E+00$

当 $E_{M3} \leqslant E < E_{M2}$：$a_1=0.1654E+02$，$a_2=-0.2577E+01$，$a_3=0.0000E+00$，$a_4=0.0000E+00$

当 $E_{M4} \leqslant E < E_{M3}$：$a_1=0.1636E+02$，$a_2=-0.2577E+01$，$a_3=0.0000E+00$，$a_4=0.0000E+00$

当 $E_{M5} \leqslant E < E_{M4}$：$a_1=0.1595E+02$，$a_2=-0.2577E+01$，$a_3=0.0000E+00$，$a_4=0.0000E+00$

当 $E_{N1} \leqslant E < E_{M5}$：$a_1=0.1484E+02$，$a_2=-0.2362E+01$，$a_3=0.0000E+00$，$a_4=0.0000E+00$

当 $E < E_{N1}$：$a_1=0$，$a_2=0$，$a_3=0$，$a_4=0$

At（$Z=85$）

当 $E \geqslant E_K$：$a_1=0.1942E+02$，$a_2=-0.1946E+01$，$a_3=-0.2119E+00$，$a_4=0.1780E-01$

当 $E_{L1} \leqslant E < E_K$：$a_1=0.1841E+02$，$a_2=-0.2671E+01$，$a_3=0.0000E+00$，$a_4=0.0000E+00$

当 $E_{L2} \leqslant E < E_{L1}$：$a_1=0.1823E+02$，$a_2=-0.2671E+01$，$a_3=0.0000E+00$，$a_4=0.0000E+00$

当 $E_{L3} \leqslant E < E_{L2}$：$a_1=0.1790E+02$，$a_2=-0.2671E+01$，$a_3=0.0000E+00$，$a_4=0.0000E+00$

当 $E_{M1} \leqslant E < E_{L3}$：$a_1=0.1678E+02$，$a_2=-0.2576E+01$，$a_3=0.0000E+$

00, $a_4 = 0.0000E+00$

当 $E_{M2} \leqslant E < E_{M1}$：$a_1 = 0.1668E+02$，$a_2 = -0.2576E+01$，$a_3 = 0.0000E+00$，$a_4 = 0.0000E+00$

当 $E_{M3} \leqslant E < E_{M2}$：$a_1 = 0.1658E+02$，$a_2 = -0.2576E+01$，$a_3 = 0.0000E+00$，$a_4 = 0.0000E+00$

当 $E_{M4} \leqslant E < E_{M3}$：$a_1 = 0.1640E+02$，$a_2 = -0.2576E+01$，$a_3 = 0.0000E+00$，$a_4 = 0.0000E+00$

当 $E_{M5} \leqslant E < E_{M4}$：$a_1 = 0.1600E+02$，$a_2 = -0.2576E+01$，$a_3 = 0.0000E+00$，$a_4 = 0.0000E+00$

当 $E_{N1} \leqslant E < E_{M5}$：$a_1 = 0.1495E+02$，$a_2 = -0.2441E+01$，$a_3 = 0.0000E+00$，$a_4 = 0.0000E+00$

当 $E_{N2} \leqslant E < E_{N1}$：$a_1 = 0.1486E+02$，$a_2 = -0.2441E+01$，$a_3 = 0.0000E+00$，$a_4 = 0.0000E+00$

当 $E < E_{N2}$：$a_1 = 0$，$a_2 = 0$，$a_3 = 0$，$a_4 = 0$

Rn（$Z = 86$）

当 $E \geqslant E_K$：$a_1 = 0.1946E+02$，$a_2 = -0.1944E+01$，$a_3 = -0.2121E+00$，$a_4 = 0.1785E-01$

当 $E_{L1} \leqslant E < E_K$：$a_1 = 0.1846E+02$，$a_2 = -0.2669E+01$，$a_3 = 0.0000E+00$，$a_4 = 0.0000E+00$

当 $E_{L2} \leqslant E < E_{L1}$：$a_1 = 0.1827E+02$，$a_2 = -0.2669E+01$，$a_3 = 0.0000E+00$，$a_4 = 0.0000E+00$

当 $E_{L3} \leqslant E < E_{L2}$：$a_1 = 0.1794E+02$，$a_2 = -0.2669E+01$，$a_3 = 0.0000E+00$，$a_4 = 0.0000E+00$

当 $E_{M1} \leqslant E < E_{L3}$：$a_1 = 0.1682E+02$，$a_2 = -0.2576E+01$，$a_3 = 0.0000E+00$，$a_4 = 0.0000E+00$

当 $E_{M2} \leqslant E < E_{M1}$：$a_1 = 0.1673E+02$，$a_2 = -0.2576E+01$，$a_3 = 0.0000E+00$，$a_4 = 0.0000E+00$

当 $E_{M3} \leqslant E < E_{M2}$：$a_1 = 0.1663E+02$，$a_2 = -0.2576E+01$，$a_3 = 0.0000E+00$，$a_4 = 0.0000E+00$

当 $E_{M4} \leqslant E < E_{M3}$：$a_1 = 0.1645E+02$，$a_2 = -0.2576E+01$，$a_3 = 0.0000E+00$，$a_4 = 0.0000E+00$

当 $E_{M5} \leqslant E < E_{M4}$：$a_1 = 0.1604E+02$，$a_2 = -0.2576E+01$，$a_3 = 0.0000E$

$+00$，$a_4 = 0.0000E+00$

当 $E_{N1} \leqslant E < E_{M5}$：$a_1 = 0.1503E+02$，$a_2 = -0.2454E+01$，$a_3 = 0.0000E+00$，$a_4 = 0.0000E+00$

当 $E_{N2} \leqslant E < E_{N1}$：$a_1 = 0.1493E+02$，$a_2 = -0.2454E+01$，$a_3 = 0.0000E+00$，$a_4 = 0.0000E+00$

当 $E < E_{N2}$：$a_1 = 0$，$a_2 = 0$，$a_3 = 0$，$a_4 = 0$

Fr （$Z=87$）

当 $E \geqslant E_K$：$a_1 = 0.1828E+02$，$a_2 = -0.1352E+01$，$a_3 = -0.3080E+00$，$a_4 = 0.2304E-01$

当 $E_{L1} \leqslant E < E_K$：$a_1 = 0.1850E+02$，$a_2 = -0.2667E+01$，$a_3 = 0.0000E+00$，$a_4 = 0.0000E+00$

当 $E_{L2} \leqslant E < E_{L1}$：$a_1 = 0.1831E+02$，$a_2 = -0.2667E+01$，$a_3 = 0.0000E+00$，$a_4 = 0.0000E+00$

当 $E_{L3} \leqslant E < E_{L2}$：$a_1 = 0.1798E+02$，$a_2 = -0.2667E+01$，$a_3 = 0.0000E+00$，$a_4 = 0.0000E+00$

当 $E_{M1} \leqslant E < E_{L3}$：$a_1 = 0.1684E+02$，$a_2 = -0.2563E+01$，$a_3 = 0.0000E+00$，$a_4 = 0.0000E+00$

当 $E_{M2} \leqslant E < E_{M1}$：$a_1 = 0.1675E+02$，$a_2 = -0.2563E+01$，$a_3 = 0.0000E+00$，$a_4 = 0.0000E+00$

当 $E_{M3} \leqslant E < E_{M2}$：$a_1 = 0.1665E+02$，$a_2 = -0.2563E+01$，$a_3 = 0.0000E+00$，$a_4 = 0.0000E+00$

当 $E_{M4} \leqslant E < E_{M3}$：$a_1 = 0.1647E+02$，$a_2 = -0.2563E+01$，$a_3 = 0.0000E+00$，$a_4 = 0.0000E+00$

当 $E_{M5} \leqslant E < E_{M4}$：$a_1 = 0.1606E+02$，$a_2 = -0.2563E+01$，$a_3 = 0.0000E+00$，$a_4 = 0.0000E+00$

当 $E_{N1} \leqslant E < E_{M5}$：$a_1 = 0.1509E+02$，$a_2 = -0.2435E+01$，$a_3 = 0.0000E+00$，$a_4 = 0.0000E+00$

当 $E_{N2} \leqslant E < E_{N1}$：$a_1 = 0.1499E+02$，$a_2 = -0.2435E+01$，$a_3 = 0.0000E+00$，$a_4 = 0.0000E+00$

当 $E < E_{N2}$：$a_1 = 0$，$a_2 = 0$，$a_3 = 0$，$a_4 = 0$

Ra $(Z=88)$

当 $E \geqslant E_K$：$a_1 = 0.1837E+02$，$a_2 = -0.1375E+01$，$a_3 = -0.3042E+00$，$a_4 = 0.2288E-01$

当 $E_{L1} \leqslant E < E_K$：$a_1 = 0.1854E+02$，$a_2 = -0.2667E+01$，$a_3 = 0.0000E+00$，$a_4 = 0.0000E+00$

当 $E_{L2} \leqslant E < E_{L1}$：$a_1 = 0.1836E+02$，$a_2 = -0.2667E+01$，$a_3 = 0.0000E+00$，$a_4 = 0.0000E+00$

当 $E_{L3} \leqslant E < E_{L2}$：$a_1 = 0.1802E+02$，$a_2 = -0.2667E+01$，$a_3 = 0.0000E+00$，$a_4 = 0.0000E+00$

当 $E_{M1} \leqslant E < E_{L3}$：$a_1 = 0.1689E+02$，$a_2 = -0.2562E+01$，$a_3 = 0.0000E+00$，$a_4 = 0.0000E+00$

当 $E_{M2} \leqslant E < E_{M1}$：$a_1 = 0.1679E+02$，$a_2 = -0.2562E+01$，$a_3 = 0.0000E+00$，$a_4 = 0.0000E+00$

当 $E_{M3} \leqslant E < E_{M2}$：$a_1 = 0.1670E+02$，$a_2 = -0.2562E+01$，$a_3 = 0.0000E+00$，$a_4 = 0.0000E+00$

当 $E_{M4} \leqslant E < E_{M3}$：$a_1 = 0.1651E+02$，$a_2 = -0.2562E+01$，$a_3 = 0.0000E+00$，$a_4 = 0.0000E+00$

当 $E_{M5} \leqslant E < E_{M4}$：$a_1 = 0.1611E+02$，$a_2 = -0.2562E+01$，$a_3 = 0.0000E+00$，$a_4 = 0.0000E+00$

当 $E_{N1} \leqslant E < E_{M5}$：$a_1 = 0.1518E+02$，$a_2 = -0.2478E+01$，$a_3 = 0.0000E+00$，$a_4 = 0.0000E+00$

当 $E_{N2} \leqslant E < E_{N1}$：$a_1 = 0.1509E+02$，$a_2 = -0.2478E+01$，$a_3 = 0.0000E+00$，$a_4 = 0.0000E+00$

当 $E_{N3} \leqslant E < E_{N2}$：$a_1 = 0.1499E+02$，$a_2 = -0.2478E+01$，$a_3 = 0.0000E+00$，$a_4 = 0.0000E+00$

当 $E < E_{N3}$：$a_1 = 0$，$a_2 = 0$，$a_3 = 0$，$a_4 = 0$

Ac $(Z=89)$

当 $E \geqslant E_K$：$a_1 = 0.1805E+02$，$a_2 = -0.1200E+01$，$a_3 = -0.3327E+00$，$a_4 = 0.2446E-01$

当 $E_{L1} \leqslant E < E_K$：$a_1 = 0.1859E+02$，$a_2 = -0.2667E+01$，$a_3 = 0.0000E+00$，$a_4 = 0.0000E+00$

当 $E_{L2} \leqslant E < E_{L1}$：$a_1 = 0.1841E+02$，$a_2 = -0.2667E+01$，$a_3 = 0.0000E$

$+00$，$a_4 = 0.0000E+00$

当 $E_{L3} \leqslant E < E_{L2}$：$a_1 = 0.1807E+02$，$a_2 = -0.2667E+01$，$a_3 = 0.0000E+00$，$a_4 = 0.0000E+00$

当 $E_{M1} \leqslant E < E_{L3}$：$a_1 = 0.1693E+02$，$a_2 = -0.2560E+01$，$a_3 = 0.0000E+00$，$a_4 = 0.0000E+00$

当 $E_{M2} \leqslant E < E_{M1}$：$a_1 = 0.1683E+02$，$a_2 = -0.2560E+01$，$a_3 = 0.0000E+00$，$a_4 = 0.0000E+00$

当 $E_{M3} \leqslant E < E_{M2}$：$a_1 = 0.1674E+02$，$a_2 = -0.2560E+01$，$a_3 = 0.0000E+00$，$a_4 = 0.0000E+00$

当 $E_{M4} \leqslant E < E_{M3}$：$a_1 = 0.1655E+02$，$a_2 = -0.2560E+01$，$a_3 = 0.0000E+00$，$a_4 = 0.0000E+00$

当 $E_{M5} \leqslant E < E_{M4}$：$a_1 = 0.1615E+02$，$a_2 = -0.2560E+01$，$a_3 = 0.0000E+00$，$a_4 = 0.0000E+00$

当 $E_{N1} \leqslant E < E_{M5}$：$a_1 = 0.1529E+02$，$a_2 = -0.2534E+01$，$a_3 = 0.0000E+00$，$a_4 = 0.0000E+00$

当 $E_{N2} \leqslant E < E_{N1}$：$a_1 = 0.1519E+02$，$a_2 = -0.2534E+01$，$a_3 = 0.0000E+00$，$a_4 = 0.0000E+00$

当 $E_{N3} \leqslant E < E_{N2}$：$a_1 = 0.1510E+02$，$a_2 = -0.2534E+01$，$a_3 = 0.0000E+00$，$a_4 = 0.0000E+00$

当 $E < E_{N3}$：$a_1 = 0$，$a_2 = 0$，$a_3 = 0$，$a_4 = 0$

Th（$Z=90$）

当 $E \geqslant E_K$：$a_1 = 0.1516E+02$，$a_2 = 0.5476E-01$，$a_3 = -0.5084E+00$，$a_4 = 0.3255E-01$

当 $E_{L1} \leqslant E < E_K$：$a_1 = 0.1866E+02$，$a_2 = -0.2675E+01$，$a_3 = 0.0000E+00$，$a_4 = 0.0000E+00$

当 $E_{L2} \leqslant E < E_{L1}$：$a_1 = 0.1848E+02$，$a_2 = -0.2675E+01$，$a_3 = 0.0000E+00$，$a_4 = 0.0000E+00$

当 $E_{L3} \leqslant E < E_{L2}$：$a_1 = 0.1814E+02$，$a_2 = -0.2675E+01$，$a_3 = 0.0000E+00$，$a_4 = 0.0000E+00$

当 $E_{M1} \leqslant E < E_{L3}$：$a_1 = 0.1697E+02$，$a_2 = -0.2561E+01$，$a_3 = 0.0000E+00$，$a_4 = 0.0000E+00$

当 $E_{M2} \leqslant E < E_{M1}$：$a_1 = 0.1688E+02$，$a_2 = -0.2561E+01$，$a_3 = 0.0000E$

$+00$, $a_4 = 0.0000E+00$

当 $E_{M3} \leqslant E < E_{M2}$：$a_1 = 0.1678E+02$，$a_2 = -0.2561E+01$，$a_3 = 0.0000E$
$+00$，$a_4 = 0.0000E+00$

当 $E_{M4} \leqslant E < E_{M3}$：$a_1 = 0.1660E+02$，$a_2 = -0.2561E+01$，$a_3 = 0.0000E$
$+00$，$a_4 = 0.0000E+00$

当 $E_{M5} \leqslant E < E_{M4}$：$a_1 = 0.1619E+02$，$a_2 = -0.2561E+01$，$a_3 = 0.0000E$
$+00$，$a_4 = 0.0000E+00$

当 $E_{N1} \leqslant E < E_{M5}$：$a_1 = 0.1537E+02$，$a_2 = -0.2553E+01$，$a_3 = 0.0000E+$
00，$a_4 = 0.0000E+00$

当 $E_{N2} \leqslant E < E_{N1}$：$a_1 = 0.1528E+02$，$a_2 = -0.2553E+01$，$a_3 = 0.0000E+$
00，$a_4 = 0.0000E+00$

当 $E_{N3} \leqslant E < E_{N2}$：$a_1 = 0.1518E+02$，$a_2 = -0.2553E+01$，$a_3 = 0.0000E+$
00，$a_4 = 0.0000E+00$

当 $E < E_{N3}$：$a_1 = 0$，$a_2 = 0$，$a_3 = 0$，$a_4 = 0$

Pa （$Z = 91$）

当 $E \geqslant E_K$：$a_1 = 0.1855E+02$，$a_2 = -0.1412E+01$，$a_3 = -0.2973E+00$，
$a_4 = 0.2259E-01$

当 $E_{L1} \leqslant E < E_K$：$a_1 = 0.1871E+02$，$a_2 = -0.2675E+01$，$a_3 = 0.0000E+$
00，$a_4 = 0.0000E+00$

当 $E_{L2} \leqslant E < E_{L1}$：$a_1 = 0.1853E+02$，$a_2 = -0.2675E+01$，$a_3 = 0.0000E$
$+00$，$a_4 = 0.0000E+00$

当 $E_{L3} \leqslant E < E_{L2}$：$a_1 = 0.1819E+02$，$a_2 = -0.2675E+01$，$a_3 = 0.0000E+$
00，$a_4 = 0.0000E+00$

当 $E_{M1} \leqslant E < E_{L3}$：$a_1 = 0.1702E+02$，$a_2 = -0.2564E+01$，$a_3 = 0.0000E+$
00，$a_4 = 0.0000E+00$

当 $E_{M2} \leqslant E < E_{M1}$：$a_1 = 0.1693E+02$，$a_2 = -0.2564E+01$，$a_3 = 0.0000E$
$+00$，$a_4 = 0.0000E+00$

当 $E_{M3} \leqslant E < E_{M2}$：$a_1 = 0.1683E+02$，$a_2 = -0.2564E+01$，$a_3 = 0.0000E$
$+00$，$a_4 = 0.0000E+00$

当 $E_{M4} \leqslant E < E_{M3}$：$a_1 = 0.1665E+02$，$a_2 = -0.2564E+01$，$a_3 = 0.0000E$
$+00$，$a_4 = 0.0000E+00$

当 $E_{M5} \leqslant E < E_{M4}$：$a_1 = 0.1624E+02$，$a_2 = -0.2564E+01$，$a_3 = 0.0000E$

$+00$, $a_4 = 0.0000E + 00$

当 $E_{N1} \leqslant E < E_{M5}$: $a_1 = 0.1545E + 02$, $a_2 = -0.2554E + 01$, $a_3 = 0.0000E + 00$, $a_4 = 0.0000E + 00$

当 $E_{N2} \leqslant E < E_{N1}$: $a_1 = 0.1535E + 02$, $a_2 = -0.2554E + 01$, $a_3 = 0.0000E + 00$, $a_4 = 0.0000E + 00$

当 $E_{N3} \leqslant E < E_{N2}$: $a_1 = 0.1526E + 02$, $a_2 = -0.2554E + 01$, $a_3 = 0.0000E + 00$, $a_4 = 0.0000E + 00$

当 $E_{N4} \leqslant E < E_{N3}$: $a_1 = 0.1516E + 02$, $a_2 = -0.2554E + 01$, $a_3 = 0.0000E + 00$, $a_4 = 0.0000E + 00$

当 $E < E_{N4}$: $a_1 = 0$, $a_2 = 0$, $a_3 = 0$, $a_4 = 0$

U ($Z = 92$)

当 $E \geqslant E_K$: $a_1 = 0.1928E + 02$, $a_2 = -0.2052E + 01$, $a_3 = -0.1476E + 00$, $a_4 = 0.1229E - 01$

当 $E_{L1} \leqslant E < E_K$: $a_1 = 0.1870E + 02$, $a_2 = -0.2662E + 01$, $a_3 = 0.0000E + 00$, $a_4 = 0.0000E + 00$

当 $E_{L2} \leqslant E < E_{L1}$: $a_1 = 0.1852E + 02$, $a_2 = -0.2662E + 01$, $a_3 = 0.0000E + 00$, $a_4 = 0.0000E + 00$

当 $E_{L3} \leqslant E < E_{L2}$: $a_1 = 0.1818E + 02$, $a_2 = -0.2662E + 01$, $a_3 = 0.0000E + 00$, $a_4 = 0.0000E + 00$

当 $E_{M1} \leqslant E < E_{L3}$: $a_1 = 0.1703E + 02$, $a_2 = -0.2552E + 01$, $a_3 = 0.0000E + 00$, $a_4 = 0.0000E + 00$

当 $E_{M2} \leqslant E < E_{M1}$: $a_1 = 0.1694E + 02$, $a_2 = -0.2552E + 01$, $a_3 = 0.0000E + 00$, $a_4 = 0.0000E + 00$

当 $E_{M3} \leqslant E < E_{M2}$: $a_1 = 0.1684E + 02$, $a_2 = -0.2552E + 01$, $a_3 = 0.0000E + 00$, $a_4 = 0.0000E + 00$

当 $E_{M4} \leqslant E < E_{M3}$: $a_1 = 0.1666E + 02$, $a_2 = -0.2552E + 01$, $a_3 = 0.0000E + 00$, $a_4 = 0.0000E + 00$

当 $E_{M5} \leqslant E < E_{M4}$: $a_1 = 0.1625E + 02$, $a_2 = -0.2552E + 01$, $a_3 = 0.0000E + 00$, $a_4 = 0.0000E + 00$

当 $E_{N1} \leqslant E < E_{M5}$: $a_1 = 0.1551E + 02$, $a_2 = -0.2538E + 01$, $a_3 = 0.0000E + 00$, $a_4 = 0.0000E + 00$

当 $E_{N2} \leqslant E < E_{N1}$: $a_1 = 0.1541E + 02$, $a_2 = -0.2538E + 01$, $a_3 = 0.0000E +$

00，$a_4 = 0.0000E+00$

　当 $E_{N3} \leqslant E < E_{N2}$：$a_1 = 0.1532E+02$，$a_2 = -0.2538E+01$，$a_3 = 0.0000E+$
00，$a_4 = 0.0000E+00$

　当 $E_{N4} \leqslant E < E_{N3}$：$a_1 = 0.1522E+02$，$a_2 = -0.2538E+01$，$a_3 = 0.0000E+$
00，$a_4 = 0.0000E+00$

　当 $E < E_{N4}$：$a_1 = 0$，$a_2 = 0$，$a_3 = 0$，$a_4 = 0$

Np（$Z=93$）

　当 $E \geqslant E_K$：$a_1 = 0.1849E+02$，$a_2 = -0.1352E+01$，$a_3 = -0.3068E+00$，
$a_4 = 0.2316E-01$

　当 $E_{L1} \leqslant E < E_K$：$a_1 = 0.1881E+02$，$a_2 = -0.2679E+01$，$a_3 = 0.0000E+$
00，$a_4 = 0.0000E+00$

　当 $E_{L2} \leqslant E < E_{L1}$：$a_1 = 0.1863E+02$，$a_2 = -0.2679E+01$，$a_3 = 0.0000E$
$+00$，$a_4 = 0.0000E+00$

　当 $E_{L3} \leqslant E < E_{L2}$：$a_1 = 0.1829E+02$，$a_2 = -0.2679E+01$，$a_3 = 0.0000E+$
00，$a_4 = 0.0000E+00$

　当 $E_{M1} \leqslant E < E_{L3}$：$a_1 = 0.1713E+02$，$a_2 = -0.2573E+01$，$a_3 = 0.0000E+$
00，$a_4 = 0.0000E+00$

　当 $E_{M2} \leqslant E < E_{M1}$：$a_1 = 0.1703E+02$，$a_2 = -0.2573E+01$，$a_3 = 0.0000E$
$+00$，$a_4 = 0.0000E+00$

　当 $E_{M3} \leqslant E < E_{M2}$：$a_1 = 0.1694E+02$，$a_2 = -0.2573E+01$，$a_3 = 0.0000E$
$+00$，$a_4 = 0.0000E+00$

　当 $E_{M4} \leqslant E < E_{M3}$：$a_1 = 0.1675E+02$，$a_2 = -0.2573E+01$，$a_3 = 0.0000E$
$+00$，$a_4 = 0.0000E+00$

　当 $E_{M5} \leqslant E < E_{M4}$：$a_1 = 0.1635E+02$，$a_2 = -0.2573E+01$，$a_3 = 0.0000E$
$+00$，$a_4 = 0.0000E+00$

　当 $E_{N1} \leqslant E < E_{M5}$：$a_1 = 0.1553E+02$，$a_2 = -0.2464E+01$，$a_3 = 0.0000E+$
00，$a_4 = 0.0000E+00$

　当 $E_{N2} \leqslant E < E_{N1}$：$a_1 = 0.1544E+02$，$a_2 = -0.2464E+01$，$a_3 = 0.0000E+$
00，$a_4 = 0.0000E+00$

　当 $E_{N3} \leqslant E < E_{N2}$：$a_1 = 0.1534E+02$，$a_2 = -0.2464E+01$，$a_3 = 0.0000E+$
00，$a_4 = 0.0000E+00$

　当 $E_{N4} \leqslant E < E_{N3}$：$a_1 = 0.1525E+02$，$a_2 = -0.2464E+01$，$a_3 = 0.0000E+$

00，$a_4 = 0.0000\mathrm{E}+00$

当 $E < E_{N4}$：$a_1 = 0$，$a_2 = 0$，$a_3 = 0$，$a_4 = 0$

Pu（$Z = 94$）

当 $E \geqslant E_K$：$a_1 = 0.1413\mathrm{E}+02$，$a_2 = 0.5255\mathrm{E}+00$，$a_3 = -0.5675\mathrm{E}+00$，$a_4 = 0.3498\mathrm{E}-01$

当 $E_{L1} \leqslant E < E_K$：$a_1 = 0.1885\mathrm{E}+02$，$a_2 = -0.2678\mathrm{E}+01$，$a_3 = 0.0000\mathrm{E}+00$，$a_4 = 0.0000\mathrm{E}+00$

当 $E_{L2} \leqslant E < E_{L1}$：$a_1 = 0.1867\mathrm{E}+02$，$a_2 = -0.2678\mathrm{E}+01$，$a_3 = 0.0000\mathrm{E}+00$，$a_4 = 0.0000\mathrm{E}+00$

当 $E_{L3} \leqslant E < E_{L2}$：$a_1 = 0.1833\mathrm{E}+02$，$a_2 = -0.2678\mathrm{E}+01$，$a_3 = 0.0000\mathrm{E}+00$，$a_4 = 0.0000\mathrm{E}+00$

当 $E_{M1} \leqslant E < E_{L3}$：$a_1 = 0.1718\mathrm{E}+02$，$a_2 = -0.2579\mathrm{E}+01$，$a_3 = 0.0000\mathrm{E}+00$，$a_4 = 0.0000\mathrm{E}+00$

当 $E_{M2} \leqslant E < E_{M1}$：$a_1 = 0.1709\mathrm{E}+02$，$a_2 = -0.2579\mathrm{E}+01$，$a_3 = 0.0000\mathrm{E}+00$，$a_4 = 0.0000\mathrm{E}+00$

当 $E_{M3} \leqslant E < E_{M2}$：$a_1 = 0.1699\mathrm{E}+02$，$a_2 = -0.2579\mathrm{E}+01$，$a_3 = 0.0000\mathrm{E}+00$，$a_4 = 0.0000\mathrm{E}+00$

当 $E_{M4} \leqslant E < E_{M3}$：$a_1 = 0.1681\mathrm{E}+02$，$a_2 = -0.2579\mathrm{E}+01$，$a_3 = 0.0000\mathrm{E}+00$，$a_4 = 0.0000\mathrm{E}+00$

当 $E_{M5} \leqslant E < E_{M4}$：$a_1 = 0.1640\mathrm{E}+02$，$a_2 = -0.2579\mathrm{E}+01$，$a_3 = 0.0000\mathrm{E}+00$，$a_4 = 0.0000\mathrm{E}+00$

当 $E_{N1} \leqslant E < E_{M5}$：$a_1 = 0.1555\mathrm{E}+02$，$a_2 = -0.2387\mathrm{E}+01$，$a_3 = 0.0000\mathrm{E}+00$，$a_4 = 0.0000\mathrm{E}+00$

当 $E_{N2} \leqslant E < E_{N1}$：$a_1 = 0.1546\mathrm{E}+02$，$a_2 = -0.2387\mathrm{E}+01$，$a_3 = 0.0000\mathrm{E}+00$，$a_4 = 0.0000\mathrm{E}+00$

当 $E_{N3} \leqslant E < E_{N2}$：$a_1 = 0.1536\mathrm{E}+02$，$a_2 = -0.2387\mathrm{E}+01$，$a_3 = 0.0000\mathrm{E}+00$，$a_4 = 0.0000\mathrm{E}+00$

当 $E_{N4} \leqslant E < E_{N3}$：$a_1 = 0.1527\mathrm{E}+02$，$a_2 = -0.2387\mathrm{E}+01$，$a_3 = 0.0000\mathrm{E}+00$，$a_4 = 0.0000\mathrm{E}+00$

当 $E < E_{N4}$：$a_1 = 0$，$a_2 = 0$，$a_3 = 0$，$a_4 = 0$